中国兽医科技发展报告

（2015—2017年）

CHINA VETERINARY SCIENCE AND
TECHNOLOGY DEVELOPMENT REPORT

农业农村部畜牧兽医局　编

U0212860

中国农业出版社
北　京

编 委 会

主　任：马洪超

副主任：黄保续　杨　林　王笑梅　殷　宏

委　员：刘业兵　王永玲　刘益民　鲁炳义　牛牧笛　涂长春

　　　　闫喜军　黄　健　郭　鑫　赵茹茜　何启盖　韦海涛

编 写 人 员

主　编

黄保续　王永玲

副主编

杨　林　刘业兵　刘益民　鲁炳义　牛牧笛　涂长春

闫喜军　黄　健　郭　鑫　赵茹茜　何启盖

审 稿 人 员

主　审

王永玲　倪雪霞

副主审

刘华雷　曲志娜　张永强　王伟涛　吴发兴　张喜悦

张　志　赵思俊　朱　琳　南文龙　王建琳　龚振华

参 审 人 员

（按姓氏笔画排序）

王　栋　王　娟　王永玲　王伟涛　王建琳　曲志娜

曲韶梅　朱　琳　刘华雷　刘俊辉　吴发兴　张　志

张永强　张喜悦　赵思俊　南文龙　倪雪霞　龚振华

参编人员（按姓氏笔画排序）

| 王　芳 | 关婕葳 | 李　琦 | 杨龙波 | 杨　林 | 中国动物疫病预防控制中心 |
| 张淼洁 | 陈慧娟 | 周　智 | 赵　婷 | 穆佳艺 | |

| 王　琴 | 王鹤佳 | 毛开荣 | 刘业兵 | 刘　燕 | 中国兽医药品监察所 |
| 杨秀玉 | 张广川 | 张存帅 | 张纯萍 | 顾进华 | |

王永玲	王　栋	王　娟	戈胜强	曲志娜	中国动物卫生与流行病学中心
朱　琳	刘华雷	刘雨田	李　林	吴发兴	
吴晓东	张永强	张　志	张秀娟	张　峰	
张喜悦	张　慧	赵肖璟	赵思俊	赵　格	
南文龙	秦立得	倪雪霞	黄保续	曹旭敏	
龚振华	崔　进	樊晓旭			

王秀荣	王晓钧	王笑梅	王雪峰	冯　力	中国农业科学院哈尔滨兽医研究所
朱远茂	刘胜旺	刘益民	李慧昕	陈建飞	
薛　飞					

刘永生	刘光远	刘志杰	关贵全	李有全	中国农业科学院兰州兽医研究所
张　强	陈　泽	独军政	殷　宏	高闪电	
郭建宏	储岳峰	鲁炳义	窦永喜		

| 丁　铲 | 李泽君 | 林矫矫 | 韩先干 | 中国农业科学院上海兽医研究所 |

| 白　雪 | 闫喜军 | 张　蕾 | 赵建军 | 中国农业科学院特产研究所 |

| 刁青云 | 王　强 | 代平礼 | 中国农业科学院蜜蜂研究所 |

| 李宏胜 | 中国农业科学院兰州畜牧与兽药研究所 |

| 王化磊 | 冯　娜 | 冯　烨 | 刘　全 | 孙伟洋 | 军事科学院军事医学研究院军事兽医研究所 |
| 杨松涛 | 金宏丽 | 高玉伟 | 涂长春 | | |

| 王崇明 | 史成银 | 白昌明 | 刘庆慧 | 杨　冰 | 中国水产科学研究院黄海水产研究所 |
| 邱　亮 | 张庆利 | 黄　健 | 董　宣 | 谢国驷 | |

| 王　庆 | 石存斌 | 任　燕 | 刘礼辉 | 李莹莹 | 中国水产科学研究院珠江水产研究所 |
| 张德锋 | 林　强 | 曾伟伟 | | | |

| 艾晓辉 | 杨移斌 | 曾令兵 | 中国水产科学研究院长江水产研究所 |

卢彤岩	赵景壮	徐黎明			中国水产科学研究院黑龙江水产研究所
王 元	房文红				中国水产科学研究院东海水产研究所
冯 娟					中国水产科学研究院南海水产研究所
刘 荭					深圳出入境检验检疫局动植物检验检疫中心
邱 薇	范泉水				成都军区疾病预防控制中心
王帅玉	刘钟杰	李青山	吴聪明	张国中	中国农业大学
金艺鹏	郭 鑫	韩 博			
马 喆	李玉峰	杨晓静	吴宗富	苗晋锋	南京农业大学
范红结	赵茹茜	费荣梅	曹瑞兵		
何启盖	陈颖钰	周红波	周 锐	孟宪荣	华中农业大学
郝海红	郭爱珍	谭 臣	黎 璐		
丁 壮	白 雪	刘明远	刘晓雷	曹永国	吉林大学
刘 云					东北农业大学
任 涛	刘健华	李守军	贾 坤	郭霄峰	华南农业大学
朱国强	刘晓文	吴艳涛	张小荣	胡顺林	扬州大学
孙亚妮	杜涛峰	肖书奇	周恩民	赵 钦	西北农林科技大学
南雨辰					
赵玉佳	黄小波	曹三杰			四川农业大学
赵 鹏					山东农业大学
王建琳	张传美	单 虎			青岛农业大学
赵战勤					河南科技大学
李向辉	蒋增海				河南牧业经济学院
巴音查汗					新疆农业大学
朱洪伟	张兴晓				鲁东大学
王 芳	邵国青				江苏省农业科学院兽医研究所
沈锦玉	林 锋				浙江省淡水水产研究所
郑雪莹					北京市动物疫病预防控制中心

习近平总书记指出："科技是国之利器，国家赖之以强，企业赖之以赢，人民生活赖之以好。中国要强，中国人民生活要好，必须有强大科技。"兽医工作特别是动物疫病防治工作关系国家食物安全和公共卫生安全，关系社会和谐稳定，通过强化科技支撑水平，不断提升兽医治理能力，意义重大。

2015—2017 年，是国家"十二五"规划胜利完成，"十三五"规划顺利实施的历史交汇期。在国家加快实施创新驱动发展战略的大背景下，兽医科技制度环境不断优化、资金投入快速增长、科研设施大幅改善、队伍素质明显提升，广大兽医科技工作者坚持需求导向、尊重科研规律、潜心研究创造，创新能力大幅提升，为提升动物健康水平、促进畜牧产业发展、维护公共卫生安全做出了重要贡献。

为了系统总结既往 3 年的兽医科技进步，明晰未来发展需求，优化科技资源布局，激发创新发展活力，提升科技支撑能力，农业农村部畜牧兽医局委托中国动物卫生与流行病学中心，联合国内 30 余家科研、教学和技术支撑机构，历时一年，共同编撰了《中国兽医科技发展报告（2015—2017 年）》。这也是 2010 年建立兽医科技发展定期评价制度后，编撰发布的第三份报告。

本报告共分 5 章，分别总结了我国动物疫病防治技术、动物产品安全评价技术、兽医基础研究与临床诊治技术、兽医药品与器械创新、兽医科技体系建设的最新进展。从报告内容看，2015—2017 年间，我国兽医科技取得了重要进步。一是创新效率大幅提升。3 年间，农业部先后批准一类新兽药 9 个，是 2010—2014 年 5 年间的 3 倍；新兽药注册总量 200 个，与 2010—2014 年相比，年均增加 16％。二是动物疫病防治技术支持水平大幅提升。及时发现确诊多种新发病，系统掌握了主要流行病分布特点，及时研发了 H7N9 流感等多种新型疫苗，无疫区、无疫小区和种畜禽疫病净化示范工作取得重要进展，为推进重点病种从有效控制向净化消灭转变提供了重要技术支撑。三是研究系统性大幅提升。陆生动物与水生动物，家养动物与野生动物，基础、临床和预防兽医学研究协同推进。病原学、病理学、流行病学等基础研究的不断深化，有力驱动了兽医科技水平整体提升，为提高我国动物健康水平，保障养殖业健康发展，维护公共卫生安全和动物源性食品安全做出了重要贡献。

报告起草过程中，我们通过一致努力，使本报告能够全面记录我国兽医科技工作的全面进步，但是，由于本报告内容涉及专业领域多、编写时间紧、任务重，难免存在调查内容不全、覆盖面不够、部分文字不够严谨等情况，敬请读者朋友们批评指正。同时，也向报告起草组的同志们表示感谢。

本书编委会

2018 年 10 月 8 日

目 录

CONTENTS

第一章 动物疫病防治技术

一、多种动物共患病

本节总结了口蹄疫、伪狂犬病、狂犬病、布鲁氏菌病等 14 种多种动物共患病的研究进展。口蹄疫新型疫苗研究取得重要进展；尼帕病、西尼罗河热、水疱性口炎诊断技术日趋完善；狂犬病、伪狂犬病、布鲁氏菌病、棘球蚴病等疫苗和诊断试剂研制取得重要成绩。

（一）口蹄疫（Foot-and-mouth Disease，FMD）

主要研究机构。中国农业科学院兰州兽医研究所等单位。

流行病学。近年来，FMD 主要流行于亚洲、非洲。全球 7 个 FMD 流行圈（pool）中，pool-6（亚洲、非洲）持续有疫情，仅 pool-7（南美洲）自 2012 年以来未见疫情报道。全球 FMD 流行的一个显著特点是跨区域传播，由东南亚、南亚、西亚、中东等高频度流行地区，向东北亚、中亚、北非和欧洲等相邻区域蔓延，这种跨区域传播主要是由非法移动动物所造成。受此影响，我国 FMD 流行毒株呈现复杂化和不断变异的流行态势，但我国口蹄疫疫情多为散发，多见于流通环节，流行趋势总体平稳。2015—2017 年，农业部通报发生的 FMD 疫情有 20 次，发病动物有猪（6次）、牛（13次）和羊（1次）；血清型有 A 型（5次）和 O 型（12次），Asia1 型在 2009 年之后再未监测到。我国近年来的 FMD 流行毒株均来自于境外，引发国内疫情的流行毒株有 A 型 Sea-97 毒株、O 型 Mya-98 毒株和 O 型 CATHAY 拓扑型毒株。另外，周边国家和地区流行 O 型 Ind-2001 毒株、O 型 PanAsia-2、A 型 Iran-05 和 A 型 G2 等毒株，对国内畜牧业造成威胁。

病原学。2013 年以来我国流行的 A 型 Sea-97 G2 分支毒株可引起牛和猪发病。2015 年分离的猪源 PanAsia 毒株，其 5′UTR 区缺失 84nts，表现出经典嗜猪毒的分子特征。不同宿主适应毒株的 P1 和 3A 基因位点存在差异，变异程度从猪适应毒株、

BHK-21细胞适应毒株、牛适应毒株到鼠适应毒株依次减少。

致病机理。研究证实，在入侵细胞的早期，FMDV可活化受体酪氨酸激酶（RTK），并进一步激活细胞内的肌动蛋白调节蛋白（Rac1、Pak1和PKC）和一些蛋白因子（如Na^+/H^+交换蛋白和动力蛋白），最终引起细胞内的肌动蛋白发生瞬时性解聚，并在细胞膜表面形成大量不规则皱褶，通过胞饮内吞途径并借助网格蛋白是FMDV入侵细胞的重要方式。研究还发现，FMDV的感染能激活鼠巨噬细胞的先天免疫应答，从而导致一系列细胞因子和干扰素的激活和分泌。FMDV感染后能抑制天然免疫蛋白LGP2的表达，从而增强炎性反应应答，促进病毒复制。

研究建立了鼠源整联蛋白$\alpha v \beta 3$稳定表达细胞系，为研究FMDV对不同受体利用差异提供了新模型。建立了Ⅰ型和Ⅱ型RNA聚合酶启动的单质粒反向遗传系统，以Asia1/HN/CHA/06为模板，拯救了Asia1/HN/CHA/06的重组病毒，证实了其致病性和感染性。利用反向遗传操作技术和测序发现，O型FMDV非结构蛋白2C上的第T135I位氨基酸替换后能促进FMDV的复制。将感染O型FMDV猪的PMBCs进行转录组学分析，发现与非感染病毒组相比，后者有更多的基因呈现降调节。

在FMDV蛋白功能研究方面，研究发现，Asia1/HN/CHA/06毒株VP1蛋白154位氨基酸由丝氨酸突变为天冬氨酸，能够显著增强病毒在BHK-21、IBRS-2和PK-15细胞上的复制水平，同时明显增强病毒对猪的致病性；FMDVL蛋白除了裂解病毒自身蛋白，还可以裂解多种宿主蛋白，颉颃宿主抗病毒反应。FMDV感染细胞后，RIG-I蛋白的表达量显著减少，天然免疫受到抑制，从而促进病毒的复制。进一步鉴定发现，L、3C和2B蛋白能够抑制RIG-I蛋白的表达，L和3C蛋白主要依赖蛋白水解酶活性切割宿主蛋白，而2B蛋白则通过一种新机制抑制RIG-I表达，从而抑制天然免疫。还新鉴定了一种猪的细胞蛋白（色氨酸/苏氨酸激酶3，STK3），它能与FMDV的VP1碳末端发生反应，为将来的抗病毒策略提供潜在的靶目标。用单克隆抗体10B10鉴定了VP2上的一段多肽线性表位，即TLLEDRILT，用单抗6C9鉴定了A型FMDV VP1上的一段中和表位多肽，即YxxPxxxxxGDLG，用单抗3D9鉴定了一段VP2上的一段多肽，即GVYxxxxxxxAYxxxxW。利用RNAi技术选择整联蛋白β6亚基作为靶基因，结果表明FMDV在细胞内的增殖受到抑制。

研究发现，FMDV VP3蛋白能够抑制IFN-β产生和IFN-γ诱导的抗病毒因子产生。VP3通过抑制VISA的mRNA表达，降低其蛋白表达水平；同时，VP3与VISA互作，破坏VISA复合体形成；VP3与JAK1互作，通过溶酶体途径降解JAK1抑制IFN-γ信号通路。FMDV在接头蛋白分子VISA和JAK1水平抑制天然免疫。在线粒体表面，3A蛋白与RIG-I、MDA5和VISA互作，并降低这些分子的mRNA和蛋白表达，抑制其复合体形成，从而抑制IFN-β信号通路。FMDV的VP2

蛋白能激活细胞的 EIFS1-ATF4 通路,通过与 HSPB1 相互作用诱导细胞的自我吞噬。非结构蛋白 3C 蛋白酶(3C^{pro})能通过溶酶体路径诱导 PKR 的降解,但 3C^{pro} 和 PKR 之间没有关联。

另外,还研究了多种宿主蛋白的功能。宿主蛋白 UBE1 能够正调控 FMDV 的复制;ESD 能够促进宿主 IRF3 的活化,诱导 I 型干扰素产生,发挥抗病毒效应。宿主 RIG-I 蛋白具有直接抑制 FMDV 复制的功能,而 FMDV 感染可以减少 RIG-I 蛋白的表达量,从而发挥颉颃效应。FMDV 通过 Lpro、3Cpro 和 2B 蛋白抑制 RIG-I 蛋白的表达,从而促进病毒的复制。Lpro 和 3Cpro 具有蛋白水解酶活性,可以切割或抑制多种宿主蛋白的表达;2B 蛋白可以与 RIG-I 蛋白发生相互作用,导致了 RIG-I 蛋白水平上的减少,但这种作用不依赖于蛋白酶体、溶酶体及 capase 路径,可能通过与其他蛋白酶类发生相互作用从而直接降解 RIG-I。用酵母双杂交系统证实 FMDV 的非结构蛋白 2B 能与真核延伸因子 eEF1G 发生结合。

用实验证实 VP0 蛋白可以通过与 IRF3 相互作用来抑制 I 型干扰素信号通路的激活,利用分子重组技术研究了猪线粒体抗病毒信号蛋白 MAVS 对 FMDV 感染宿主的影响。ATG5-ATG12 在 FMDV 感染时能正调节抗病毒的 NF-κB 和 IRF3 信号通路,从而限制 FMDV 的增殖。体外实验证实,氯化锂能抑制 FMDV 的复制。

诊断技术。建立了一种新的检测 FMDV 的实时荧光反转录重组酶聚合酶扩增(real-time RT-RPA)方法;建立了能同时鉴别诊断 FMDV 和 VsV 的二重 RT-LAMP 检测方法以及同时检测牛病毒性腹泻病毒、牛传染性鼻气管炎病毒和 FMDV 的多重 TaqMan 荧光定量 PCR 方法;建立了检测口蹄疫病毒特异性 IgA 抗体的间接 ELISA 方法和同时检测非洲猪瘟病毒、水疱性口炎病毒、猪口蹄疫病毒、猪瘟病毒以及猪伪狂犬病病毒的多重 RT-PCR 检测方法以及检测包括 FMDV 在内的山羊和绵羊 6 种病原的多重 PCR 方法;表达了 3ABC 和 2C 蛋白,建立了检测 FMDV 抗体的化学发光免疫学方法。

疫苗研发。构建了 VP1G - H 环下游第 9 位插入 Flag 标签及 His 标签的口蹄疫重组病毒与野生型毒株类似的生长特性及免疫原性,可以作为遗传标记疫苗的候选毒株。开展了基于革兰氏阳性增强基质展示 FMDV 细菌样颗粒疫苗的可行性研究。利用 T7 噬菌体融合表达 VP1 的 G-H 环主要抗原位点,免疫猪后能诱导产生中和抗体,抗体的滴度高于多肽苗,但低于灭活苗。将 O 型 FMDV 的 VP1 和 A 型 FMDV 的 VP2、VP3、VP4 一起构建了病毒样粒子,免疫猪后能诱导产生保护性抗体。

利用单质粒 FMDV 拯救系统及高复制力型的 3′UTR 和 3D 基因构建框架,替换稳定性修饰的 A/WH/09 结构蛋白基因 P1,构建出重组种毒 Re-A/WH/09,抗原产量提高 3 倍以上,稳定性高 2 倍,与目前流行的 2 个谱系 A 型毒株的抗原匹配性高,能够提供良好的免疫效力。利用牛 XCL1 与 FMD 多表位蛋白融合构建了分子疫苗,可以明显地提升 FMD 的抗体水平。在佐剂研究方面，研究了壳聚糖季铵盐凝乳胶微球对 VLP 的免疫增强作用，猪 IFN-α 作为佐剂可有效提高口蹄疫 DNA 疫苗的免疫反应，Th 表位肽与聚肌胞苷酸可增强猪 O 型 FMD 合成肽疫苗的免疫作用，发现黄芪多糖粉、含有人参皂苷的豆油等作为佐剂增强口蹄疫免疫应答，开展了 FMDV 结构蛋白 VP1 与细胞间黏附分子 ICAM-2 重组融合蛋白的表达及免疫原性分析，以及悬浮培养对猪口蹄疫疫苗质量的影响，发现免疫增强剂 CVC1302 作为佐剂能增强 T 滤泡辅助细胞的应答，促使生发中心的 B 细胞应答显著增强，从而增强灭活苗体液免疫的机理。将 A 型 FMD 的 VP1 基因与人艾滋病病毒的囊膜糖蛋白 gp120 或丙型肝炎病毒的囊膜糖蛋白 E2 基因进行融合在昆虫细胞中表达，发现融合表达后 FMD 的抗体水平和细胞介导的免疫反应均明显增强。利用 SB 转座系统结合口蹄疫的 VP1 RNAi 诞生了转基因绵羊，其耳成纤维细胞检测表明这些羊对 FMDV 有抗性。

防控技术。我国 FMD 仍然实行以预防为主的综合防控策略，并参照 OIE/FAO 推荐的 PCP-FMD 路线图，遵循"因地制宜、分区防治、分型控制"的原则，大力推进综合防治措施，包括免疫预防、监测净化、流通监管、应急处置和无害化处理等措施。2014 年我国向 OIE 提交了 FMD 官方控制计划，2015 年 5 月获得 OIE 认可。2016 年，农业部印发了《国家口蹄疫防治计划（2016—2020 年）》，对 FMD 的防控提出了具体目标。

（二）尼帕病（Nipha Disease）

主要研究机构。中国科学院武汉病毒研究所、中国科学院动物研究所、中国动物卫生与流行病学研究中心、福建出入境检验检疫局、天津出入境检验检疫局动植物与食品检测中心、中国农业科学院哈尔滨兽医研究所、军事科学院军事医学研究院军事兽医研究所等单位。

流行病学。传染源：最早引起此病暴发的尼帕病毒（NiV）宿主来源不详，NiV 在东南亚地区马来西亚、新加坡、孟加拉、印度、柬埔寨、泰国、东帝汶等国家分离到。易感动物：人、猪、猫、犬、马、雪貂、小鼠、山羊、果蝠（飞狐）等多种动物；传播途径：①人-动物，通过呼吸道产生的飞沫、接触染病动物喉咙或鼻腔分泌物、组织物；②人-果蝠，食用被受感染果蝠尿液/唾液污染的水果或水果产品（如椰枣原汁）；③人-人，密切接触患者的分泌物和排泄物。

2008 年中国科学院武汉病毒研究所石正丽团队首次在境内的蝙蝠体内检测到抗 NiV 或抗 NiV 样病毒的抗体。我国华南地区有果蝠栖息，且该地区紧邻 NiV 疫区，虽然国内尚未发现 NiV 的感染者，但存在发病风险。

病原学。NiV 为不分节段的单股负链 RNA 病毒，与亨德拉病毒（Hendrvirus, HV）密切相关，两者均属副黏病毒科、亨德拉尼帕病毒属。经系统进化分析可将

NiV 分为两个谱系。病毒直径大小为 120～500nm，在环境中相当不稳定，对热和消毒药物抵抗力不强，56℃、30min 即被破坏，极易被肥皂等清洁剂和一般消毒剂灭活。NiV 基因组是由六个转录单位——核衣壳蛋白（N）、磷蛋白（P）、膜蛋白（M）、融合蛋白（F）、糖蛋白（G）、大蛋白（L），以及 3′ 和 5′ 端的非翻译区组成。

中国、美国、澳大利亚、新加坡等多国科学家报道了在病毒发生融合前 NiV F 糖蛋白膜外区的晶体结构，该结构包括六聚体围绕的中心轴，这种形式对于融合孔的形成至关重要。

致病机理。NiV 主要具有嗜内皮向性和嗜神经向性。另外，还具有嗜气管、支气管向性及嗜膜间质和外膜向性。嗜血管内皮细胞，导致水肿，引起间质性肺炎（肺水肿）、脑脊膜炎、肾小球萎缩及胎盘感染。随着病程延长，内皮细胞发展为多核巨细胞，临床表现为急性呼吸道疾病，明显的神经系统疾病。病毒嗜膜间质和外膜向性，导致血管疾病，但没有明显的临床特征。嗜神经向性，病毒核衣壳集中在神经胶质细胞及大脑皮质、脑干中，并延伸至实质组织，呈现弥散性血管炎，并伴有广大区域稀疏坏死，从而引起严重的神经系统疾病。广泛的血管炎表现，大部分内皮损伤贯穿于脑皮质和皮下，脑脊液中病毒复制活跃，这三者与死亡率增高有关。

诊断技术。基于病毒 M 基因建立了一种尼帕病毒 TaqMan-MGB 荧光 RT-PCR 检测方法。检测下限为 4.6 拷贝，用该方法对 368 份临床样品进行 NiV 检测，结果均为阴性。本方法的建立为活猪临床样品中 NiV 检测提供了一种快速、敏感和特异的技术手段。在此基础上，建立了鉴别尼帕病毒和高致病性猪繁殖与呼吸综合征病毒二重荧光 RT-PCR 检测方法，方法分别针对的是 NiV M 基因和 HP-PRRSV $nsp2$ 基因，用该方法对 236 份猪实际样品进行 NiV 和 HP-PRRSV 核酸检测，所有样本的 NiV 检测结果均为阴性，8 份样本的 HP-PRRSV 检测结果为阳性。此外，还建立了尼帕病毒与猪流感病毒双重荧光定量 RT-PCR 方法，对两种病毒的检出限分别为 46 个拷贝和 58 个拷贝，用该方法对 236 份猪的鼻拭子样品进行 NiV 和 SIV 同步检测，所有样本的 NiV 检测结果均为阴性，有 1 份样本的 SIV 检测结果为阳性。

防控技术。目前没有可用的疫苗。基于 NiV 糖蛋白 G、融合蛋白 F、核蛋白 N 的 DNA 疫苗、亚单位疫苗、病毒载体疫苗正处于研制和验证阶段，实验发现基于病毒 G、M 蛋白的表位可用于亚单位疫苗的开发，病毒样颗粒疫苗能够保护仓鼠抵抗 NiV 感染。平日应避免猪群接触果蝠及其分泌物，做好该病的预防。用次氯酸钠或其他洗涤剂常规清洁养猪场并进行消毒可有效预防感染。如果怀疑发生疫情，动物处所应立即隔离。扑杀遭感染动物，并密切监督掩埋或焚烧尸体，以减少向人类传播的风险。限制或禁止将感染农场的动物运到其他地区，可以减少疾病的传播。由于家畜中的尼帕病毒暴发早于人类病例，所以建立动物卫生监测系统以发现新病例至关重要。

风险预警。东南亚国家和地区与我国地理位置接近，同时我国是生猪养殖大国，从生物学角度来看，我国具有疫病传入风险，故应加强风险预警和管理，严格防控尼帕病毒进入我国境内。

（三）西尼罗河热（West Nile Fever，WNF）

主要研究机构。军事科学院军事医学研究院军事兽医研究所、广州医科大学附属第一医院、中国农业科学院、山东大学、兰州大学、暨南大学、南方医科大学、东北农业大学、北京市疾病预防控制中心、广东省疾病预防控制中心、华中农业大学。

流行病学。目前国内多个研究机构已开展针对蚊媒携带西尼罗河病毒（WNV）情况的调查。对新疆（荧光定量 PCR 方法）和广东（RT-PCR 方法）蚊媒携带 WNV 情况进行调查，未检测到 WNV 阳性；对北京市东城区采集的蚊虫样本采用 VecTest 试剂盒和 Ramp 系统两种方法进行检测，未发现 WNV 阳性；对山东省部分地区 2013 年临床诊断为乙型脑炎的病人的脑脊液和血清样本，通过病毒分离、RT-PCR 和抗体检测方法，研究病人群是否存在 WNV 感染，未分离到 WNV 且未检测出 WNV 核酸片段，但抗体检测结果显示可能存在 WNV 疑似感染病例。

致病机理。建立了 WNV 尖音库蚊和埃及伊蚊感染模型。*mavs* 基因敲除小鼠感染 WNV 后死亡率增加，且病毒从中枢神经系统（CNS）中的清除速率减缓，表明造血细胞表达 MAVS 对机体清除 WNV 及防止免疫紊乱和病理性免疫反应至关重要。基于结构相似性预测 WNV 与人类蛋白质的相互作用，为阐明其致病机制提供理论依据。

诊断技术。目前我国针对 WNV 诊断技术的研究比较全面和先进，主要包括检测核酸的 TaqMan 荧光 RT-PCR 检测方法和适用于基层操作的可视化 RT-LAMP 检测方法；检测抗原的超顺磁免疫层析技术及双单抗夹心抗原捕获 ELISA 方法；检测抗体的 WNV 抗体间接 ELISA 检测方法；成功拯救稳定表达分泌型膜锚定荧光素酶的重组 WNV，建立基于荧光素酶的 WNV 中和抗体检测方法；构建表达绿色荧光蛋白的复制缺陷型 WNV，为其中和抗体检测和疫苗评价提供相关的技术平台。

防控技术。基于狂犬病病毒及新城疫病毒反向遗传操作平台构建了 WNV 重组活载体疫苗，并在小鼠体内完成免疫效果评价。建立稳定表达 WNV prM 和 E 蛋白的哺乳动物细胞系，为 WNV 亚单位疫苗的研究奠定基础。通过对 WNV 高免马血清 IgG 的提取及 Fc 片段的剔除和纯化，获得高纯度的、具有中和活性的 F（ab'）2 片段，并完成了小鼠攻毒后治疗效果评价，为 WNV 感染后的紧急救治提供了技术储备。

（四）水疱性口炎（Vesicular Stomatitis，VS）

主要研究机构。中国农业科学院哈尔滨兽医研究所、中国农业科学院北京畜牧兽医研究所、上海交通大学、吉林大学、天津出入境检验检疫局动植物与食品检测中心等单位。

致病机理。研究了水疱性口炎病毒（Vesicular Stomatitis Virus，VSV）及其突变体与天然宿主免疫细胞的互作关系，证明 M 蛋白第 51 位甲硫氨酸残基缺失、第 221 位缬氨酸突变为苯丙氨酸、第 226 位丝氨酸突变为精氨酸，可有效降低 VSV 致病性。

诊断技术。建立了同时检测口蹄疫病毒、水疱性口炎病毒、猪水疱病病毒等多种病原的多重荧光 RT-PCR 检测方法。建立了水疱性口炎 RPA 和 LAMP 检测方法。制备了针对 M 蛋白的单克隆抗体，建立了 M 蛋白双抗体夹心 ELISA 检测方法。

疫苗研发。用重组腺病毒载体表达了 VSV G 蛋白，研究了小鼠对 VSV G 蛋白的免疫特性。构建埃博拉病毒和马尔堡病毒囊膜糖蛋白嵌合型重组 VSV，有待进一步动物免疫试验并评价其免疫效果。对 M 蛋白 3 个位点氨基酸突变产生的重组 VSV 可以诱导宿主产生中和抗体并能够保护强毒攻击，重组 VSV 不会使宿主产生水疱性病变。建立了表达 VSV G 蛋白的重组新城疫病毒，免疫乳鼠后用 VSV 强毒株攻击，可以产生部分保护。

（五）棘球蚴病（Echinococcosis）

主要研究机构。中国农业科学院兰州兽医研究所、新疆医科大学、新疆畜牧科学院、石河子大学、兰州大学、内蒙古大学、甘肃农业大学、青海大学等单位。

流行病学。我国是棘球蚴病的重灾区，全国 23 个省（直辖市、自治区）人畜间均报道有原发性流行，发病面积占全国总面积的 86%，其中西北地区（西藏、新疆、甘肃、宁夏和青海）为高发区，占全国总面积的 44%，平均感染率为 1%～2%，估计患病人数达 38 万，其中藏族人群的患病率最高，可达 12%。主要宿主羊感染率更高达 10%～30%。近两年新疆乌鲁木齐市调查结果显示，牛、羊、犬的感染率分别为 3.5%、6.5%、8.5%，犬的感染率最高。宁夏地区 2015 年畜间的流行病学调查结果显示，羊组织中阳性检出率为 3.35%，血清抗体阳性率为 40.39%；犬粪样品的阳性检出率为 4.05%；牛样品中未见到阳性结果。新疆地区羊感染率为 9.8%，牛感染率为 10.71%，犬阳性率为 9.84%。

人棘球蚴病近些年在牧区流行率也居高不下，经微量间接血凝试验抽样调查显示，陕西血清阳性率为 8.06%，甘肃为 8.44%、宁夏为 10.54%、青海为 21.97%。青海南部藏区高原儿童存在泡型包虫病的严重流行，血清学总阳性率为 12.59%（2 137/16 969），其中达日县高达 23.02%（429/1 864）。内蒙古自治区采用多阶段分层整群抽样方法随机选择调查 53 313 人流行情况，阳性率为 0.11%。甘肃酒泉市屠宰厂牛、羊血清抗体阳性率分别为 7.22%（39/540）、15.57%（52/334）。

病原学。现国际公认家畜囊型棘球蚴病为 10 个基因型，中国青海牛和新疆绵羊为犬/羊株（G1 型）。引起棘球蚴病的棘球绦虫有 6 个种，中国以囊型（细粒棘球绦虫）和泡型（多房棘球绦虫）为主，囊型包虫病分布广、患病率高。建立了原头蚴体外培养模型，可人工调控原头蚴向成虫或成囊方向发育，提供细粒棘球绦虫不同发育阶段虫体。

诊断技术。免疫诊断技术仍以酶联免疫吸附试验的研究和应用最为广泛。现已建立了细粒棘球绦虫犬粪抗原抗体夹心酶联免疫吸附试验（Sandwich ELISA）诊断方法和 DNA Real-Time PCR 检测方法，研制出诊断试剂盒，并在西部高发区得以广泛应用，达到了国际领先水平。

防控技术。犬的首选药物为苯并咪唑类药物。其他应用药物有奥苯达唑、吡喹酮或者联合应用依维菌素和阿苯达唑。羊棘球蚴（包虫）病基因工程亚单位疫苗已取得国家一类新兽药证书，并进行市场应用。

（六）狂犬病（Rabies）

主要研究机构。军事科学院军事医学研究院军事兽医研究所、华中农业大学、华南农业大学、南京农业大学、吉林大学、广西大学和中国疾病预防控制中心等单位。

流行病学。全国范围流行，人口密集的南方地区为主流行区，其次为东部地区，东北和西部省份较少发生。感染犬是我国人和动物狂犬病最主要的传播源，其他野生动物传播源包括鼬獾、狐狸、貉、蝙蝠等，感染牛、羊、骆驼、驴等家畜。

病原学。我国狂犬病病毒（RABV）分为 3 个进化群，即亚洲群、北极相关群和世界群。其中亚洲群是我国狂犬病主要流行的进化群，传播源包括犬和鼬獾；北极相关群在北京、内蒙古、青海、西藏和黑龙江等省（直辖市、自治区）传播流行，传播源是犬和野生貉；世界群在我国散在分布，主要传播源是犬和野生狐狸。2012 年在吉林省蝙蝠体内分离到 1 株狂犬病病毒属伊尔库特（IRKV）毒株，2017 年在辽宁省犬体内发现 1 株 IRKV。目前 IRKV 在我国的流行范围尚不清楚。

致病机理。RABV 感染后，中枢神经系统免疫反应受到抑制，进入中枢神经系统的 T 细胞在短期内凋亡，累积的病毒会导致神经元功能性紊乱。另外，RABV 能够通过网格蛋白介导和 pH 依赖的内吞途径侵入神经细胞，经逆轴浆运输到达胞体。研究发现，RABV 感染初期受到定位于不同类型胞内体上 Rab5 与 Rab7 蛋白的调控，二者对 RABV 入胞后的分选和定向运输发挥作用。高通量质谱测序分析发现，G 蛋白偶联受体相关分子与狂犬病的感染具有十分重要的作用，它可能是 RABV 的细胞受体分子。最近多个团队的研究结果表明，RABV 感染会引起细胞自噬，且强、弱毒株在诱导时相上存在差异，狂犬病病毒的 M 基因在自噬中发挥了重要作用，AMPK-mTOR 通路为该病毒自噬的主要信号通路，病毒诱导的细胞自噬还能抑制细胞的凋亡；体外细胞实验证明狂犬病毒的 P 蛋白可以通过诱导细胞自噬以促进病毒增殖。研究发现，狂犬病病毒的 P 基因可进行重排，并对病毒的致病性、免疫原性和对细胞的适应性发生影响。建立了狂犬病病毒街毒的反向遗传操作平台，发现强毒的 P 基因可抑制小鼠血脑屏障的通透性，除了 G 基因的 333 位影响病毒的致病性，还有 2 个位点也至关重要。

诊断技术。血清学检测方面，建立了胶体金试纸条。目前在我国狂犬病诊断和检测机构中，直接免疫荧光方法（FAT）和 RT-PCR 是病原学诊断最常用的方法，ELISA 是评估犬群免疫覆盖率最常用的方法，荧光抗体病毒中和试验（FAVN）是出国宠物检测的指定方法。

疫苗研发。以 HEP-Flury 为基础病毒构建的双 G 灭活疫苗获得新兽药证书。利用反向遗传操作技术拯救出分别表达 IL-6 和 IL-7 的重组病毒，制备了重组疫苗，这两株病毒免疫后可以诱导机体更快地产生更高水平的中和抗体，IL-7 重组病毒在免疫后 12 个月仍维持较高水平的中和抗体，IL-7 的表达能诱导更强的免疫记忆，再次免疫后可以更快更高地诱导中和抗体的产生。构建了以狂犬病病毒为载体表达犬细小病毒免疫原基因 H 的重组狂犬病病毒，该病毒制备的疫苗，可诱导小鼠产生高水平的狂犬病抗体和犬细小病毒抗体。建立了狂犬病疫苗检验用强毒库。

（七）伪狂犬病（Pseudorabies，PR）

主要研究机构。华中农业大学、河南农业大学、中国农业科学院哈尔滨兽医研究所、上海兽医研究所、中国动物卫生与流行病学中心、山东农业大学等单位。

流行病学。家猪伪狂犬病野毒感染率仍处于较高水平，野猪群也存在 PRV 感染。也有山羊、犬、水貂、狐狸等动物发病、死亡的研究报道。

PRV 临床分离株多个基因呈现多种突变、缺失或插入变异。分子流行病学调查显示，近年来我国分离的 PRV 毒株的 gE、TK、gD、gI、PK 和 gC 基因等主要基因呈现多种突变、缺失或插入。对河南 14 株 PRV 毒株、闽西地区 14 株 PRV、山东 12 株 PRV 毒株、辽宁毒株和我国中部地区 12 株 PRV 和 Bartha 株进行了遗传进化分析，发现这些毒株与 Bartha 株遗传关系较远，部分解释了 Bartha-K61 临床免疫不理想的原因。广东省分离的 11 株 PRV 野毒株的 gD、gE、gI 和 PK 基因中存在插入或缺失，gD、gE 基因中插入是我国新流行 PRV 毒株独特的分子特征。从中国南方 4 个省份分离的 5 个毒株均属于一个相对独立的分支，其 gE 基因均存在 2 个天冬氨酸（D）插入，gC 基因中有 7 个氨基酸（AASTPAA）连续的插入。研究发现 HNX 和 Fa 株全基因组大小分别为 142 294bp 和 141 930bp，GC 含量分别为 73.56% 和 73.70%，均拥有 70 种开放阅读框架。与 Bartha 株相比，HNX 株主要毒力相关基因发生少量改变，而 gB 和 gC 基因累计有 73 个突变。

病原学。①抗原变异。猪伪狂犬病病毒 HeN1 株在 gC 蛋白 63～69 位连续插入 7 个氨基酸，国外毒株则没有，有些 PRV 蛋白中的氨基酸缺失/插入与 SSR 的变异直接相关。在山东，从免疫过 PRV Bartha-K61 疫苗猪群中分离伪狂犬病病毒（Qihe547 株），其主要抗原蛋白 gB、gC、gD 潜在抗原位点和 O-糖基化位点存在明显变化，但与 PRV HeN1、JS-2012 等毒株一致。发现 PRV JS-2012 毒株 gB 蛋白多抗对 JS-2012 和 SC 强毒株中和效价低，而对 Bartha-K61 株及其他 PRV 的中和效价高。②毒力增强。发现伪狂犬病病毒 HN1201 毒株与 Fa 毒株相比，能导致更严重的临床症状和病理损伤，且在各组织器官中分布更广。通过鼻内感染，确定 PRV TJ 株对猪的半数致死量是 104.5 $TCID_{50}$，致病力与攻毒量呈正相关。发现 ZJ01 毒株均能 100% 致死 14 日龄和 80 日龄猪。伪狂犬病病毒（HNX 株）能通过水平传播感染免疫 Bartha-K61 株猪和未免疫猪，鼻拭子排毒可持续一周，但粪拭子中未检测出病原。③PRV vhs 功能与 HSV vhs 类似。PRV vhs 既能降解 ssRNA 和 mRNA，也能降解 rRNA；Mg^{2+} 能增强 PRV vhs 介导的 RNA 降解；PRV vhs 的 4 个高度保守的功能区域均发挥降解 RNA 作用，特别是残基 152、169、171、172、173、343、345、352 和 356，是 PRV vhs 核糖核酸酶活性所需的关键氨基酸。

致病机理。PRV 感染能促进细胞凋亡，能上调 caspse-3、Bax 的表达，下调 Bcl-2、Bcl-x1，从而激活线粒体内源性凋亡通路，且此过程有时间依赖性。DNA 甲基化在 PRV 潜伏感染过程中未起到关键的作用。发现 PRV 进入脑组织后会促发小胶质细胞的吞噬作用。将 PRV-614 株注射到 MC4R-GFP 转基因小鼠肾脏中，在前庭内侧核中检测到 PRV-614/MC4R-GFP 双标记神经元，说明从前庭内侧核到肾脏存在中枢黑皮素环路。PRV DNA 复制发生在感染细胞核中，PRV DNA 聚合酶的辅助亚单位结构 UL42 含有一个功能性的和可转运的双重作用的核酸定位信号序列（NLS），将病毒 DNA 聚合酶全酶转运入细胞核中发挥作用。PRV 感染 PK15 细胞后产生的 25 种病毒编码 microRNA，其中 20 个 microRNA 聚集在大型潜伏期转录物（LLT）中，microRNAs 能靶向多种基因，形成复杂调控网络，同时发现，13 种宿主 microRNAs 呈现显著差异，可能影响到病毒在宿主细胞中的复制。在 PK15 细胞中过表达猪 TRIM11 有助于促进 PRV 的增殖。

Netrin-1 对干扰素与干扰素刺激基因的表达具有抑制作用。能够下调细胞核因子 P65 亚基表达水平，对免疫反应具有抑制作用。开展了 PRV 人工感染大鼠的模型研究，发现病毒能够感染神经元细胞并且跨突触传播。

利用 Cre/loxp 系统构建了含有 BAC 载体序列的重组病毒，进行了 PRV 变异株感染性克隆平台研究，为开展 PRV 变异株的变异及其致病的分子机制研究奠定了基础。

诊断技术。建立了稳定性、特异性、敏感度高的检测 PRV 和 PCV2 的 TapMan-

MGB 双重荧光定量 PCR 检测方法，也建立敏感性和特异性强的三重定量 PCR 鉴别野生型 PRV（经典和变异株）和 gE/gI 基因缺失的疫苗株。开展了 PRV 变异毒株单克隆抗体研究，为该病的快速免疫学诊断奠定了技术基础。建立了双相纳米 PCR 方法，同时检测伪狂犬病病毒（PRV）和猪博卡病毒（PBoV）。

疫苗研发。采用 CRISPR-Cas9 系统编辑 PRV 基因组成功构建了新流行毒株 HNX 株 gE 基因缺失的毒株，也为快速开发疫苗提供新的参考策略。构建了 PRV JS-2012 株 gE/gI 双缺失基因，评估了 JS-2012-ΔgE/gI 的安全性和免疫效力，证明其具有候选疫苗的潜力。构建的双基因缺失病毒 rPRVTJ-delgE/gI/TK，对小鼠、绵羊和仔猪更为安全，能保护仔猪抵抗致死性 PRV 变异株的攻击。目前研制以 PRVTJ 株为载体的二价猪病疫苗。构建了 rSMXΔgI/gEΔTK 株弱毒疫苗，动物试验结果显示免疫后 28d，rSMXΔgI/gEΔTK 产生的血清中和抗体水平高于 Bartha-K61 疫苗。

构建了含 PPV VP2 基因的重组 PRV，免疫动物后能够完全抵御 PRV NY 强毒株的攻击。以 PRV 为载体，构建了同时含有 PCV2-ORF2 基因、IL18 基因的重组病毒。将伪狂犬病 Bartha-K61 株疫苗与嵌合载体猪瘟疫苗 rAdV-CSFV-E2 同时免疫猪，能同时产生较高水平 PRV 和 CSFV 抗体，而且免疫效果无相互干扰现象。采用 Cephodex 微载体培养工艺，比传统方法更能提高 PRV 抗原滴度。

防控技术。①抗病毒制剂研究。发现了氧化石墨烯在体外可直接破坏 PRV 病毒粒子，从而抑制 PRV 的增殖；发现了氯喹具有抗 PRV 作用；发现靶向 UL42 的 RNAi 有效抑制靶基因表达并影响病毒复制。构建了表达荧光素的重组 PRV，以其作为报告病毒，用于筛选 sgRNAs 和抗病毒药物，鉴定出能特异性抑制 PRV 的 sgRNAs。②疫病净化。尽管发生新毒株流行和蔓延，我国仍坚持开展种猪场伪狂犬病的净化，核心技术是基因缺失灭活疫苗或基因缺失活疫苗免疫种猪，配套使用鉴别诊断方法，检测和淘汰野毒感染猪。广西农垦集团有限责任公司和河南新大牧业有限公司获得了"伪狂犬病净化示范场"称号，河南、湖南等省份相关研究机构及猪场开展了猪伪狂犬病净化策略研究及示范推广工作。此外，我国也在广西贵港地区探索实施猪伪狂犬病区域性净化的策略和方案。

（八）布鲁氏菌病（Brucellosis）

主要研究机构。中国兽医药品监察所、中国动物卫生与流行病学中心、中国农业科学院哈尔滨兽医研究所、中国动物疫病预防控制中心、新疆畜牧科学院兽医研究所、内蒙古农牧业科学院、内蒙古农业大学、中国农业大学、吉林大学、石河子大学、新疆农业大学、东北农业大学、河北农业大学、军事科学院军事医学研究院军事兽医研究所、西北农林科技大学、广西农业科学院兽医研究所、吉林农业大学、山东农业大学等单位。

流行病学。流行病学调查和监测显示，我国一类区牛羊的布病仍处在高流行状态，部分地区牛个体阳性率可达 6%，群体阳性率 30%；羊个体阳性率高于 1%，群体阳性率 20% 以上；二类区和三类区牛羊个体阳性率及群体阳性率则均较低。河北奶牛布鲁氏菌血清抗体 RBPT 阳性率为 0.3%，SAT 阳性率为 0.14%。陕西渭南羊血清阳性率为 0.82%，牛血清阳性率为 0.30%。新疆牛羊布病阳性率在 0.77%～2.87%。山西大同羊群布鲁氏菌病平均阳性率为 3.71%，最高阳性率达 7.94%，且养殖规模越大阳性率越低；另外，研究结果显示母羊布鲁氏菌病阳性率明显高于公羊。吉林延边地区牛布鲁氏菌血清抗体 RBPT 阳性率为 6.2%，试管凝集试验结果阳性率为 5.4%。

就屠宰环节而言，布鲁氏菌检出率从高到低依次为羊内脏（3.14%）、羊肉（2.96%）和环境（1.11%）；而内脏中，子宫（77.78%）和脾脏（46.67%）检出率高；一些大中型屠宰厂布鲁氏菌检出率（6.23%）明显高于小型屠宰厂（0.48%）。

病原学。从临床分离到的病原主要为羊 1、2、3 型，牛 1、3、7 型，猪种 3 型，以及犬种菌。羊布鲁氏菌病的病原以羊种 3 型为主，也是引起人感染的主要病原。奶牛除主要感染牛种菌外，还能感染羊种 3 型及猪种布鲁氏菌，表明在奶牛身上存在跨种传播现象。

致病机理。发现 $sodc$、$VirB8$、$Omp22$ 基因与布鲁氏菌毒力有关，VirB、GntR 在布鲁氏菌胞内生存、毒力及代谢方面发挥十分重要的作用。NLRP3 炎症小体、VceA 蛋白具有致炎作用，CD14 基因沉默可以有效抑制 LPS 刺激条件下肿瘤坏死因子 α（TNF-α）、趋化因子配体 2（MIP-2）、白细胞介素-6（IL-6）和一氧化氮（NO）的产生，通过抑制上游炎症通路以减弱损伤性炎症反应的作用。感知调节蛋白 BvrR/BvrS 双组分系统通过调节外膜蛋白的表达和碳氮代谢改变细菌毒力和外膜的通透性，对布鲁氏菌在胞内生存和致病力方面具有重要的作用；非编码小 RNA BSR1526 影响着布鲁氏菌 16M 在胞内生存能力，缺失 BSR1526 后布鲁氏菌 16M 抵抗外界不良环境的能力下降，同时在小鼠体内的毒力下降；布鲁氏菌Ⅳ型分泌系统效应蛋白与 16M 的胞内生存介导的细胞自噬密切相关；$Nrdp1$、$SOCS$-1 基因、OMP31 蛋白与 16M 诱导的细胞凋亡密切相关；PI3K/Akt 信号通路可调控布鲁氏菌介导的细胞凋亡。16M 能以时间依赖性方式诱导 RAW264.7 细胞产生 ROS，ROS 释放量发生变化与炎性小体的活化、炎症反应的发生密切相关。

诊断技术。近年来，布鲁氏菌病诊断技术的研发取得显著成果，iELISA、cELISA 诊断试剂盒、胶体金试剂条先后获得国家认可批准。此外，OIE 推荐的荧光偏振（FPA）试验技术也在研发中。我国自行研发的布鲁氏菌病补体结合酶联免疫吸附试验诊断技术也已完成临床试验研究，显示有良好的诊断价值。此外，对免疫与感染的鉴别诊断技术，也开展了进一步的深入研究。天然半抗原-琼脂扩散试验（NH-

GD）的鉴别诊断能力，显示比 FPA 有更早的鉴别诊断作用；此外，针对 *VirB*12 基因缺失疫苗的鉴别诊断方法也已建立。在用于流行病学调查和监测中的病原学检测技术方面，LAMP 检测技术显示出快速、高效、便捷等特点。有研究结果显示，从羊分离到的布鲁氏菌野毒株出现 282bp、238bp、44bp 三个条带，而 M5 株仅出现 238bp、44bp 两个条带，提示其方法有鉴别可能性。诊断抗原研究结果显示，OMP31 作为间接 ELISA 包被抗原用于羊布鲁氏菌病血清学检测具有良好的反应性和特异性。BP26 蛋白作为 ELISA 抗原，对 100 份临床样本进行检测，与试管凝集试验符合率达 94％。OMP25 作为 ELISA 抗原，与试管凝集试验的符合率为 85％。

疫苗研发。将传统 A19 疫苗菌株缺失 *Virb*8 基因进行改造的基因缺失疫苗研究已完成转基因安全评价，进入了临床试验。*VirB*23 缺失疫苗也已完成了生物安全评价，获得了生产应用生物安全证书。一种经人工诱变筛选出的粗糙型布鲁氏菌疫苗已批准可开展临床试验。一种用于布鲁氏菌病疫苗黏膜免疫的凝胶新剂型也已进入研发阶段，有望提升黏膜免疫的安全性和生物利用度。在基因缺失疫苗的探索研究中，对 S19 疫苗株的 Bp26 蛋白、Bmp18 蛋白基因双缺失后，显示保留了良好的免疫原性。基于 16MUGPase 的羊布鲁氏菌基因缺失株也已构建完成。

防控技术。黏膜免疫逐渐成为布鲁氏菌病免疫的主要途径，其优点是免疫抗体 6～8 个月内基本消失，对监测等防控措施的开展影响小，有利于布鲁氏菌病综合防控的开展。除 S2 疫苗继续大范围使用传统的口服免疫途径外，对 M5 疫苗、Rev. 1 疫苗、A19 疫苗也开展了黏膜途径免疫的研究。研究显示，用 Rev. 1 对羊进行点眼免疫，其免疫抗体消失时间类似于 S2 的口服免疫。对 S2 疫苗免疫后的抗体消长规律研究显示，对绵羊口服免疫 6 个月以后，虎红平板凝集试验都转为阴性，但也有试验显示免疫后抗体在消失后又再现，预示存在一些干扰性因素。

（九）弓形虫病（Toxoplasmosis，TP）

主要研究机构。华南农业大学，华中农业大学，中国农业科学院北京畜牧兽医研究所、兰州兽医研究所、长春兽医研究所，浙江大学，吉林大学，中国农业大学，浙江大学，山东大学，吉林农业大学，新疆农业大学，西北农林科技大学，河南科技大学等单位。

流行病学。目前我国居民弓形虫的感染率在 0.1％～47.3％，大约有 9 万名新生儿受到弓形虫病的影响。山东威海、青岛和吉林长春的孕妇弓形虫血清学检测显示，阳性率为 15.2％；江苏常州的孕妇弓形虫感染率为 11.0％。河南宠物犬弓形虫血清学阳性率为 24.0％，广东湛江犬弓形虫阳性率为 8.6％，基因型主要为 ToxoDB♯10。内蒙古、吉林、辽宁流浪犬弓形虫阳性率为 14.1％。甘肃兰州宠物猫弓形虫阳性率为 19.34％，基因型为 ToxoDB♯9 和 ToxoDB♯1。应用间接血凝试验（IHA）

对河南、山东、山西、内蒙古、云南、贵州6省（自治区）490份羊血清检测，阳性率为5.71％；甘肃天祝地区12个乡镇牦牛血清阳性率平均为24.18％；青海省民和县某奶牛场的弓形虫阳性率为50％，采用PCR及IHA方法对猫弓形虫检测结果显示，平均感染率分别为22.64％和35.85％。

病原学。弓形虫分为强毒株和弱毒株，并且主要有三种基因型，分别为Ⅰ、Ⅱ、Ⅲ型。基因Ⅰ型虫株对小鼠毒力最强，Ⅱ与Ⅲ型虫株的致病力相对较弱。Ⅰ型为强毒株（如RH和GT1），Ⅱ型为弱毒株（如PRU和ME49），Ⅲ型为弱/无毒株（如VEG和CTG株）。人类感染的虫株大多数属于Ⅱ型，比较常见的有ME49株等。ToxoDB♯9是我国的弓形虫优势基因型。开展了弓形虫蛋白激酶MAPK及CK1α功能研究，发现其与虫体生长发育及毒力相关。通过同源重组方法构建了MAPK1/2缺失株Δmapk1和Δmapk2，发现MAPK1/2缺失后虫体生长明显减慢，但不影响虫体黏附、侵入及逸出。通过体外缓殖子诱导（42℃及pH 8.1培养），证实Δmapk1在缓殖子诱导条件下缓殖子特异性表达基因 *BAG1*、*ENO1*、*LDH2* 及 *SAG2D* 表达量明显下调，提示弓形虫MAPK1参与速殖子-缓殖子转化。MAPK1/2缺失株感染小鼠后可诱导高水平的IFN-β和IL-10，以及STAT1磷酸化水平增高、STAT3磷酸化水平降低，表明弓形虫MAPK1/2缺失株通过上调IFN-β抑制炎症小体活化。因此，MAPK1/2可以作为抗弓形虫药物靶标。

诊断技术。多种血清学诊断方法可用于流行病学调查和生前诊断，包括染色试验（SFDT）、乳胶凝集试验（LAT）、改良凝集试验（MAT）、直接凝集试验（DAT）、间接血凝试验（IHA）、酶联免疫吸附试验（ELISA）、间接荧光抗体试验（IFAT）和免疫胶体金技术（ICGT）等；分子生物学方法有新建的脱氧核糖核酸（DNA）探针技术。我国最常用的调查方法是IHA。另有实验室正尝试利用外周血标识性miRNAs检测弓形虫病。

疫苗研发。在DNA疫苗的研究方面，通过小鼠模型评价了 *ROP5*、*GRA15*、*rhomboid4*、*rhomboid5* 及 *RON5* 等基因对小鼠的免疫保护效果，这些基因均能在部分程度上引起机体的免疫反应，对小鼠有一定的免疫保护作用，但不能起到完全保护。同时也通过相同的方法探讨了IL-7和IL-15作为免疫佐剂的效果。在重组蛋白疫苗方面，主要用了PLG佐剂包埋ROP38和ROP18、CDPK6和ROP18这两组重组蛋白，探讨了其对小鼠的免疫保护作用，得到了与DNA疫苗相似的结果。针对速殖子表面抗原SAG、细胞器分泌抗原以及非表面或分泌蛋白抗原，利用基因工程技术进行抗原的重组。已成功构建弓形虫GRA10复合表位壳聚糖微球疫苗。分子佐剂B7-2的使用能有效地增强弓形虫核酸疫苗所诱导的细胞和体液免疫应答。*SAG2*、*SAG3* 基因缺失疫苗，体外培养结果表明虫体黏附宿主细胞的比例大大降低。最近研究发现 *GRA25* 基因是刚地弓形虫的一个新毒力基因，GRA25蛋白可能成为弓形虫基因疫苗或表位肽疫苗的抗原候选分子。

（十）新孢子虫病（Neosporosis）

主要研究机构。吉林大学、新疆农业大学、延边大学、中国农业大学、西北农林科技大学等单位。

流行病学。各省份牛新孢子虫流行病学现状存在一定差异。吉林省梅河、松原、长春、吉林和延边 5 个地区的抗体阳性率分别为 19.67％、23.07％、10.53％、16.67％和 26.60％。宁夏回族自治区规模化奶牛场平均阳性率为 34.69％，个体阳性率为 3.94％～8.94％；北京、河北、新疆、甘肃、青海、吉林、广东、广西阳性率分别为 18.1％、23.6％、13.1％、13.05％、11.42％、17.3％、18.9％和 15.07％。

病原学。新孢子虫感染与流产显著相关，是奶牛流产的重要原因之一，垂直传播是中国奶牛场新孢子虫病流行的主要途径。山羊、绵羊、牦牛、犬、猫等动物的血清抗体阳性率均较高，海豚和海狮体内也有该病的阳性抗体。我国从奶牛体内分离得到过新孢子虫，为北京株，与国外报道的多个虫株差异不大，证明新孢子虫株间差异不显著。目前国内尚未成功地从其他动物体内分离到虫株的报道。

诊断及防控技术。基于 $Nc2$ 和 $Nc5$ 基因建立的新孢子虫多重 PCR 方法、巢式 PCR 技术、环介导等温扩增技术（LAMP）和 TaqMan-MGB 定量荧光 PCR 技术。

（十一）钩端螺旋体病（Leptospirosis）

主要研究机构。吉林大学等单位。

致病机理。从机体先天免疫角度，首次探索了钩端螺旋体侵入胞内的方式，以及宿主先天免疫受体在钩端螺旋体感染过程中的作用。钩端螺旋体可通过细胞脂筏来侵入胞内，通过干扰脂筏形成抑制钩端螺旋体侵入细胞，可以作为新型抗钩体药物研发的实验依据。另外，从宿主先天免疫受体 NLRP3 和 NLRC4 炎性体角度，初步分析了钩体的致病机理及免疫逃避机制，明确了钩体主要通过激活 NLRP3 炎性体来产生 IL-1β。发现了宿主 TLR2 在钩体感染过程中的重要作用，并进一步证明了 IL-10/TNF-α 比值对钩体病的影响，提示在钩体感染过程中，抑制 NLRP3 炎性体以及 IL-1β，提高 IL-10/TNF-α 比值，可能缓解疾病症状。

诊断技术。起草完成了犬、猫钩端螺旋体病实验室诊断技术规范，正在申请国家或者行业标准，实验室初步建立动物钩端螺旋体病的显微凝集试验（MAT）、PCR、qPCR 和免疫印迹检测技术。申请 2 项钩体 PCR 诊断方法的国家发明专利，分别为"一种检测致病性犬钩端螺旋体的 PCR 引物及试剂盒"和"一种检测致病性犬钩端螺旋体的荧光 PCR 引物、探针及试剂盒"。明确了兔抗钩体 56601 多克隆抗体在治疗同源和异源钩体感染的功效。

防控技术。提出了低剂量的喹诺酮类抗生素治疗钩体病时存在的风险。研究了多西环素在抗钩体感染时的作用机制，在抗菌的同时，降低体内 IL-1β 的水平，可有利于钩体病的治疗。

（十二）戊型肝炎（Hepatitis E，HE）

主要研究机构。西北农林科技大学、中国农业大学、华南农业大学、北京大学、中国疾病预防控制中心、上海市农业科学院畜牧兽医研究所、吉林大学等单位。

流行病学。目前已知的人兽共患型戊型肝炎病毒（HEV）可感染的宿主包括猪、羊、家兔、大鼠、水貂、蝙蝠、鹿、骆驼等多种家养与野生动物，也有从宠物血液中检出 HEV 阳性抗体的报道。我国已从猪、鸡、牛、羊、鼠和野鸟中检测到 HEV。监测数据显示，HEV 在我国猪、鸡和兔群中感染普遍，不同养殖场血清学阳性率从 10％到 100％不等，病原学阳性率为 30％～60％。湖北省安陆市的流行病学调查结果显示，猪血清 HEV-Ab 阳性率为 37.9％，规模养殖场为 38.5％，散养猪群为 36.5％。新疆南疆地区鸡戊型肝炎阳性率为 1.00％；新疆乌鲁木齐地区屠宰绵羊血清 HEV 抗体阳性率为 14.7％，肝脏 HEV 抗原感染率为 14.0％，公羊的感染率高于母羊。

病原学。HEV 为单股正链 RNA 病毒，基因组长度约为 7.2kb，共编码 3 个开放阅读框架（Open Reading Frame，ORF）。最新的 HEV 病毒分类系统，将人兽共患型 HEV 划分至肝炎病毒科，分为基因 1 型至基因 7 型。我国猪群中主要流行基因 4 型，偶有基因 3 型的报道；兔群中主要流行兔 HEV 基因 3 型，鸡群中主要流行禽 HEV 基因 3 型；牛和羊群中主要为基因 4 型。我国不同动物群 HEV 分离株同源性在 50％～100％，其中猪、兔、牛和羊的 HEV 分离株与人源的同源性在 70％～98％。

致病机理。人兽共患型 HEV 可以通过粪-口途径或食物源途径进行传播。动物源性戊肝感染免疫抑制人类个体后（器官移植受体，HIV 患者与化疗病人）可导致慢性肝炎。家畜如猪感染 HEV 后并不发生明显肝炎症状，主要表现肝脏轻微水平的炎症及血清转氨酶的升高。目前认为 HEV 经胃肠道感染宿主后进入肝脏中进行大量复制，从而损害肝脏。HEV 病毒感染家畜后的免疫病理学损害研究较少。

诊断技术。目前仍没有高效的动物 HEV 的体外培养系统，主要是通过巢式 RT-PCR 和荧光定量 PCR 检测感染宿主中的 HEV 核酸进行诊断。然而，HEV 的血清学诊断技术已有多种商品化 ELISA 试剂盒，主要应用体外表达的 HEV 衣壳和 ORF3 蛋白为包被抗原。但由于不同物种 HEV 抗原的复杂性，试剂盒的诊断一致性较差。重组戊型肝炎 p179 疫苗小鼠抗体间接 ELISA 检测方法已建立并初步应用。

疫苗研发。目前，家畜用 HEV 疫苗报道极少。由于缺乏有效的细胞培养系统，现有技术无法开发传统的 HEV 疫苗（灭活和弱毒疫苗）。我国近年来批准的人用 HEV 亚单位疫苗为通过大肠杆菌表达的 HEV 衣壳蛋白截短体（基于基因 1 型

HEV）。尽管不同宿主源的 HEV-ORF2 同源性高达 80%，但已有报道证实动物源 HEV 与人源 HEV 的 ORF2 在抗原性上存在差异，因此人用 HEV 疫苗是否可以保护人免于动物源 HEV 的感染或可否适用于其他动物依然需要进一步的验证。

防控技术。严格的消毒措施对抑制人兽共患型 HEV 是有效的，特别是加强生物安全管理措施，可以有效地阻断 HEV 在动物群中的感染扩散，并有效阻断 HEV 通过食源性的途径感染人类。

（十三）华支睾吸虫病（Clonorchiasis）

主要研究机构。吉林大学、中山大学、中南大学、广西医科大学、东北农业大学等单位。

流行病学。近两年全国不同地区流行病学调查显示，广东华支睾吸虫病流行区的平均感染率为 16.42%，顺德等高发地区感染率为 42.38%（651/1 536），估计全省感染华支睾吸虫人数超过 600 万；广西重点人群华支睾吸虫的感染率为 42.17%，高于一般人群华支睾吸虫的平均感染率（9.76%）；江西华支睾吸虫的感染率为 0.58%（138/23 606）；湖南华支睾吸虫的感染率为 0.01%（4/37 640）；吉林扶余市等高发地区的感染率 29.40（513/1 745）。鱼作为华支睾吸虫第二中间宿主，调查显示山东聊城市鱼的总感染率为 41.13%（285/693），以麦穗鱼的感染率最高，达 58.87%（136/231）。

诊断技术。以华支睾吸虫重组蛋白 CsG1 和 Enolase 作为抗原，建立了华支睾吸虫病间接 ELISA 诊断方法；建立了华支睾吸虫的免疫胶体金（ICT）和实时荧光定量 PCR 检测体系。以华支睾吸虫 ITS 基因为靶序列，建立了可检测华支睾吸虫的液相基因芯片诊断方法。评估利用超声与 MRI 检测华支睾吸虫感染的联合诊断方法，其准确率达到 100%。

（十四）异尖线虫病（Anisakis）

主要研究机构。浙江大学、中国海洋大学、中国疾病预防控制中心、福建农林大学、中国海洋大学、河北师范大学、华南农业大学等单位。

流行病学。异尖线虫在我国主要海域感染广泛。2015 年对盘锦、锦州、绥中 3 个渔港码头和 9 个沿海鱼类养殖场的 19 种鱼进行的流行病学调查结果显示，不同鱼种及整个样本的感染率分别为：内弯宫脂线虫 100%（19/19）和 34.96%（980/2 803）、有钩对盲囊线虫 84.21%（16/19）和 30.04%（842/2 803）、简单异尖线虫幼虫 78.95%（15/19）和 25.76%（722/2 803）；我国黄海海域经济鱼类的平均感染率 83.6%，感染强度为 1～5 条/鱼；2016 年对舟山口岸进出境鱼类自然感染异尖线虫情况进行调查，结果显示异尖线虫幼虫总感染率为 55.99%。

病原学。目前公认可引起人体异尖线虫病（Anisakiasis）的虫种主要有异尖线虫属、拟地新线虫属、对盲囊线虫属、宫脂线虫属，其中简单异尖线虫和伪地新线虫对人类健康危害较大。已报道可引起人异尖线虫病的主要有 6 种，即简单异尖线虫（*Anisakis simplex*）、典型异尖线虫（*A. typica*）、抹香鲸异尖线虫（*A. physeteris*）、拟地新线虫（*Pseudoterranova decipiens*）、对盲囊线虫（*Contracaccum* spp.）和宫脂线虫（*Hysterothylacium* spp.）。

诊断技术。在传统的寄生虫检测方法上，建立了多种异尖线虫病新型的分子生物学诊断技术（包括 LAMP 和 LAMP-LFD）；以及新型的高通量和快速免疫学方法（ELISA 法、Western Blot 法和胶体金试纸条）。

防控技术。预防异尖线虫病的最好办法是改变不良的饮食习惯，不生吃或半生吃海鱼和淡水鱼。唯一有效治疗异尖线虫病的方法还是通过胃镜清除活虫；当出现嗜酸性肉芽肿，则应当通过手术切除避免局部阻塞。近期有研究发现，中药活性成分益智酮甲具有抗简单异尖线虫活性和抑制第 3 期幼虫在体内移性的活性。

二、反刍动物病

本节主要介绍了动物海绵状脑病、小反刍兽疫、蓝舌病、牛结核病、血吸虫病、羊痘等 20 种反刍动物疫病的研究进展。系统开展外来病风险评估和监测，未发现动物海绵状脑病和施马伦贝格病，小反刍兽疫得到有效控制。对蓝舌病等 17 种流行病进行了调查，明晰了主要流行株和风险因素，发现了一些新病原；建立和熟化了一批 ELISA、PCR、多重 PCR、LAMP、荧光定量 PCR 和 PCR-ELISA 等检测方法；开发了牛病毒性腹泻/黏膜病灭活疫苗（1 型，NM01 株）、山羊传染性胸膜肺炎灭活疫苗（山羊支原体山羊肺炎亚种 M1601 株）和山羊传染性胸膜肺炎灭活疫苗（山羊支原体山羊肺炎亚种 C87001 株）等，反刍动物疫病防治技术支撑能力明显增强。

（一）动物海绵状脑病（Transmissible Spongiform Encephalopathy，TSE）

主要研究机构。中国动物卫生与流行病学中心、中国农业大学、中国疾病预防控制中心病毒病预防控制所、辽宁大学、黑龙江八一农垦大学等单位。

病原学。痒病与疯牛病的病原是同一类病原，我国主要以痒病病原为研究对象。完成了体外增殖的痒病小鼠适应毒株 RML 的致病特性研究，认为 Sc-N2a 细胞增殖的 PrPSc 对小鼠具有致病性，并保留了 RML 的株系特征。

致病机理。通过 Western Blot 方法，检测到羊瘙痒因子毒株 139A 和 ME7 感染终末期的小鼠脑组织中 Ser33、Ser37 及 Thr4 磷酸化 β-catenin 的表达，明显高于正常对照小鼠。同时对经典 Wnt 信号通路转录调控的下游靶基因 cyclin D1 检测发现，139A 及 ME7 感染终末期的小鼠脑组织中 cyclin D1 表达下调。提示在朊病毒感染终末期的小鼠脑组织中，经典 Wnt 信号通路被抑制。

防控技术。持续的监测表明，我国仍维持疯牛病风险可忽略状态。将 9 种中药的提取物作用于 ERG6Δ 药物敏感型酵母细胞，通过固体和液体培养法对中药提取物进行了初步筛选，发现钩藤、石斛两种中药的醇提取物具有一定的抗朊病毒活性。石斛醇提取物含量 15mg/mL、钩藤醇提取物含量 30mg/mL，作用 ERG6Δ 酵母朊病毒 5d 后的初步治愈率分别达到了 7% 和 6%，证明石斛醇提取物和钩藤醇提取物对 ERG6Δ 酵母朊病毒治愈作用明显。该研究不仅为探索抗朊病毒药物的研究积累了实验数据，并为中药的国际化及筛选抗朊病毒候选药物提供了新的方向。农业部 2017 年 6 月颁布了《国家牛海绵状脑病风险防范指导意见》，为指导我国疯牛病防范工作，维持我国 OIE 疯牛病可忽略风险等级地位提供了全面遵循。

（二）小反刍兽疫（Pestedespetits Ruminants，PPR）

主要研究机构。中国动物卫生与流行病学中心、中国农业科学院哈尔滨兽医研究所、兰州兽医研究所、上海兽医研究所等单位。

流行病学。在综合防治策略下，PPR 得到有效控制，仅在我国少数地区零星散发，发病省份和疫情数逐年下降。2016 年，贵州、广西、江苏、湖南、宁夏、山西、吉林 7 省份的 8 个县共发生 8 起疫情；2017 年，湖南、黑龙江、新疆 3 省份的 3 个县发生 3 起疫情。新疆多个地区发生了野生小反刍动物感染。

病原学。分析了野毒分离株体外连续传代过程中结构蛋白的变异；鉴定了 V 蛋白颉颃干扰素介导的先天性免疫系统功能位点；精细定位了血凝素蛋白的线性 B 细胞表位，并分析了其保守性；分析比较了 PPR 病毒与牛瘟病毒的核苷酸、密码子和氨基酸差异。建立了 PPR 病毒反向遗传操作系统。

诊断技术。建立了鉴别诊断疫苗株和野毒株的荧光 RT-PCR 方法，适于临床诊断应用的重组酶聚合酶扩增（RPA）快速检测方法，应用量子斑点技术检测 PPR 抗体的快速检测试纸条。评价分析了 PPR 病毒抗体阻断 ELISA 与病毒中和试验两种检测方法的优缺点；建立了稳定表达山羊 SLAM 受体的细胞系，并使用该细胞系建立了检测 PPR 病毒抗体的免疫过氧化物酶单层细胞技术。

疫苗研发。开展了病毒样颗粒的构建、制备及免疫效果评估研究，发现该病毒样颗粒不仅可诱导产生 H 蛋白和 N 蛋白特异性抗体，而且可诱导产生中和抗体。

防控技术。2015 年 12 月农业部印发了《全国小反刍兽疫消灭计划（2016—2020 年）》，全面启动我国小反刍兽疫消灭行动，力争到 2020 年全国消灭小反刍兽疫。国内部分省份实施了疫苗免疫，并对免疫抗体水平进行了监测和效果评价。2017 年 4

月举办《首届 ASEAN 国家小反刍兽疫区域路线图会议（中国、蒙古国及东帝汶）》，参会各国介绍 PPR 防控情况，并对各国家该病状况进行了评估，共同制定区域防控路线图。

（三）蓝舌病（Bluetongue，BT）

主要研究机构。云南畜牧兽医科学院，中国农业科学院哈尔滨兽医研究所、兰州兽医研究所，东北农业大学，云南出入境检验检疫局，新疆畜牧科学院等单位。

流行病学。对多个省份 BT 流行情况进行了调查。对来自内蒙古 11 个地区的 701 份（包括绵羊 244 份、山羊 347 份、牛 110 份）血清样品，应用竞争 ELISA 进行检测，结果显示，79 份为蓝舌病病毒（Bluetongue virus，BTV）抗体阳性，总阳性率为 11.27%（79/701），其中绵羊阳性率为 10.25%（25/244）、山羊阳性率为 15.56%（54/347）、牛均为阴性。从广东省 13 个市的不同牛场和羊场随机采集 716 份血清样品，检测结果显示，BTV 抗体的阳性率为 56.70%（406/716），其中牛和羊抗体平均阳性率分别为 69.62%（362/520）和 22.45%（44/196），表明广东省牛羊普遍存在 BTV 感染，而且牛的感染率比羊高。对湖北省 7 个县区山羊 BT 进行了血清学调查，检测山羊血清样品 506 份，BTV 抗体阳性率平均为 25.69%，表明 BT 在湖北省的感染已普遍存在。对江苏省 9 个地区的 369 份牛血清和 202 份羊血清样品进行检测，结果表明，大部分地区牛群存在 BTV 感染，平均阳性率为 17.6%，羊群 BTV 感染平均阳性率 4.5%。对采自山西省 11 个市的 1 090 份牛羊血清样品进行检测，共检测出抗体阳性样品 127 份，总阳性率为 11.65%。其中，羊阳性血清 96 份，阳性率为 19.28%（96/498）；牛阳性血清 31 份，阳性率为 5.24%（31/592）。四川省攀西地区 621 份羊血清样品中，46 份样品检测结果为 BTV 抗体阳性，总阳性率为 7.41%；采集的 590 份牛血清样品中未检出 BTV 抗体阳性。对西藏和四川红原地区牦牛血清样品进行了 BTV 检测，结果显示西藏和红原牦牛 BTV 血清阳性率为 4.35%。

病原学。从细胞培养物中分别提取 4 株云南分离株 BTV-1（Y863、SZ120169、6-12 和 7-12）的 RNA，进行 RT-PCR 扩增和测序，结果表明，4 株云南分离株 BTV-1 核苷酸同源性在 95.2%～99.9%，遗传进化分析发现，这 4 个毒株均为 *Eastern* 基因群病毒。张玲等从建立的动物监控群中动态采集血样，将血清学检测出现转阳的动物其转阳前后 2 周采集的血样接种鸡胚、C6/36 细胞和 BHK-21 细胞，分离到一株 BTV。经测序和中和试验定为 BTV-1 型。首次在国内分离到了 BTV 血清型 5、7 和 24 毒株，并测定了血清 7 型 GDST008 株的全基因组序列，发现该毒株是非洲株和亚洲株的重组病毒。从新疆 126 份血样中分离到一株 BTV XJ1407，*VP2* 和 *VP5* 基因序列分析提示，该病毒株可能为一个新的血清型。在监测广东省 BT 流行状况的过程中，对某一奶牛场血液样品进行 RT-PCR 检测，对检测到的一株 BTV 毒株的 *VP7* 基因进行序列比对，电镜观察病毒粒子，进一步 VP2 基因扩增，进行系统发育树分析，以及血清中和试验，表明此分离株为血清型 7 型。

致病机理。 用 BTV 分别感染原代羊睾丸细胞（ST）和 C6/36 细胞，进行了蛋白质组和 miRNA 组的高通量测序，结果显示，BTV 感染 C6/36 细胞后共有 140 个 miRNA 分子表达差异显著，且发现三个 miRNA 分子能明显抑制 BTV 的复制；在 BTV 感染的 ST 细胞中鉴定出了 101 种蛋白和 479 种蛋白。利用 BTV1 型特异性抗体淘选噬菌体展示的 7 肽随机肽库，发现 865THPNKCLVA873 位氨基酸构成 BTV-1 VP2 蛋白特异性表位。用单克隆抗体对 BTV 血清型 12 和 15 VP2、NS1、NS3 蛋白的抗原表位进行了鉴定。

诊断技术。 建立了抗原捕获 ELISA（AC-ELISA）方法、通用型荧光定量 RT-PCR 快速检测方法和能够区别 22 个 BTV 血清型的荧光定量 RT-PCR 方法，以及检测 BTV 抗体水平的光纤免疫传感器技术。

疫苗研发。 利用体外表达系统表达了多个 BTV 蛋白，将以上蛋白按不同组合免疫绵羊和 BALB/c 小鼠，免疫后定期采血，通过抗体效价检测、病毒中和试验、淋巴细胞增殖试验和细胞因子测定评价免疫效果，免疫组绵羊均诱导产生了大于 1：64 的抗体水平，且抗体水平至少维持 8 个月，病毒中和试验和淋巴细胞增殖试验均表明 BTV 蛋白具有较好的免疫效果。分别构建了 3 种表达 BTV-1 表面蛋白 VP2、VP5 及共表达（VP2＋VP5）的重组禽痘病毒载体疫苗及重组 DNA 疫苗，在所有免疫组中，用 DNA 疫苗 pCAG-（VP2＋VP5）首免、rFPV-（VP2＋VP5）加强免疫是最佳的免疫策略，可以诱导产生最高的中和抗体及最佳的细胞免疫反应。

防控技术。 近年来我国虽然没有出现 BTV-8 强毒株感染，但是随着进出口贸易的日益频繁和环境气候的变化，完全存在国外的 BTV-8 强毒株传到国内的风险。然而，目前我国没有任何可用于 BT 预防的商业化疫苗，因此，尽早研制应对 BTV 强毒株的疫苗作为战略和技术储备迫在眉睫。

（四）牛结核病（Bovine Tuberculosis）

主要研究机构。 华中农业大学、华南农业大学、中国农业大学、中国动物疫病预防控制中心、中国兽医药品监察所、中国农业科学院哈尔滨兽医研究所、宁夏大学、扬州大学、中国动物卫生与流行病学中心、中国农业科学院北京畜牧兽医研究所等单位。

流行病学。 流行病学调查发现，山东省 25 个规模化养殖场中牛结核病场阳性率为 64%，个体阳性率为 10.47%，其中奶牛场最为严重，个体阳性率为 13.75%；陕西省某规模化奶牛场个体阳性率为 1.7%，牛群阳性率为 60%。对吉林省具有代表性的 6 个地区的 18 个梅花鹿场进行血清学调查显示，梅花鹿感染牛结核病的阳性率为

17.83％。研究发现奶牛仍是最为易感动物，黄牛、水牛、梅花鹿等均能够感染。牛分支杆菌在人与动物之间的相互传播严重威胁公共卫生安全，也为防控增加了难度。

致病机理。牛分支杆菌的致病机理目前仍不完全清楚。牛分支杆菌诱导宿主免疫反应的机制研究发现，分支杆菌感染巨噬细胞后通过激活炎症复合体（NLRP7），上调干扰素诱导蛋白和 microRNA，诱导炎性因子分泌。此外，研究发现结核分支杆菌 Rv2645 刺激免疫细胞中干扰素刺激基因（ISG15）的表达上升，促进体外丙型肝炎病毒的增殖；且不同毒力的分支杆菌 H37Rv、H37Ra 和 BCG 刺激巨噬细胞产生不同的表达谱，为结核分支杆菌的致病机理研究奠定了基础。

诊断技术。牛分支杆菌检测方法仍主要集中在 IFN-γ 体外释放法、ELISA 抗体检测、PCR、皮试和菌落培养等方法，其中琼脂 Va 间接培养方法（哈萨克斯坦兽医研究所研制）可于培养 19d 观察到典型菌落，为诊断提供依据。2015—2017 年，国内针对结核分支杆菌的检测申报了 150 余项专利，其中相当部分可以用于牛分支杆菌的检测。此外，布鲁氏菌病和牛结核病的复合 PCR 诊断方法也已建立。

疫苗研发。新型牛结核病疫苗的研究进展缓慢，BCG 重组苗、活载体疫苗、亚单位疫苗等虽在动物实验中获得较好的免疫效果，但是其安全性和有效性均在进一步的研究中。

防控技术。目前，牛结核病的防控和净化已全面启动，10 余家规模化牛场通过各类型项目申报国家净化创建场。

（五）牛流行热（Bovine Ephemeral Fever，BEF）

主要研究机构。中国农业科学院兰州兽医研究所、哈尔滨兽医研究所，华中农业大学，山东省农业科学院，河南科技学院等单位。

流行病学。1991 年以前，牛流行热曾在我国多个省份多次暴发流行。1991 年以后，虽然没有大规模暴发 BEF 的报道，但该病在我国华南、华中、华北、华东以及西南地区一直存在，流行间隔为 2～7 年，对奶牛的危害尤其严重。从我国 26 个省、自治区收集了 2 822 份牛血清，开展了 BEF 流行病学调查，证实上述 26 个省、自治区均有 BEF 阳性牛存在，说明我国牛群感染 BEF 非常普遍。不同地区采集的血清，牛流行热病毒（BEFV）抗体阳性率存在较大差异，从 0 至 81％不等。在西藏地区牦牛群体中，BEFV 抗体总阳性率为 23.8％（49/206），成年牦牛血清总阳性率为 39.3％（44/112），成年母牦牛血清阳性率为 46.2％（36/78），成年公牦牛血清阳性率为 23.5％（8/34）；犊牦牛血清总阳性率 5.3％（5/94），母犊牦牛血清阳性率为 9.3％（4/43），公犊牦牛血清阳性率为 2.0％（1/51），表明西藏地区牦牛 BEFV 感染与年龄、性别等密切相关。在甘肃省武威市天祝藏族自治县 7 个乡镇的白牦牛中，BEFV 抗体阳性率为 31.03％～66.67％，总体阳性率为 45.09％（101/224），流行毒株与中国大陆 1976 年分离的 JB76H 毒株亲缘关系较近，为基因亚型Ⅰ。此外，从甘肃省 7 个乡镇分别随机抽样采集了 224 头白牦牛的抗凝血和血清，应用间接 ELISA 抗体检测试剂盒检测血清中 BEFV 特异抗体，应用实时荧光定量 RT-PCR 方法检测 BEFVG 基因并进行序列验证，结果表明，7 个乡镇的白牦牛均存在 BEFV 感染，抗体阳性率为 45.09%；荧光定量 RT-PCR 的检出阳性率为 37.5%；以 RT-PCR 扩增区段测序并构建系统发育树表明，白牦牛群流行的 BEFV 毒株与中国大陆 1976 年分离的 JB76H 毒株亲缘关系较近，为 BEFV 基因Ⅰ型。

病原学。我国早期分离毒株 JT02L 基因组（14 941nt），包含前导序列（50nt）、N 基因（1 328nt）、P 基因（858nt）、M 基因（691nt）、G 基因（1 897nt）、GNS 基因（1 784nt）、$\alpha1\alpha2$ 基因（638nt）、β 基因（460nt）、γ 基因（400nt）、L 基因（6 470nt）和尾随序列（73nt）。与其他毒株相比，JT02L 的 $\alpha3$ 基因 ORFs 多 18nt，在 C 端编码 6 个氨基酸残基，β 基因 ORFs 多 120nt，在 C 端的氨基酸延长 40 个。在 β 基因 ORF 的终止信号后含有 38nt 的 AT 丰富区，但不影响 β-γ 双顺反子 mRNA 的转录，该基因组信息在 GenBank 中收录号为 KY315724，这是继 Henan2012 毒株序列（Genbank KM276084）后，首次揭示的具有特殊基因特征的牛 BEFV 基因组。

致病机理。以 LS11 毒株 $0.6LD_{50}$、$1.2LD_{50}$ 和 $2.4LD_{50}$ 剂量感染 3 组共计 9 头 18 月龄的成年牛。在 $0.6LD_{50}$ 感染组，牛体温升高至 39℃ 以上，但无其他临床症状；而 $1.2LD_{50}$ 和 $2.4LD_{50}$ 感染组，牛在 120h 后体温升高至 39.5℃，可见眼鼻分泌物增多，继而在 144h 出现拒食并伴随体温高达 41.4℃，持续 24h 后体温下降至 39℃ 以下。在 $0.6LD_{50}$ 剂量组，牛感染后 4~6d 可在血液中分离获得病毒，中和抗体可在感染的 16 个月检出，但保护水平的中和抗体只能持续 60~90d；而 $1.2LD_{50}$ 和 $2.4LD_{50}$ 组，牛在感染后 2~9d 可在血液中分离获得病毒，中和抗体可在感染后 28 个月检出，保护水平的中和抗体可持续 390d 以上。在细胞水平，BEFV 感染 MDBK 细胞 24h 后，可导致细胞 3 076 个基因的上调和 3 299 个基因的下调，这些差异基因主要参与催化活性、结合活性、酶调节活性、分子转导及蛋白结合转录因子活性等分子功能和免疫过程、生物调节过程、代谢过程和应激反应等生物学过程，涵盖细胞凋亡、自噬、NF-κB、mTOR、P38MAPK 等多条信号通路。

诊断技术。在现有间接 ELISA、中和试验、RT-PCR、RT-LAMP 和 MGB 探针定量 PCR 诊断技术基础上，研究人员陆续开发了一些新方法。以重组酶扩增技术检测 BEFV 核酸，可检测 $1TCID_{50}$ 的病毒核酸，实现了恒温扩增检测，不依赖于特殊仪器，敏感性高，有望在非实验室环境下短时间完成 BEFV 的现场检测。以胶体金标记牛 BEFV 单克隆抗体及多克隆抗体，建立了快速检测 BEFV 的试纸条，具有直观、准确快速、特异灵敏、操作简便的特点，但其实用性还需进一步检测样品中的 BEFV 来验证。

疫苗研发。目前我国使用 JB76H 株灭活苗，对其他新型疫苗还没有开展相关研究。

防控技术。对易感牛进行紧急疫苗接种，发病严重的牛积极进行药物治疗，可配合使用抗病毒药物、抗生素和磺胺类药物；对呼吸困难的病牛，在治疗过程中要尽量降低治疗应激，并进一步减轻呼吸和循环系统的负担。

（六）牛副流感（Bovine Para Influenza，BPI）

主要研究机构。中国农业科学院哈尔滨兽医研究所、黑龙江八一农垦大学、北京世纪元亨动物防疫技术有限公司、石河子大学、内蒙古农业大学、山东省农业科学院、东北农业大学、北京交通大学等单位。

流行病学。近两年来，牛呼吸道传染病在我国牛群中发病率逐渐升高，死亡率也有上升趋势，病原学研究表明，牛副流感病毒 3 型（BPIV3）是主要病原之一。对内蒙古、山东、辽宁、天津和黑龙江 5 个省（直辖市、自治区）进行了血清流行病学调查，结果显示 BPIV3 抗体阳性率为 87.3%（551/631）。

病原学。对黑龙江、内蒙古、宁夏、河南和新疆等地分离的毒株进行了基因组序列测定及基因分型的研究，结果表明基因 C 型的 BPIV3 为主要的流行毒株，个别地区也有基因 A 型流行，但未检测到基因 B 型的毒株。对 BPIV3SD2014 分离株 P 蛋白磷酸化位点与功能性结构域进行了研究，发现 SD2014 毒株 *P* 基因核苷酸序列与 SD0835 株同源性为 99%，P 蛋白氨基酸序列与猪副流感病毒 3 型（SPIV3）同源性最高为 73.2%。

诊断技术。用大肠杆菌表达的 BPIV3 核衣壳蛋白-血凝素-神经氨酸酶（NP-HN）串联重组蛋白为包被抗原，建立了检测血清抗体的间接 ELISA，该方法与血清中和试验和进口 ELISA 试剂盒的符合率分别为 96.7% 和 98.9%，可用于牛血清样品的检测。

利用肽扫描技术鉴定了 BPIV3 核衣壳蛋白的 2 个抗原表位，用单抗 6F8 和 7G9 初步建立了双抗夹心 ELISA，检测 BPIV3 抗原的下限为 $10^{3.66}$ TCID$_{50}$，与 RT-PCR 的符合率为 97%。此外，以兔抗 BPIV3 多抗为包被抗体，以单抗为检侧抗体建立的双抗体夹心 ELISA 的检测下限为 10^3 TCID$_{50}$，与 RT-PCR 的符合率为 94.6%。

建立了 BPIV3 的实时荧光定量 RT-PCR 方法，最小检出量为每微升 1.00×10^2 拷贝。建立了 BPIV3 的 SYBR Green Ⅰ Q-PCR 方法，对标准品的最小检出量为每微升 1.0×10^3 拷贝，重复性试验中，Ct 值变异系数均小于 1.0%。建立了 BPIV3 的 Taq Man 荧光定量 PCR 方法，对质粒的最小检出量为每微升 1.0×10^2 拷贝，重复性试验中，CV 均小于 1.5%。建立了 BPIV3 的 Nano-PCR 和 LAMP 方法，敏感性均是普通 PCR 的 10 倍，最低核酸检出量均为每微升 4.16×10^2 拷贝。

疫苗研发。用 BPIV3 毒株 SD0835 株制备的灭活疫苗接种牛体后，可诱导产生高水平的中和抗体，经 BPIV3 强毒攻毒后，免疫牛鼻腔排毒滴度与对照牛相比显著降低，临床表现轻微，表现出良好的保护作用。构建了表达 BPIV3 血凝素-神经氨酸酶（HN）基因的牛传染性鼻气管炎 gE 基因缺失重组病毒，为活载体疫苗的研究奠定了基础。构建了 BPIV3 反向遗传操作系统，但未能拯救出重组病毒，有待进一步完善。

防控技术。目前我国尚无注册生产的 BPIV3 疫苗，未能实施预防接种。平时主要是加强牛的饲养管理，提高牛的抵抗力，降低发病率。对发病牛采用对症治疗，控制细菌继发感染。

（七）牛病毒性腹泻（Bovine Viral Diarrhea，BVD）

主要研究机构。中国农业科学院兰州兽医研究所、华中农业大学、中国动物卫生与流行病学中心、中国农业科学院哈尔滨兽医研究所、中国农业科学院特产研究所、中国农业大学、新疆农业大学、江苏省农业科学院兽医研究所、石河子大学、吉林农业大学、东北农业大学、西南民族大学、山东农业大学、黑龙江八一农垦大学等单位。

流行病学。监测表明，我国西部地区 BVD 感染情况仍十分严重，对新疆、青海、宁夏、甘肃、四川 5 省（自治区）的牛血清学流行病学调查结果显示，BVD 的抗体群阳性率为 84.38%，个体阳性率为 61.88%；华东地区上海市崇明岛地区规模化奶牛场抗体阳性率达到 96.7% 以上；苏州地区感染率为 49.07%，且不同市、区存在较大差异，为 0.99%～92.5% 不等。对来自我国内蒙古、辽宁、青海、西藏、河南、江苏、湖北、广西等省（自治区）的奶牛、肉牛、牦牛、水牛的 1 379 份血清样品进行检测，抗体检测总体阳性率为 58.09%（801/1 379），分别为奶牛 89.49%（298/333）、肉牛 63.27%（248/392）、牦牛 45.38%（236/520）、水牛 14.18%（19/134）；抗原检测总体阳性率为 1.39%（14/1 010），分别为奶牛 0.00%（0/116）、肉牛 0.77%（3/392）、牦牛 0.82%（3/368）、水牛 5.97%（8/134）；核酸检测总体阳性率为 22.64%（146/645），分别为奶牛 32.06%（42/131）、肉牛 13.00%（26/200）、牦牛 28.89%（52/180）、水牛 19.40%（26/134）。以 RT-PCR 扩增获得 124 条病毒 5′UTR 序列，分属于 BVDV 1b（33.06%）、BVDV-1m（49.19%）、BVDV-1u（17.74%）。北京市采集的样品中，阳性率为 93.4%。牦牛病毒性腹泻在我国仍呈现地方性流行。青藏高原地区牦牛病毒性腹泻病在具有腹泻症状的牦牛中，利用 RT-PCR 检测阳性率为 20%；甘肃省天祝藏族自治县牦牛的抗体结果显示，病毒性腹泻病总体阳性率为 37.56%（595/1 584），其中牦牛为 45.08%（275/610），白牦牛为 32.85%（320/974），且公畜的感染率（37.84%）与母畜类似（37.11%）。从山东省

4 个地区的 11 个规模化牛场采集的 190 份血清样品，应用 ELISA 方法进行了 BVDV 抗体检测，其平均个体阳性率为 66.3%，其中犊牛阳性率为 77.8%、青年牛阳性率 58.8%、成年母牛阳性率为 65.8%，场阳性率为 90.9%。

病原学。目前我国流行毒株主要为 BVDV-1a、BVDV-1b、BVDV-1m、BVDV-1q 及 BVDV-1u。对来自内蒙古、辽宁、青海、西藏、河南、江苏、湖北、广西等地的 124 条病毒 5′UTR 序列进行分子流行病学分析发现，33.06% 为 BVDV-1b 型、49.19% 为 BVDV-1m 型、17.74% 为 BVDV-1u 型。我国流行毒株 BVDV-1a GS5 基因组（GenBank：KJ541471）全长为 12 189nt，其中 5′UTR 和 3′UTR 长度分别为 277nt 和 215nt，ORF 长 11 697nt，编码 3 898 个氨基酸，无外源基因的插入和病毒基因组重复序列，符合非致细胞病变毒株基因组特征。该毒株与比利时的 BVDV-1a 毒株 WAX-N 序列同源性较高，表明在甘肃省牛群中流行的 BVDV 变异较大。来源于国外商品血清中的非典型 BVDV（BVDV-3），其基因组为 12 282nt，ORF 长 11 700nt，与参考毒株 Th/04_KhonKaen 相比，在 3′UTR 缺失 56 个核苷酸。2014 年从黑龙江省发生牛呼吸道传染病的某肉牛场分离到一株 BVDV（LJ 36/14 株），对该分离株的 5′UTR 和 N 基因进化树分析表明该分离株为国内首次分离并鉴定的基因亚型 BVDV1v。来源于山东的牛源分离株 SD-15 为非致细胞病变型，全基因组与 BVDV-1m 参考毒株 ZM-95 的核苷酸同源性为 93.8%，其 E2 基因编码特有的糖基化位点 240NTT。另外，对从北京地区分离获得的 3 株 BVDV 进行全基因组测序（12 220nt），结果表明 3 株病毒基因组的核苷酸同源性为 99%，属于 BVDV-1d 亚型。

致病机理。细胞感染模型显示，一方面，BVDV 感染早期可以诱导自噬的产生，且自噬对病毒的复制有利，并且影响树突状细胞的成熟和功能，并通过高效表达 Th2 型细胞因子 IL-10、降低 Th1 型细胞因子 IL-12 gp40 影响 Th1/Th2 平衡；另一方面，BVDV 可导致细胞中自噬相关的关键蛋白 ATG14 和 ATG9A 的表达下调，以降低 BVDV 感染导致的自噬。相反，在细胞中过表达 ATG14 和 ATG9A，可颉颃 miR-29b 导致的细胞自噬，并促进 BVDV 的复制；在 BVDV 感染的 MDBK 细胞中，miR-29b 启动子的甲基化水平显著降低，沉默 DNA 甲基转移酶 1 可降低 miR-29b 启动子的甲基化水平，增强 miR-29b 的表达从而抑制病毒的复制。对致细胞病变型和非致细胞病变型 BVDV 感染细胞内自噬体、LC3-Ⅱ 和 P62 数量研究发现，感染细胞病变型病毒的细胞内自噬体数量、LC3-Ⅱ 数量和 P62 减少的数量均多于感染非致细胞病变型病毒，表明致细胞病变型 BVDV 较非致细胞病变型 BVDV 促进自噬的效果更加明显。成功构建了 BVDV 感染细胞的 miRNA 和 mRNA 文库，获得了一批差异显著的 miRNAs，其中，miR-2904 能显著抑制 BVDV 的复制，其影响病毒复制的可能机制是 miR-2904 通过靶向靶基因抑制细胞的凋亡与自噬，进而影响 BVDV 的复制。对 BVDV 和牛传染性鼻气管炎病毒（IBRV）共同感染 MDBK 细胞后的病毒复制和凋亡情况进行了研究，研究发现感染 BVDV 的 MDBK 细胞再次感染 IBRV 时，两个病毒均可在细胞中进行复制，但高感染复数的 BVDV 会加剧 MDBK 细胞的病变，进而影响 IBRV 的复制；BVDV 与 IBRV 共同感染引起细胞活性明显降低，对细胞造成的损伤大于病毒单独感染，并造成更严重的细胞凋亡。此外，BVDV 感染可降低 MDBK 细胞中血红素加氧酶 1（Heme Oxygenase-1，HO-1）的表达水平，但通过钴原卟啉诱导 MDBK 表达较高水平的 HO-1 可显著降低 BVDV 的复制，沉默 HO-1 的表达则促进 BVDV 的复制，表明 HO-1 在 BVDV 感染 MDBK 过程中发挥着重要调控作用。成功的获得能够稳定表达 BVDV E2 蛋白的重组杆状病毒，并筛选出可能与 BVDV 存在相互作用的候选宿主蛋白，并且 BVDV 能够诱导 MDBK 和牛外周血淋巴细胞 CD46 基因转录水平的上调。

诊断技术。针对 BVDV 5'UTR 基因序列，设计 4 条特异性环介导等温扩增（Loop Mediated Isothermal Amplification，LAMP）引物，特异性识别靶基因序列上 4 个独立区域，采用 LAMP 技术，利用实时浊度仪实时检测反应过程中所产生的焦磷酸镁白色沉淀，实时监测反应液浊度来判断反应结果。该方法特异性强，病毒 10^{-6} 倍稀释时仍能被检出，比 RT-PCR 方法灵敏度至少高 100 倍，且重复性好。根据 BVDV、牛冠状病毒（Bovine Coronavirus，BCoV）、牛肠道病毒（Bovine Enterovirus，BEV）基因的保守序列，设计合成引物，在建立单一病毒 RT-PCR 检测方法的基础上，建立了 3 种病毒的多重 RT-PCR 检测方法，可同时扩增 BVDV 的 289bp、BCoV 的 458bp 和 BEV 的 732bp 的特异性片段；与牛流行热病毒、牛轮状病毒、牛副流感病毒 3 型、牛传染性鼻气管炎病毒无交叉性；对 BVDV 的检测敏感性为 6.4pg 模板；对 24 份临床腹泻病料检测，其检测结果与单项 RT-PCR 的符合率为 100%。建立了区分 BVDV 基因 1 型和基因 2 型的 RT-PCR 方法，该方法便捷、特异性高、敏感性强、重复性好，可作为 BVDV 分型鉴定和快速诊断的有效方法。建立了检测 BVDV 的 TaqMan 实时荧光定量 RT-PCR 方法，能与常见的猪病进行区分，对 BVDV 标准毒株最低检测量达到 $10^{-2.5}$ TCID$_{50}$，且具有较好的重复性，该方法的建立为生产无 BVDV 污染的猪瘟疫苗提供了有力的保障。

疫苗研发。农业部 2016 年批准的牛病毒性腹泻/黏膜病灭活疫苗（1 型，NM01 株）为新兽药，弥补了我国疫苗的空白。此外，牛病毒性腹泻/黏膜病牛-传染性鼻气管炎二联灭活疫苗、BVD 转基因人参疫苗、牛病毒性腹泻-细小病毒病二联疫苗也处于研发阶段。

防控技术。本病目前尚无有效的治疗和免疫方法，只有加强护理和进行对症治疗，增强机体抵抗力，促进病牛康复。在 BVD 流行率较高的地区，以疫苗接种措施为核心，逐步减少并最终中止 BVDV 在牛群中的传播，及时淘汰病毒持续感染的牛，是 BVD 发生率较高的国家和地区根除计划中切实可行的策略。

（八）牛传染性鼻气管炎（Bovine Infectious Rhinotracheitis，IBR）

主要研究机构。华中农业大学、黑龙江八一农垦大学、中国农业科学院哈尔滨兽医研究所、中国农业科学院特产研究所、宁夏大学、山东农业大学、山东省农业科学院等单位。

流行病学。我国牛传染性鼻气管炎呈明显地方性流行。对我国 9 个省份进行了流行病学调查，结果显示抗体阳性率从 5％到 80.7％不等。对新疆存在流产、产死胎或弱犊、肺炎、腹泻等临床表现的牛分别进行血清学抗体检测及 RT-PCR 检测，其中，抗体检测阳性率为 80.7％，RT-PCR 检测阳性率为 10.7％。对北京及山东的血样进行 ELISA 抗体检测，结果显示北京抗体检测阳性率为 34.93％；山东为 31.52％。宁夏 IBR 抗体检测阳性率最高为 100％，平均阳性率为 85.1％。上海 2 个规模化奶牛场 IBR 抗体检测阳性率分别为 41.2％和 74.3％。对河南 5 个地区的 12 个规模化奶牛场进行了分层随机抽样，共采集了 440 头牛的鼻腔和/或阴道拭子样品，采用 qPCR 方法进行 BHV-1 的病原学检测，总阳性率为 15.45％；场阳性率达 100％，5 个地区的阳性率由低到高依次为豫东（10.00％）、郑州地区（10.78％）、豫北（12.04％）、豫西（20.00％）、豫南（35.82％）；不同年龄段奶牛的阳性率不同，犊牛、后备青年牛、1 胎、2 胎、3 胎、4 胎以上牛分别是 3.57％、6.67％、23.53％、26.22％、14.55％、28.57％；患病牛阳性率为 28.13％，明显高于外观健康牛的 13.23％。

病原学。通过 PCR 方法对新疆 5 个规模化奶牛养殖场犊牛鼻液样本进行 gD 基因检测，并挑选不同地区的 9 株病毒进行序列分析比较其同源性，发现 gD 基因序列同源性为 77.80％～99.80％。说明新疆部分地区 IBRV 感染较为普遍，且多数毒株之间基因变异较大。IBRV 感染可影响牛单核巨噬细胞的吞噬能力，使其对鸡红细胞的吞噬能力显著下降（$p < 0.05$）。研究了 IBRV 强弱毒株（强毒株 LN01/08 与弱毒株 LNM）感染 MDBK 细胞的差异蛋白组学，筛选出包括免疫反应相关蛋白、受体蛋白和骨架蛋白在内的 8 种差异蛋白；建立了 IBRV JZ06-8 株的犊牛感染模型。对牛疱疹病毒 1 型 $UL51$ 基因进行了深入研究，确定了其在病毒次级包膜成熟中的作用。利用肽扫描技术对 IBRV 的 VP8 蛋白的两株单克隆抗体（MAb3C2 和 MAb1F5）进行抗原表位鉴定，结果表明 MAb3C2 的抗原表位为 138PHRSLLERTA147，MAb1F5 的抗原表位为 183GGGQEPG189，2 株 MAb 针对的抗原表位在不同的 IBRV 分离株中高度保守。

诊断技术。基于 IBRV gB 基因、BTV $NS3$ 基因、BVDV $5'UTR$ 基因、EBLV $Gp51$ 基因和 FMDV $3D$ 基因，建立了同时检测这 5 种病毒的多重连接探针扩增技术（MLPA）；基于 tK 基因建立了 IBRV PCR 检测方法；基于 gB 基因建立了荧光定量 PCR 方法；基于 gE 基因，建立了 LAMP 检测方法；建立了 IBRV 气溶胶荧光定量

PCR 方法。根据高度保守的 BVDV 的 5′UTR 基因、IBRV 的 gB 基因和 FMDV 的 3D 基因，分别设计了 3 对对应的特异性引物和 3 种不同发光基团标记的 Taq Man 探针，建立了同时检测这 3 种病毒的多重荧光定量 PCR 方法；根据 IBRV gE 和 gB 基因序列，建立了 IBRV 的双重荧光定量 PCR 检测方法。

疫苗研发。牛病毒性腹泻、牛传染性鼻气管炎、牛副流感三联灭活疫苗于 2017 年申报国家专利；申请号 CN201710186236.2。牛病毒性腹泻、传染性鼻气管炎二联灭活疫苗（BVDV/NMG 株＋IBRV/LY 株）和牛病毒性腹泻灭活疫苗（1 型，NM01 株）已上市。对 IBRV/JZ06-3 基础毒株的安全性和免疫原性进行研究表明，对犊牛安全且免疫效果好，血清抗体能达到 1∶512 以上，强毒攻毒后，保护率均为 100%，具有很好的免疫原性。

（九）奶牛子宫内膜炎（Cow Endometritis）

主要研究机构。中国农业科学院兰州畜牧与兽药研究所、东北农业大学、黑龙江八一农垦大学、河北农业大学、南京农业大学、吉林大学、华南农业大学、西北农林科技大学、内蒙古农业大学、中国农业大学、华中农业大学等单位。

流行病学。奶牛子宫内膜炎的发病率与多种因素有关，不同地区发病率往往不同，山东潍坊的发病率为 28.46%，山东威海的发病率为 30%。同一地区不同牛场发病率也不同，对山东 10 个奶牛场进行奶牛子宫内膜炎发病率调查，结果发现子宫内膜炎发病率小于 10% 的有 3 个，介于 10%～20% 的有 5 个，大于 20% 的有 2 个。温度和季节对奶牛子宫内膜炎发病率有很大的影响，春季子宫内膜炎发病率高达 64.4%，秋季发生率最低为 19.2%，夏季发生率为 29.3%，冬季发生率为 48.2%；随着奶牛胎次的增加，子宫内膜炎的发病率呈明显上升趋势。

病原学。子宫内膜炎主要是由病原微生物感染造成的，导致奶牛子宫内膜炎的病原有细菌、真菌、支原体、病毒、寄生虫等，而细菌感染是引起奶牛子宫内膜炎的主要病原微生物。常见的致病菌有葡萄球菌、链球菌、大肠埃希氏菌、克雷氏杆菌、化脓杆菌、布鲁氏菌和嗜血杆菌等。

对河北张家口、内蒙古巴彦淖尔、宁夏、河南舞钢、山西和山东潍坊多个养殖场进行了奶牛子宫内膜炎病原菌区系分布调查，结果表明，大肠杆菌、金黄色葡萄球菌和链球菌是引起以上地区奶牛子宫内膜炎的最主要致病菌。雁门关奶牛子宫内膜炎的主要致病菌为葡萄球菌、化脓链球菌、不动杆菌、凝结芽孢杆菌、大肠杆菌和屎肠球菌。山东部分地区奶牛子宫内膜炎的病原菌主要为化脓隐秘杆菌、大肠杆菌、葡萄球菌、变形杆菌和绿脓杆菌。近年来，抗生素的不规范使用，使主要病原菌对抗生素产生了严重的耐药性，结果表明，主要病原菌（化脓隐秘杆菌、金黄色葡萄球菌、大肠杆菌等）对多种常见抗生素（青霉素、氨苄西林、四环素、链霉素、卡那霉素、复方新诺明等）均产生了严重的耐药性，耐药率达 40%～100%。

致病机理。奶牛子宫内膜炎是子宫黏膜发生的黏液或化脓性炎症，通常在产后一周内发病。奶牛子宫内膜炎发病原因较为复杂，该病的发生主要与传染性因素、继发性因素、营养性因素、机体的激素水平和血液状态等因素有关。

对大肠杆菌引发子宫内膜炎的致病机制的研究表明，大肠杆菌能够显著降低对维持子宫内膜上皮细胞稳定性起重要作用的紧密连接蛋白 claudin-1/2、Occludin 及 ZO-1 蛋白的表达水平，导致子宫内膜细胞的损伤，引起子宫内膜中炎性细胞因子 TNF-α、IL-1β 和 IL-6 和趋化因子 IL-8 mRNA 表达的升高，使患牛表现出子宫内膜炎的临床症状。

诊断技术。当前常用的诊断方法主要包括直肠检查、阴道分泌物检查、子宫颈口黏液白细胞检查、子宫内膜物病料细菌培养、子宫内膜活检、精液诊断法、放射免疫分析法及激光诊断等。

通过分析患临床型子宫内膜炎奶牛、亚临床型子宫内膜炎奶牛与健康奶牛三者之间血清中生化指标、炎性细胞因子及急性期蛋白质的差异，发现亚临床型子宫内膜炎组的奶牛血清中 TNF-α 的浓度同健康组奶牛相比有升高趋势，但无统计学差异。而在产后 21d 和 30d，临床型子宫内膜炎组的奶牛血清中的 TNF-α 的浓度与健康组和亚临床组奶牛相比显著升高。临床型子宫内膜炎组和亚临床型子宫内膜炎组的奶牛血清中 Hp 的浓度与健康组相比均显著升高，且 Hp 的浓度变化比 TNF-α 的浓度变化更为灵敏。研究认为，奶牛血清中 TNF-α 和 Hp 的水平可以作为奶牛临床型子宫内膜炎的辅助诊断指标，对炎症反应敏感性更高的 Hp 可以作为亚临床型子宫内膜炎的辅助诊断指标。

疫苗研发。目前，国内关于奶牛子宫内膜炎疫苗的研发鲜有报道，主要因为致病菌复杂多样，不易开发有效的疫苗。科研人员用从奶牛子宫内膜炎病料中分离的化脓隐秘杆菌制备了子宫内膜炎灭活疫苗，小鼠免疫后人工感染有一定的抗感染效果，奶牛免疫后具有一定的预防效果。

防控技术。由于目前国内尚无奶牛子宫内膜炎疫苗上市，对于本病的防控主要通过加强饲养管理，搞好环境卫生，人工授精时严格遵守操作规程，加强围产期母牛的饲养管理与保健、加强产后奶牛的保健等措施进行防控。

（十）奶牛乳房炎（Cow Mastitis）

主要研究机构。中国农业科学院兰州畜牧与兽药研究所、新疆石河子大学、新疆畜牧科学院兽医研究所、中国农业大学、黑龙江八一农垦大学、宁夏大学、东北农业大学、内蒙古农业大学、沈阳农业大学、吉林大学、黑龙江省科学院微生物研究所等单位。

流行病学。近年来的调查结果表明，我国牛群发病率较高。新疆巴音郭楞蒙古自治州奶牛乳房炎的总发病率为 45.92%，其中临床型乳房炎发病率 5.6%，隐性乳房炎发病率为 40.25%；新疆石河子奶牛隐性乳房炎头的阳性率为 43.26%，乳区阳性率为 35.13%，宁夏隐性乳房炎阳性检出率为 65.3%，隐性乳房炎的头患病率和乳区患病率分别为 31.2% 和 19.8%；甘肃兰州临床型乳房炎的头发病率为 5.52%，乳区发病率为 2.91%，隐性乳房炎的头阳性率为 58.43%，乳区阳性率为 36.86%；内蒙古隐性型乳房炎发病率为 22.99%～36.66%；吉林临床乳房炎发病率在 8.15%～15.63%，隐性乳房炎发病率在 26.59%～84.90%；桂南地区奶牛隐性乳房炎发病率为 39.7%；天津临床型乳房炎发病率为 7.02%～11.34%、隐性型乳房炎发病率为 46%～62.7%；江苏镇江隐性型乳房炎发病率为 44.9%～64.5%；山东部分地区隐性型乳房炎发病率为 64.92%。

病原学。对我国西部地区乳房炎病原菌区系进行调查，结果表明，引起奶牛乳房炎病原菌主要为无乳链球菌、金黄色葡萄球菌、停乳链球菌、大肠杆菌、乳房链球菌等，这些病原菌占乳房炎总检出率的 90% 以上。我国奶牛乳房炎无乳链球菌优势血清型主要为 Ⅰa 型和 Ⅱ 型。北京、河南、天津及广西等地分离出的奶牛乳房炎大肠埃希氏菌优势血清型主要为 O13、O17 和 O91；内蒙古分离出的奶牛乳房炎大肠埃希氏菌优势血清型为 O60、O89 和 O119 等 8 种。不同地区奶牛乳房炎大肠埃希氏菌血清型差异较大，同一奶牛场可存在多个血清型，大多数奶牛场有本场的优势血清型，不同来源的大肠埃希氏菌血清型也不同，部分菌株有 2 种以上血清型。从北京、山西、内蒙古、山东、浙江和新疆等地奶牛乳房炎病例中分离的金黄色葡萄球菌优势血清型为荚膜多糖 336 型，从内蒙古分离出的奶牛乳房炎金黄色葡萄球菌优势血清型为荚膜多糖 8 型。在不同的国家和地区奶牛乳房炎致病性金黄色葡萄球菌荚膜多糖的血清型分布情况有差异，优势血清型也各有不同。

致病性及耐药性。引起奶牛乳房炎的主要致病菌主要有金黄色葡萄球菌、无乳链球菌、停乳链球菌、大肠杆菌和乳房链球菌等。这些病原菌不同菌株之间毒力存在很大差异。目前我国对乳房炎的治疗主要还是采用抗生素疗法，但抗生素不规范使用造成了病原菌耐药性增加。对我国辽宁、宁夏、新疆、北京等省、直辖市、自治区乳房炎奶牛乳汁中分离的大肠杆菌、金黄色葡萄球菌、链球菌等进行耐药性检测，结果表明，单株细菌最少对 2 种抗生素耐药，最多的菌株可对 17 种抗生素耐药，耐药最严重的药物主要为青霉素、链霉素、红霉素和磺胺类，耐药率超过 50%。我国大部分地区的奶牛乳房炎病原菌已存在严重的多重耐药性。奶牛乳房炎主要致病菌对青霉素类、大环内酯类和四环素类这三类传统抗生素耐药性升高最明显，对磺胺类和氨基糖苷类的耐药性上升较快，对头孢菌素类和喹诺酮类等广谱抗生素在 20 年间耐药性报道较少，但耐药性有增加的趋势。

诊断技术。临床型乳房炎可根据乳房症状和乳汁变化，作出判断。隐性乳房炎依赖于诊断液（如 LMT、CMT、BMT 等）进行诊断。建立了奶牛乳房炎主要病原菌 PCR 检测方法；基于金黄色葡萄球菌的 *nuc* 基因和大肠杆菌 16S -23S *rRNA* 基因，建立了二重 PCR 检测方法；基于金黄色葡萄球菌的 *nuc* 基因、大肠杆菌的 16S-23S *rRNA* 基因和蜡样芽孢杆菌的 *hblA* 基因，建立了三重 PCR 快速检测方法；建立了一种无乳链球菌快速分离鉴定试剂盒，并获得发明专利。

疫苗研发。对奶牛乳房炎无乳链球菌和金黄色葡萄球菌二联灭活疫苗的免疫效果研究，表明该疫苗对小鼠具有较好的免疫效果，能刺激小鼠产生较高的抗体水平。成功构建了奶牛乳房炎大肠杆菌 *lipsacc* 基因亚单位疫苗，动物免疫保护试验表明，蛋白免疫组的保护率为 60%～70%，质粒免疫组的保护率为 20%～30%。制备了奶牛隐性乳房炎大肠杆菌蜂胶灭活苗，通过攻毒试验，给小鼠注射奶牛隐性乳房炎大肠杆菌的生理盐水重悬液 0.25mL，灭活苗的保护率达 87.5%，说明制备的大肠杆菌蜂胶灭活疫苗免疫效果良好。

（十一）血吸虫病（Schistosomiasis）

主要研究机构。中国农业科学院上海兽医研究所、中国疾病预防控制中心寄生虫病预防控制所、吉林大学、沈阳农业大学、复旦大学、华中农业大学等单位。

流行病学。血吸虫病曾在我国湖南、湖北、江西、安徽、江苏、四川、云南 7 省流行。截至 2015 年底，上述 7 个流行省都达到血吸虫病传播控制标准，453 个流行县（市、区）中已有 343 个（占 75.72%）达到血吸虫病传播阻断标准，110 个（占 24.28%）达到传播控制标准。2015 年全国推算血吸虫病人 77 194 人，全国 457 个国家级血吸虫病监测点居民和耕牛平均血吸虫感染率分别为 0.05% 和 0.04%，未发现感染性钉螺。2015 年全国分别对 575 746 头牛、313 162 只羊、16 482 头（只、匹）其他家畜进行监测，确定牛及羊血吸虫平均阳性率分别为 0.06% 和 0.03%。2016 年平均阳性率分别为 0.011% 和 0.009%。

病原学。研究证明，miRNAs 在调控日本血吸虫性成熟和卵巢发育中发挥重要作用，抑制雌虫高表达的 miRNAs（Bantam 和 miR-31）可导致血吸虫雌虫卵巢发育异常。转录组学研究发现，日本血吸虫合抱前与合抱早期基因表达谱相近，随后差异逐渐变大，雌雄虫基因功能分化明显。发现了 4 561 条血吸虫新转录本，这些基因中只有少数有明确的功能注释，大部分为血吸虫新基因。开展了日本血吸虫不同发育阶段虫体体被表膜蛋白质组、排泄分泌蛋白质组、磷酸化蛋白质组等研究，初步阐述了 SjVAMP2、HSP90 等重要分子在血吸虫生长发育中的生物学功能。研究发现，一些日本血吸虫体被蛋白能够非特异地结合宿主免疫球蛋白的 Fc 片段，这可能与虫体逃避宿主的免疫识别、吸附有关。初步阐述了 *SjCaspase*3/7 等凋亡相关基因在日本血吸虫生长发育中的生物学功能，RNA 干扰实验表明，$Sjcaspase7$ 部分沉默后，影响了日本血吸虫的生长发育和产卵。

诊断技术。建立了基于 SjPGM、SjRAD23 等抗原 ELISA 诊断方法，临床结果显示该方法对疫区病牛、病羊的检出率为 95.61%～97.8%，对健康牛的阴性符合率为 97.8%～100%。具有较强的特异性，具有区分现症感染和既往感染的潜在价值。建立了快速、简便，可用于牛、羊等家畜血吸虫病诊断的胶体金试纸条检测法。

防控技术。通过对疫区家畜血吸虫病疫情监测和全国家畜血吸虫病疫情分析，明确了当前血吸虫病牛仍是我国血吸虫病的主要传染源和防控重点，但部分地区羊血吸虫病防控也应引起高度重视。提出要重视 2016 年特大洪水对疫区家畜血吸虫病疫情的影响，做好风险评估工作。评估了重组日本血吸虫副肌球蛋白在水牛中诱导的免疫保护效果。筛选获得 SjVAMP2 等一些新的疫苗候选分子。

（十二）牛泰勒虫病（Bovine Theileriosis）

主要研究机构。中国农业科学院兰州兽医研究所、南京农业大学、新疆农业大学、河南农业大学、青海大学、延边大学等单位。

流行病学。我国西藏、青海、新疆、吉林、甘肃、江西、河南等地均有牛泰勒虫病感染的报道，主要病原为环形泰勒虫（$T. annulata$）、瑟氏泰勒虫（$T. sergenti$）和中华泰勒虫（$T. sinensis$）。目前尚无全国性的牛泰勒虫流行病学调查报告，已报道的数据均为单一省份的数据，且阳性率各不相同。如新疆吐鲁番托克逊县牛环形泰勒虫流行病学调查数据显示，环形泰勒虫的阳性率为 57.7%；江西高安地区环形泰勒虫感染率为 26.7%，瑟氏泰勒虫阳性率为 15%，中华泰勒虫的阳性率为 3.3%；西藏主要存在东方泰勒虫和中华泰勒虫，其中东方泰勒虫阳性率为 3.4%，中华泰勒虫阳性率为 27.1%。

病原学。牛泰勒虫病在我国主要由环形泰勒虫、瑟氏泰勒虫和中华泰勒虫引起。在吉林延边市，通过对全沟硬蜱和长角血蜱 DNA 检测证实，该地区自然状态下，长角血蜱为瑟氏泰勒虫的主要宿主。通过对河南某种牛场牛血液样品的检测，发现了东方泰勒虫两种亚型（Ikeda 和 Chtose）的感染；对不同阶段感染的环形泰勒虫的 $Tams1$ 基因进行了分析，发现新疆存在不同株型的环形泰勒虫。通过实验室感染，昆明小鼠可感染环形泰勒虫，其最高染虫率可达 15%～20%，这为建立环形泰勒虫动物模型，以及教学、科研提供丰富的血液原虫材料。

诊断技术。①ELISA 方法：重组表达的环形泰勒虫抗原重组蛋白 Tasp 作为 ELISA 包被抗原，建立了泰勒虫间接 ELISA 检测方法。根据瑟氏泰勒虫 $P33$ 基因建立完成了能够特异性检测瑟氏泰勒虫的 PCR-ELISA 方法，该方法具有特异性、敏感性、安全、省时的优点，可用于瑟氏泰勒虫病的诊断和流行病学调查。②PCR 检测方法：根据牛泰勒虫 *ITS* 基因设计特异性引物，建立了能够检测环形泰勒虫、瑟氏泰勒虫和中华泰勒虫的实时荧光定量 PCR 检测方法；分别根据牛环形泰勒虫线粒体基因和瑟氏泰勒虫 *ITS* 基因序列，建立了能够同时检测环形泰勒虫和瑟氏泰勒虫的多重 PCR 方法；基于环形泰勒虫 *Tams*1 基因设计了特异性引物，建立了能够检测蜱感染阶段环形泰勒虫的 PCR 方法。

疫苗研发。 扩增并表达了环形泰勒虫 3-磷酸甘油醛脱氢酶，并制备相应的多克隆抗体，通过荧光标记方法对该蛋白进行了定位，该研究为筛选环形泰勒虫病疫苗、药物靶点及研究环形泰勒虫能量代谢奠定了基础；重组表达了环形泰勒虫 Tasp-Spag1 和 Tasp-Tams1-Spag1 基因串联蛋白，经免疫印迹检测，该蛋白可被环形泰勒虫阳性血清识别，为进一步进行环形泰勒虫亚单位疫苗的研究提供理论基础。

防控技术。 现阶段用于牛泰勒虫病预防的疫苗只有针对环形泰勒虫的牛环形泰勒虫病活虫苗，针对其他泰勒虫病，目前无疫苗可用；此病的防控主要以有计划、有组织的灭蜱及注射抗牛泰勒虫药物进行预防。灭蜱药物主要有马拉硫磷、辛硫磷、杀螟松、害虫敌和溴氰菊酯等，抗牛泰勒虫药物主要包括贝尼尔、磷酸伯氨喹啉、黄色素、阿卡普林药物和磺胺苯甲酸钠药物等。

（十三）牛蜱虫病（Bovine Tick Disease）

主要研究机构。 中国农业科学院兰州兽医研究所、河北师范大学生命科学学院、中国农业科学院上海兽医研究所、塔里木大学等单位。

分类学及生态学。 通过标本互换及野外采集等方式，收集并鉴定寄生于牛的蜱类标本 2 000 多件，涉及甘肃、新疆、青海、云南等近 10 个省份；针对现今几位国际著名的蜱类分类学家对我国特有种青海血蜱命名的质疑，明确指出这些专家对国际动物命名法规的曲解和错误认识，肯定了我国上一代蜱分类学家邓国藩教授的工作，提升了我国在蜱系统分类研究领域中的国际地位；根据《国际动物命名法规》，按中文名称"简短化、系统化"的原则，以及原始文献中关于物种命名的词源释义，对世界软蜱的名称进行了规范化翻译，以利于国内外学术交流；对部分种类，如亚洲璃眼蜱雌雄同体、青海血蜱畸形、西藏血蜱等形态学特征进行了描述；对西藏血蜱、嗜群血蜱等的野外生态学特性或实验室条件下生活史进行了详细研究。

致病机理。 利用高通量测序技术测定了蜱虫的 small RNA 数据，通过对蜱虫 small RNA 数据的生物信息学分析，主要探究了不同蜱种保守 miRNA 的进化特征以及该类 RNA 在物种分类中的可能意义。同时进行了不同生境（河南地方株、实验室株）下长角血蜱及麻点璃眼蜱 miRNA 的表达分析及差异 miRNA 的筛选，试图获得不同环境压力下对宿主免疫或病原入侵产生影响的相关 miRNA 分子及在环境选择压力下 miRNA 的表达谱特征。在对 miRNA 数据分析的基础上，研究了亚洲璃眼蜱

miR-451 对其靶基因-巨噬细胞游走因子（MIF）表达水平的影响。初步探讨了抑制 miR-451 后其靶基因 MIF 相对表达量的变化，为进一步研究亚洲璃眼蜱 miR-451 与 *MIF* 基因的相互作用提供参考。同时研究证明，miRNA 参与基因功能的调控具有一定的功能特异性和时序性。对蜱的半胱氨酸蛋白酶、丝氨酸蛋白酶等功能基因的研究也取得了很大进展。近些年，RNA 干扰技术在蜱的相关研究中进行了广泛应用。

防控技术。通过药物筛选获得乙基多杀菌素、苦参碱、噻虫啉等低毒环保且对亚洲璃眼蜱有较高杀伤效果的药物，为研制防控蜱的复方新制剂奠定了基础。通过对长角血蜱的饱血雌蜱药物杀伤研究，发现哒螨灵可以达到和氯氰菊酯同样的效果。哒螨灵具有高效、低毒、低残留的特点，可将其作为灭蜱新复方制剂成分。

（十四）牛巴贝斯虫病（Bovine Babesiosis）

主要研究机构。中国农业科学院兰州兽医研究所、华中农业大学、新疆农业大学、延边大学、石河子大学、中南大学等单位。

流行病学。我国甘肃、山西、贵州、河南、宁夏等省份出现牛的巴贝斯虫病的流行，其病原主要为牛巴贝斯虫和双芽巴贝斯虫。在全国范围内，尚无该病大规模的流行病学普查，但在部分省份开展的分子和血清流行病学调查表明，各地阳性率不尽相同。如在甘肃省和宁夏回族自治区 1 657 头奶牛双芽巴贝斯虫感染情况的调查显示，血清阳性率为 8.09%；甘肃天祝白牦牛的巴贝斯虫感染分子流行病学调查显示，双芽巴贝斯虫的感染率为 0.98%～8.3%，牛巴贝斯虫为 0.73%，卵形巴贝斯虫为 1.22%，而血清学检测结果显示，双芽巴贝斯虫阳性率为 17.76%；采自我国内蒙古、甘肃、青海、新疆、陕西、吉林、河南、重庆、广东、广西、福建、河北、海南和云南的黄牛、奶牛和牦牛的 646 份样品中，牛巴贝斯虫、双芽巴贝斯虫和卵形巴贝斯虫的阳性率分别为 20.7%、9.3% 和 1.5%。应用 ELISA 方法对采自我国 17 个省份的 2 364 份牛血清的检测结果显示，各省牛巴贝斯虫的阳性率为 6.4%～47.27%，平均阳性率为 24.92%；对青海省野生牦牛双芽巴贝斯虫感染情况的调查显示，血清阳性率为 24%。这些数据表明该病在我国分布广泛，各省份都有流行，严重危害养牛业的健康持续发展。由于该病为蜱传性血液原虫病，所以其发生与蜱的活动密不可分。

病原学。我国报道的引起牛巴贝斯虫病的病原有 6 种，包括牛巴贝斯虫（*Babesia bovis*）、双芽巴贝斯虫（*B. bigemina*）、东方巴贝斯虫（*B. orientalis*）、大巴贝斯虫（*B. major*）、卵形巴贝斯虫（*B. ovata*）和牛巴贝斯虫未定种喀什株（*Babesia* sp. Kashi）。2015 年，从我国天祝县的白牦牛体内检测到的巴贝斯虫，其 18S rRNA 基因序列与感染人的猎户巴贝斯虫（*B. venatorum*）、分歧巴贝斯虫（*B. divergens*）和鹿巴贝斯虫（*B. odocoilei*）的相似性在 98% 以上，从而表明白牦牛体内可能携带有感染人的巴贝斯虫或新的巴贝斯虫种。测定了东方巴贝斯虫的顶质体基因组序列，结果表明东方巴贝斯虫的顶质体基因组为 33.2kb 的环形 DNA 序列，编码 2 个核糖体 RNA 基因、24 个 tRNA 基因、4 个 DNA 依赖的 RNA 聚合酶 β 亚基基因（$rpoB$、$rpoC1$、$rpoC2a$ 和 $rpoC2b$）、17 个核糖体蛋白基因、1 个延伸因子基因、2 个 Clp 基因和 14 个假定基因。

致病机理。我国科研工作者鉴定出一些参与牛的巴贝斯虫入侵宿主细胞、代谢以及寄生虫繁殖相关的蛋白分子，如 $RON2$、$AMA-1$ 和 $BoP34$ 基因等，并对其在入侵红细胞和免疫应答中的作用进行了初步研究。然而，截至目前，关于这些蛋白分子确切功能的验证工作，尚未开展。

诊断技术。以线粒体 $cytb$ 为靶基因，建立了区分牛巴贝斯虫和双芽巴贝斯虫的 LAMP-LFP 试纸条检测方法，该方法的敏感性是传统 PCR 方法的 100 倍；以 18S $rRNA$ 为靶基因，建立了可鉴别检测包括牛巴贝斯虫和双芽巴贝斯虫在内的 22 种巴贝斯虫的 FRET-qPCR 方法，可用于未知巴贝斯虫虫种的检测；以 $RPS8$ 为靶基因，建立了可鉴别检测巴贝斯虫和泰勒虫的 PCR-RFLP 方法，可特异性检测到 0.1pg 的巴贝斯虫基因组 DNA。这些检测方法的建立，为牛的巴贝斯虫病的诊断和流行病学调查工作的开展，提供了工具。

防控技术。由于我国尚无牛的巴贝斯虫病疫苗，所以目前控制该病的最主要策略是化学药品预防治疗，现在我国用的主要药物有三氮脒（贝尼尔）和咪唑苯脲。2015—2016 年，在牛巴贝斯虫病的防治过程中，除了上述两种药物外，对蒿甲醚注射液、阿卡普林、丫啶黄以及一些重要制剂的治疗效果也进行了评价。另外，由于该病为蜱传性疾病，所以对灭蜱控制该病的防治效果也进行了评价。

（十五）牛无浆体病（Bovine Anaplasmosis）

主要研究机构。中国农业科学院兰州兽医研究所、河南农业大学、新疆农业大学、大理学院等单位。

流行病学。应用通用引物对我国 11 个省份的 1 830 份牛血液 DNA 样品进行了牛的无浆体（*Anaplasma species*）检测，结果表明存在多种病原混合感染，不同地区的检测阳性率在 0～100% 之间不等；具体感染情况为：安徽蚌埠（2.8%，3/109），安徽芜湖（100%，17/17），北京三原（0，0/107），江苏盐城（0.3%，1/395），江苏扬州（0，0/269），黑龙江齐齐哈尔（0.9%，1/111），内蒙古赤峰（0，0/132），山东济宁（7.1%，3/42），山东滨州（3.0%，1/33），上海（0，0/255），天津（0，0/94），福建莆田（70.8%，17/24），海南海口（100%，74/74），云南昆明（73.8%，124/168）。另外，江苏盐城 29 份水牛样品中 2 份阳性，感染率为 6.9%；甘肃天祝白牦牛 332 份样品中 35 份呈阳性，感染率为 10.5%，进一步研究发现牛无浆体的感染率为 6.2%，嗜吞噬细胞无浆体的感染率为 5.3%。此外，滇西云岭北段区域的 155 份牛血液样品中，经 PCR 检测，阳性样品为 17 份，感染率为 11.0％。这些研究再次表明我国大部分地区的牛遭受无浆体感染，或具有被感染风险，丰富了我国牛无浆体病流行情况的数据。

通过 PCR 方法对采自新疆吐鲁番、巴音郭楞蒙古自治州等地牛场或牛身上的 140 只革蜱进行检测，发现 13 只革蜱遭受无浆体感染，感染率为 9.3％，感染的病原经测序和序列比对发现均为牛无浆体。

病原学。感染牛的无浆体病原主要有 4 种，包括边缘无浆体（*A. marginale*）、中央无浆体（*A. centrale*）、牛无浆体（*A. bovis*）和嗜吞噬细胞无浆体（*A. phagocytophilum*），全基因组测序表明中央无浆体属于边缘无浆体的亚种。嗜吞噬细胞无浆体是一种人畜共患病原，宿主谱较广。

（十六）羊痘（Sheep Pox and Goat Pox，SGP）

主要研究机构。中国农业科学院兰州兽医研究所、中国兽医药品监察所、西南大学、内蒙古农业大学、塔里木大学、石河子大学和重庆出入境检验检疫局等单位。

流行病学。近年来我国羊痘的流行有抬头的趋势。农业部＊《兽医公报》显示，内蒙古、甘肃、宁夏、青海、重庆、安徽等地是羊痘的高发区。

病原学。羊痘的病原学研究较少，仅对绵羊痘病毒 *H7R* 基因和山羊痘病毒 *A11R* 基因进行了表达和分析研究，同时对羊痘病毒早期蛋白间的相互作用进行了初步研究。

致病机理。在痘病毒科中，痘病毒科的部分成员编码 E3L 蛋白可抑制蛋白激酶（PKR）活性，从而逃避 PKR 的抗病毒作用。进一步研究了 PKR 在抗羊痘病毒中的作用，成功构建了 PKR 的真核表达载体并在 Hela 细胞中成功表达，并筛选出了 2 对针对 PKR 具有较好干扰效果的 siRNA，为后续 PKR 对羊痘病毒作用的研究奠定了基础。同时，对山羊痘病毒在细胞水平上的代谢组学进行了差异分析。

诊断技术。研究了羊痘的 PCR 及环介导等温扩增技术，取得了较好进展，获得 3 项国家发明专利。针对羊痘病毒 P32 蛋白的 VHH 单域抗体的研制和应用开展研究，获得专利 1 项。这些诊断技术可用于临床羊痘快速诊断。

疫苗研发。新型疫苗及疫苗新品的研究正在探索之中，羊痘-小反刍兽疫二联弱毒疫苗、羊痘-羊口疮二联细胞弱毒疫苗已在国家"十三五"重点研发计划项目的支持下取得了较大的进展。应用生物信息学的方法筛选山羊痘病毒复制非必需区、启动子、报告基因、终止子等分析构建策略，成功构建了病毒转移载体，对山羊痘病毒在细胞水平上进行了代谢组学的分析。

＊ 自 2018 年 4 月起，农业部更名为农业农村部。

（十七）羊支原体肺炎（Mycoplasmal Pneumonia of Sheep and Goats，MPSG）

主要研究机构。中国农业科学院兰州兽医研究所、中国兽医药品监察所、中国农业大学、石河子大学、西南民族大学、内蒙古农业大学、宁夏大学、江苏农牧科技职业学院、福建省农业科学院、内蒙古农牧科学院等单位。

流行病学。MPSG 发病报道遍及全国，但进行病原分离鉴定确诊的仍是少数。其中，有研究报道从福建羊体内分离到丝状支原体山羊亚种、绵羊肺炎支原体和莱氏无胆甾原体；新疆、四川存在绵羊肺炎支原体引起的临床发病或疫情；青海、甘肃、江苏、新疆、贵州等省份均有血清流行病学调查及与其他细菌混合感染的报道，血清学流行率从 10.0% 到 28.4% 不等。新疆以绵羊肺炎支原体为主，福建、贵州两省有丝状支原体山羊亚种的报道。

致病机理。绵羊肺炎支原体感染 TC-1 细胞后可以诱导细胞自噬的发生，且自噬的最高水平发生在感染 12h 时，TC-1 细胞对感染有清除作用，自噬参与了 TC-1 细胞对感染的清除；骨髓分化因子 88（MyD88）依赖信号与 ROS 介导细胞凋亡在绵羊支气管上皮细胞抗肺炎支原体感染的免疫调控机制中发挥着关键作用；证实绵羊肺炎支原体感染宿主细胞的过程中，可以刺激细胞中 miR-145 和促纤维化相关因子的表达，同时 miR-145 对 TGF-β/Smad 促纤维化通路具有负调控作用；探索了绵羊肺炎支原体宿主易感性机理，如盘羊与巴什拜羊 OLA-DRB3 基因外显子 2 多态性与绵羊肺炎支原体感染之间具有相关性，而 OLA-DRB1 基因多态性与其感染可能不相关。

诊断技术。利用山羊支原体山羊肺炎亚种分泌的胞外多糖建立的间接血凝诊断试剂已获得新兽药证书（2015 新兽药证字第 35 号），建立了绵羊肺炎支原体 tuf 基因的荧光定量 PCR 方法，利用绵羊肺炎支原体 P71 蛋白部分片段（P71-3）建立了一种间接 ELISA 抗体检测方法，利用 EF-Tu 基因建立了一种绵羊肺炎支原体补体 ELISA 检测方法，利用重组溶血素蛋白建立了一种绵羊肺炎支原体间接 ELISA 检测方法。

疫苗研发。通过分离纯化的山羊支原体山羊肺炎亚种（M1601 株）菌株辅以新型纳米佐剂制备了灭活疫苗，获得国家二类新兽药证书（2015 新兽药证字第 37 号）。研发的绵羊肺炎支原体和山羊支原体山羊肺炎亚种二联灭活疫苗获得新兽药证书。在分子疫苗的研究上，评价了一些蛋白的免疫原性，可望作为后续研究的靶标。国内有关羊支原体病发布的专利有 4 个，其中涉及疫苗生产制备（3 个）、抗体检测试纸条（1 个）。山羊传染性胸膜肺炎诊断技术、无乳支原体 PCR 检测方法这两项国家标准即将发布。

防控技术。综合防控包括早期诊断、疫苗预防、敏感药物筛选应用及及时检疫隔离等措施。

（十八）羊梨形虫病（Sheep Piroplasmosis）

主要研究机构。中国农业科学院兰州兽医研究所、华中农业大学、延边大学、河南农业大学、东北农业大学等单位。

流行病学。我国现报道引起羊梨形虫病（羊巴贝斯虫病和泰勒虫病）的病原有 5种，分别为吕氏泰勒虫（*Theileria luwenshuni*）、尤氏泰勒虫（*T. uilenbergi*）、绵羊泰勒虫（*T. ovis*）、莫氏巴贝斯虫（*Babesia motasi*）和羊巴贝斯虫未定种（*Babesia sp.*）。近年来，在我国不同区域开展了广泛的感染情况调查。应用 ELISA 方法在我国 23 个省份开展了羊巴贝斯虫的流行病学调查工作，结果显示，莫氏巴贝斯虫和羊巴贝斯虫未定种血清阳性率分别为 36.02% 和 30.43%；利用 PCR、real-time PCR、RLB 及血涂片显微镜镜检方法对我国 12 个省份的羊和 8 省份的蜱体内羊巴贝斯虫和羊泰勒虫的感染情况进行了调查，结果显示羊体内莫氏巴贝斯虫和羊巴贝斯虫未定种的感染率为 5.95%～12.9% 和 0.85%，羊泰勒虫感染的阳性率为 24.8%～58%。媒介蜱体内莫氏巴贝斯虫、羊巴贝斯虫未定种、吕氏泰勒虫、尤氏泰勒虫和绵羊泰勒虫的感染率分别为 0.7%～16.8%、7.3%、3.1%、2.2% 和 0.2%；应用可同时检测吕氏泰勒虫、尤氏泰勒虫和绵羊泰勒虫感染的 ELISA 方法和血涂片显微镜镜检检测技术对甘肃省羊泰勒虫病的流行情况进行了调查，结果显示血清学检测和显微镜镜检的阳性率分别为 63.75% 和 46.67%；临床发病率调查结果显示，我国甘肃省临潭县和青海省湟源县羊泰勒虫病的发病率和死亡率分别为 1.5%～60.8% 和 29.1%～85.71%。这些调查数据表明，该病在我国普遍存在，严重危害养羊业的健康持续发展。

病原学。对羊梨形虫病病原学研究较少。对羊吕氏泰勒虫、莫氏巴贝斯虫和羊巴贝斯虫未定种进行了全基因组序列测定，将莫氏巴贝斯虫和羊巴贝斯虫未定种全基因组二代和三代数据进行了分析，并构建了这两种巴贝斯虫的基因组物理图谱。初步确定其基因组大小为 14Mb 和 8.4Mb，均具有 4 条染色体；其线粒体基因组为线状，大小分别为 5 790bp 和 6 020bp；顶质体基因组为环状，大小分别为 30 738bp 和 30 729bp。同时完成了吕氏泰勒虫和尤氏泰勒虫蛋白组的测定和分析工作，鉴定出 670 个两种泰勒虫表达的蛋白，其中差异表达蛋白有 71 个。

致病机理。羊梨形虫致病机制研究较少，主要集中在对该病原入侵宿主细胞相关基因方面。除了前期已获得 RAP、TRAP、GAP45、GAP50、Aldolase 等分子外，初步鉴定了 AMA1、HSP90、Tu88 等分子。建立了对这些基因功能验证的遗传操作技术平台。

诊断技术。建立了可鉴别诊断羊泰勒虫和巴贝斯虫不同种的 ELISA、PCR、金标试纸条等方法，并应用这些检测方法，在我国不同地域开展了流行病学调查，并对这些方法进行了验证。但是到目前为止，这些诊断技术尚处于实验室熟化阶段，未进行推广应用。

（十九）羊梭菌病（Sheep Clostridial Disease）

主要研究机构。中国动物疫病预防控制中心、中国农业科学院兰州兽医研究所、吉林农业大学、中国农业科学院兰州畜牧与兽药研究所等单位。

流行病学。羊梭菌病在我国不同地区零星散发。对甘肃永靖 12 个乡镇羊梭菌病进行流行病学调查，共调查羊只 3 192 只，发现 18 个疫点，死亡 763 只；新疆阿勒泰地区也呈零星散发；内蒙古锡林郭勒某牧场养殖的 2 000 只羊有 20 只发生急促死亡，经病原分离鉴定确定为梭菌引起；青海门源羊梭菌病以前一直呈零星散发，2016 年采取免疫措施，有效控制了该病流行。

疫苗研发。开展了产气荚膜梭菌外毒素基因与相关疫苗的研究，对产气荚膜梭菌 $\beta2$ 蛋白进行高效可溶性表达，初步进行了基因工程亚单位疫苗的制备；开展了 A 型产气荚膜梭菌 α 毒素疫苗抗原 rCPA-HSP65 的原核表达及纯化研究。

（二十）施马伦贝格病毒病（Schmallenberg Virus Disease）

主要研究机构。中国动物卫生与流行病学中心、中国检验检疫科学研究院动物检疫研究所等单位。

流行病学。基于 OIE 风险评估的框架，结合贝叶斯统计推断的方法，开展了德国和比利时输入中国牛精液产品携带施马伦贝格病毒的输入风险评估。利用德国较详细的流行病学信息，对该病在德国的流行过程及现状进行全面介绍，并反映了该病在欧盟地区的流行态势。

病原学。完成施马伦贝格病毒（Schmallenberg Virus，SBV）核衣壳 N 蛋白的原核和真核表达以及建立能稳定表达施马伦贝格病毒核衣壳蛋白的 BHK-21 细胞系。

诊断技术。根据国外发表文献，储备了 RT-PCR、荧光定量 RT-PCR 方法。建立了焦磷酸测序快速检测技术、RT-LAMP 和套式 RT-PCR 检测方法，以及间接 ELISA 和竞争 ELISA 等血清学检测方法。

疫苗研发。构建了同时表达 SBV N 蛋白、Gn 蛋白和 Gc 蛋白的 DNA 疫苗，开展了病毒样颗粒疫苗的基础研究，为研制新型疫苗奠定基础。

三、猪病

本节主要介绍了我国在猪瘟、猪繁殖与呼吸综合征、副猪嗜血杆菌病等 19 种主要猪病的研究进展。通过持续监测，明晰了猪瘟、猪繁殖与呼吸综合征等 16 种猪病流行特征，发现了赛内卡谷病和德尔塔冠状病毒感染，未发现非洲猪瘟疫情。开发了一系列猪病诊断技术和新疫苗，如高致病性繁殖与呼吸综合征耐热保护剂活疫苗、猪圆环病毒病亚单位疫苗、猪流感病毒 H1N1 亚型灭活疫苗、猪传染性胃肠炎-猪流行性腹泻二联苗、副猪嗜血杆菌三价或四价灭活疫苗、猪链球菌病和副猪嗜血杆菌病二联灭活疫苗等新疫苗，为我国的猪病防控提供了新的技术支撑。猪瘟、猪繁殖与呼吸综合征净化工作取得初步进展。

（一）猪瘟（Classical Swine Fever，CSF）

主要研究机构。中国兽医药品监察所、军事科学院军事医学研究院军事兽医研究所、中国农业科学院哈尔滨兽医研究所、中国动物卫生与流行病学中心、华中农业大学等单位。

流行病学。中国当前 CSF 流行特点为：流行范围广，呈散发流行；猪发病年龄小，成年猪带毒现象严重；发病时典型特征和非典型特征同时存在，非典型症状和繁殖障碍型 CSF 增多，混合感染严重；多见免疫失败导致的 CSF 发生。2016 年，我国猪瘟新发病例和死亡数已大幅下降至 815 例和 429 例。部分省份对猪瘟开展分子流行病学调查和血清学监测，结果显示我国猪瘟抗体仍处于较高水平，其中种猪抗体水平最高。

遗传进化分析显示，我国流行的 CSFV 分属为 I、II 和 III 3 个基因型，包含 1.1、2.1、2.2、2.3 和 3.4 五个基因亚型。我国大陆地区的 819 条序列中，74.24% 属于基因 II 型，为优势基因型，其中 2.1 亚型占 60.93%；1.1 亚型，占 25.76%；其他为 2.2 和 2.3 亚型，占 11.36% 和 1.95%；我国台湾地区存在基因 III 型。序列比对分析研究说明中国 CSFV 流行株基因组在 37 年间处于稳定状态，结合动物免疫保护实验，证实了现用 C-株疫苗对我国流行毒株（I 和 II 型）具有免疫保护力。到目前为止，我国大陆一直没有监测到基因 III 型的传入与流行，但周边国家及我国台湾地区存在其他亚型毒株，如韩国存在 3.2 亚型、泰国存在 3.3 亚型、日本存在 3.4 亚型毒株，我国台湾地区存在 3.4 亚型毒株。因此，要警惕周边国家及邻近地区的新亚型流行毒株传入我国大陆。

致病机理。初步证明 CSFV 能够利用网格蛋白介导的内吞途径完成对易感细胞的入侵，感染的过程依赖于初级内体和次级内体，为了解 CSFV 的感染过程积累了新数据。CSFV 感染后其 NS4A 能通过 MAVs 途径诱导细胞因子 IL-8 的产生，从而促进病毒增殖。另外，还发现 NS4A 位于细胞核和细胞质中，包括内质网和线粒体。还发现 CSFV 感染后能诱导 III 型感染素表达，激活 STA1 等先天免疫信号通路。发现宿主转录起始因子 3 亚基 E 能与 CSFV 的 NS5A 结合，可能是抑制病毒增殖的靶基因。CSFV 感染后诱发的内质网应激能激活 IRE1 途径，有利于病毒复制。在 CSFV 的病毒粒子包装过程中，Rab1A 是必需的，它能与 NS5A 结合，促进病毒的包装。而

Rab5 能与 NS4B 结合，促进 NS4B 复合体的形成，从而促进 CSFV 的增殖。CSFV 蛋白可能在细胞内与 E2 结合，能明显抑制 CSFV 在体外的增殖。发现 CSFV 感染猪的脾脏 T 淋巴细胞的凋亡会引发动物的自我吞噬作用。鉴定了 CSFV 非结构蛋白 p7 在病毒产生过程中的重要作用，p7 可以与 E2 和 NS2 结合，形成的前体 E2p7 能调节病毒蛋白的相互作用。发现 CSFV 强毒株 Shimen 株感染以后能增强宿主 p53 和 p21 的表达，抑制细胞周期蛋白 E1 和 CDK2 的表达，导致细胞增殖受阻停留在 G1 期，这可能是 CSFV 逃避宿主先天免疫的策略。CSFV 一种特殊构象的 NS3 和 NS4A 蛋白酶辅助因子片段形成复合体，这种状态与蛋白酶的 cis 裂解位点有关，有利于解旋酶的形成。研究发现，肿瘤坏死因子受体相关因子（TRAF6）能通过激活 NF-κB 途径而抑制病毒的增殖。新鉴定了一种位于 E2 基因上的多肽 SE24，它可以与 PK15 细胞结合，二者结合后能降低 PK15 细胞感染 CSFV 的数量，且呈剂量线性依赖关系。还新发现了一种核糖体蛋白 S20 能与 CSFV 的 Npro 结合，通过操纵 TLR3 表达抑制 CSFV 的增殖。

诊断技术。建立了包括 CSFV 的猪五种繁殖障碍性疫病病原体多重 PCR 并初步应用，建立了 CSFV RT-LAMP 检测技术，表达了密码子优化的 CSFV 荧光抗体并初步应用。利用无线非磁弹性生物反应器和 E2 蛋白建立了检测 CSFV 抗体的方法。

疫苗研发。开展了腺病毒/甲病毒复制子嵌合载体 CSF 疫苗研究，可突破 CSF 母源抗体干扰、不受 BVDV 污染、与伪狂犬病和蓝耳病弱毒疫苗均不相互干扰、可鉴别诊断等优点；在 CSF 标记疫苗、日本脑炎复制子嵌合载体 CSF 疫苗、CSF 合成肽/表位疫苗、基因工程亚单位疫苗、DNA 疫苗和分子佐剂（IL-2、IL-6、CpG、TRIF 等）等方面进行了探索研究。更深入研究了免疫程序、免疫产生期和免疫持续期等试验，利用中国仓鼠卵巢（CHO）细胞制备一株针对 CSFV E2 蛋白的嵌合猪源化单克隆抗体，用亚麻芥生物反应器表达猪瘟病毒 E2-Erns 融合蛋白，为猪瘟的亚单位可饲疫苗及其商品化提供实验依据，开展了转猪瘟 E0 基因的山羊的研究。利用 CSFV C 株作为载体分泌表达 PCV2 的 Cap 基因，并开展了重组疫苗的免疫效果研究。利用反向遗传操作对经典 C 株进行改造，获得了突变株，动物实验表明突变株不引起家兔的热反应。用猪痘病毒作为载体表达 CSFV 的 E2 基因，接种猪后能产生明显的抗 CSFV 感染。

防控技术。免疫预防仍然是我国预防该病的主要措施。鉴于目前我国猪瘟呈现散发和野毒感染率低的特点，以种猪场为重点开展猪瘟净化是我国防控该病的主要策略。一些国家级种猪场已经被农业部和中国动物疫病预防控制中心认定为"猪瘟净化示范场"。2016 年 7 月，农业部、财政部联合印发了《关于调整完善动物疫病防控支持政策的通知》，自 2017 年起从中央退出对猪瘟免疫的财政补助。同时开展了其他疫苗对猪瘟疫苗免疫的影响，如高剂量高致病性猪繁殖与呼吸综合征病毒 TJM-F92 疫苗株对低剂量猪瘟兔化弱毒株无免疫干扰。

(二) 非洲猪瘟 (African Swine Fever，ASF)

主要研究机构。中国动物卫生与流行病学中心、中国农业科学院兰州兽医研究所、四川农业大学、深圳出入境检验检疫局动植物检验检疫技术中心、天津出入境检验检疫局动植物与食品检测中心、扬州大学等单位。

病原学。我国科技工作者翻译了部分国外研究成果，为制定我国的 ASF 防控措施提供技术支持。翻译了 ASFV 传播动力学文章，该文献采用肌内注射 ASFV 格鲁吉亚 2007/1 株人工感染家猪，检测未人工感染的同栏和同舍猪群的感染、排毒和抗体情况，揭示了 ASFV 从感染猪到易感猪的传播动力学。

诊断技术。建立了能够扩增 7 种猪常见病原核酸片段的多重 PCR 方法，与 GeXP (GenomeLab Gene Expression Profiler) 遗传分析系统结合，建立了能鉴别诊断 ASFV、CSFV、PRV、PRRSV、PPV、PCV-2 和 JEV 7 种病毒的检测方法。为节省样品采集后送达实验室的时间，利用蓄电池供电的 PCR 仪 (battery-powered PCR thermocycler) 建立了可以现场检测 ASFV 和 CSFV 的方法。建立了 ASFV 的 RPA 等温检测方法和实时荧光 LAMP 检测方法。以 ASFV 不同基因为扩增目标，建立了多种单重和多重 PCR 方法，主要针对的基因包括 $CP530R$、$CP204L$、$pK205R$。利用杆状病毒系统研制出含 ASFV $p72$ 基因核酸序列的病毒样颗粒，作为核酸检测方法的阳性质控品。通过大肠杆菌、昆虫细胞系统表达了 ASFV p30、p54、p72 蛋白，制备了针对上述蛋白的多株单克隆抗体，利用 p54 蛋白初步建立了间接 ELISA 方法并用临床样品进行了验证，制备了 ASFV VP73 蛋白的鸡卵黄抗体。

疫苗研发。以反向遗传方法构建了表达 ASFV p30 蛋白和 p72 蛋白的重组新城疫病毒，攻毒 BALB/c 小鼠产生了针对 p30 蛋白和 p72 蛋白的特异性抗体，同时该重组病毒能够刺激机体产生 T 细胞应答，分泌 IFN-γ 和 IL-4。构建了含 P72 和 P54 或 CD2v 和 P30 基因的痘苗病毒，重组病毒能够正确表达上述外源基因，增殖效率与亲本病毒无显著差异。

防控策略。继续开展和更新了 ASF 传入我国的风险评估工作。制定和实施全国 ASF 监测计划，加大了监测范围和力度，继续在全国范围开展 ASF 临床监视工作。分析了全球 ASF 疫情历史、现状，以及传播、扩散方式和我国目前面临的挑战，提出了防控措施建议。

(三) 猪繁殖与呼吸综合征 (Porcine Reproductive and Respiratory Syndrome，PRRS)

主要研究机构。中国动物疫病预防控制中心、中国农业大学、中国动物卫生与流行病学中心、西北农林科技大学、南京农业大学、中国农业科学院上海兽医研究所和哈尔滨兽医研究所等单位。

流行病学。近年来，我国猪群中既存在美洲型 PRRSV，又存在欧洲型 PRRSV，但优势流行毒株为美洲型 PRRSV。美洲型 PRRSV 中又以高致病性 PRRSV 和 NADC30-like 毒株为主。NADC30-like 毒株的基因特点是 $Nsp2$ 基因存在 131 个氨基酸的不连续缺失（111＋1＋19），发病猪临床特征是母猪产前流产，偶见仔猪死亡。

病原学。不同的流行毒株的分析表明，我国 PRRSV 的变异与演化速率呈现加快和毒株多样性加剧的趋势，基因组具有不同缺失、插入及突变类型的新毒株以及重组毒株出现的频率不断增高，特别是 Nsp2 编码区不同程度的缺失更加多样化，蛋白的重要基因序列上均有关键氨基酸的突变，如 8 个序列（SDdz-2013-1、SDta-2013-1、SDly-2013-1/2/3/4、SDly-2014-1 和 SXkl-2014-1）与 HP-PRRSV 一样在 Nsp2 编码区第 481 位和第 533～561 位氨基酸有 30 个氨基酸的不连续缺失为特征；2 个序列（HLYyq-2015-1 和 LNsy-2014-2）在 Nsp2 上出现新型缺失，即第 593～595 位氨基酸缺失；1 个测序序列（SDly-2014-1）的 ORF7 基因序列与美国高致病性 PRRSV 毒 NADC-30 相似度最高。同时，分离 2 株 PRRSV 毒株，命名为 LNsy-2014-1 和 HLJyq-2015-1，遗传进化分析均为北美洲型且分别与经典毒株 JXA1 和 VR2332 相似度最高。

致病机理。宿主细胞编码的 microRNA 作为重要的调节因子参与了病毒感染过程中宿主及病毒基因的表达调控。PRRSV 感染能够引起宿主编码的 microRNA 表达水平改变，后者通过靶向病毒或者宿主自身的基因，发挥抗病毒免疫应答作用。一是通过锚定病毒自身基因组、病毒受体或感染的必需因子进行相互作用，抑制病毒复制。如非肌肉肌球蛋白重链 IIA（MYH9）是 PRRSV 感染所必需的宿主因子，宿主 microRNA let-7f-5p 通过靶向 MYH9 而显著抑制 PRRSV 复制。miR-130b 通过靶向 5′UTR 来抑制病毒复制，而 miR-506 通过靶向 PRRSV 受体 CD151 来抑制病毒复制。二是通过锚定 type I IFN 和 NF-κB 信号通路来调节宿主的天然免疫应答水平而抑制 PRRSV 复制，如 miR-125b 通过上调 NF-κB 信号通路来抑制 PRRSV 的复制。研究表明，PRRSV 感染通过上调靶细胞 PAM 中 miR-24-3p 和 miR-22 的表达来抑制宿主抗病毒因子 HO-1 表达，利于 PRRSV 感染；而 HO-1 通过其下游代谢产物胆绿素和一氧化碳发挥抗 PRRSV 感染作用。

疫苗研究。TLR7 激动剂 SZU101 在 PAM 细胞中通过激活 TLR7-NF-κB 信号通路抑制 PRRSV 感染，而且 SZU101 与 PRRSV 抗原联合应用促进 Balb/c 小鼠机体内针对 PRRSV 抗原产生的特异性体液免疫和细胞免疫应答，具有作为 PRRSV 疫苗佐剂的潜能。采用悬浮培养工艺生产的高致病性 PRRS 耐热保护剂活疫苗（JXA1-R 株）已经获得新兽药证书，该疫苗可以用于猪 PRRS 的防控。

防控技术。我国建立了针对 PRRSV 的数字 PCR 检测技术，可以用于该病的准确诊断。根据猪群中病毒流行特点，将猪场分为阴性场、感染稳定场和活跃场，制定了不免疫、母猪群免疫和紧急免疫接种等不同的免疫措施；此外，需要加强引种检测和使用空气过滤系统等生物安全措施，防止新毒株传入。母猪群采用血清驯化技术，在一些猪场得到应用。以合理免疫、引进检疫、防止继发感染和生物安全措施为核心的净化技术在我国得到广泛应用，一些重要种猪场能保持 PRRS 抗原和抗体阴性（即双阴性）。

筛选到了针对 PRRSV NSP9 和 NSP4 的特异性纳米抗体，其中纳米抗体 Nb6、Nb41 和 Nb43 可以显著抑制不同毒力 PRRSV 毒株的复制，有望开发成为新型的抗 PRRSV 药物。抗独特型抗体 5G2scFv 通过诱导 IFN-α 抑制 PRRSV 感染。

（四）猪圆环病毒（Porcine Circovirus，PCV）

主要研究机构。南京农业大学、四川农业大学、河南农业大学、福建农林大学、中国农业科学院哈尔滨兽医研究所、中国动物卫生与流行病学中心、河北农业大学等单位。

流行病学。流行病学调查发现，我国闽西地区规模化猪场优势基因型为 PCV2b，河北省、河南省优势基因型由 PCV2b 转向 PCV2d。研究发现，猪场内家鼠的 PCV2 主要为 PCV2a 和 PCV2b，与同一猪场内猪所感染的 PCV2 高度同源，提示 PCV2 可能存在跨物种感染和传播情况；我国东北三省和山西省的 12 株 PCV2，发现有 3 株与仅在丹麦报道的 PCV2c 在 ORF1 区域具有很高的同源性。在我国南方的猪群中出现了类牛源的 PCV2 毒株。辽宁开展了 PCV2 的遗传演化分析，发现多种亚型共存，但 PCV2b 仍是优势亚型。PCV3 流行病学调查和监测，表明我国广西等多个省份已有 PCV3 亚型的感染。并已经获得多株 PCV3 的全基因组序列，通过分析 PCV3 的 Cap 结构及抗原性时发现，PCV2 和 PCV3 表现出很大的差异，提示控制 PCV3 的流行已经势在必行。

病原学。猪肾细胞系（PK-15）的 *Elf4* 和 *ISCU* 基因过表达能够显著增强 PCV2 的复制；而 *AP2α2* 对 PCV2 的复制无显著影响。*AP2α2*、*Elf4* 和 *ISCU* 被干扰表达后均可降低 PCV2 复制效率。PCV2 Rep 蛋白 286～288aa 突变可促进病毒复制，而 Rep 蛋白 23～25aa 以及 256～258aa 突变能够降低 PCV2 在 PK-15 细胞上的复制水平。用生物信息学技术和原核表达系统筛选出了 PCV2 核衣壳蛋白的 B 细胞表位，成功表达了携带 SFB 标签的 PCV2 Cap 蛋白，并验证了其诱导凋亡活性。

致病机理。PCV2 感染可以诱导 PK-15 细胞中 IFN-β 表达量的上调，其上调主要与 IRF3 信号通路有关。PCV2 感染仔猪后，能通过 TLR4/TLR9/MyD88 和 RIG-1/MDA-5/DAI/MAVS/IRF3 信号通路上调肺泡巨噬细胞内 IFN-β 和 IFN-γ 的表达量，能通过 TLR2/MyD88/NF-κB 信号通路诱导 IL-8 的表达，导致严重的炎症反应。发现 PCV2 ORF4 参与病毒诱导的细胞凋亡。PCV2 ORF4 蛋白和储铁蛋白重链（FHC）之间存在物理作用力并能降低 FHC 在细胞中的聚集，降低细胞内活性氧积累，进而抑制细胞凋亡。PCV2 的 ORF5 能抑制猪肺泡巨噬细胞 PAM 生长并延长细胞周期的 S 相，其还能降低内质网压力并激活 NF-κB 信号通路。PCV2 Cap 蛋白能与宿主的 gC1qR 相互作用，在 PCV2 感染激活 PI3K/Akt 信号通路和 p38/MAPK 信号通路，进而促进肺泡巨噬细胞产生 IL-10。PCV2 通过 AMPK/ERK/TSC2/mTOR 通路激活 PK-15 细胞的细胞自噬。研究发现，PCV2 能够通过 1,4,5-三磷酸肌醇受体增加细胞质中的钙离子成分，从而上调钙离子/钙调蛋白-依赖蛋白激酶（CaMKKβ），进而激活 AMPK 信号通路。研究显示 PCV2 能诱导细胞 DNA 损伤反应（DDR），促进病毒在细胞内的复制以及细胞凋亡进程。研究了三羟基三甲基辅酶 A 还原酶（HMGCR）和蛋白激酶 C（PKC）在 PCV2 感染细胞中的作用，发现在 PCV2 感染早期阶段，HMGCR 能抑制病毒感染进程，但在 PCV2 感染的后期，PKC 通过活化 JUN1/2 和抑制 HMGCR 来促进感染的进程。

研究发现，PCV2 感染早期小鼠造成外周血淋巴细胞不同程度减少，并抑制体外培养的淋巴细胞的增殖，还可导致小鼠骨髓和脾 CD19 阳性 B 淋巴细胞极显著降低（$p < 0.01$），并抑制淋巴细胞发育相关基因的转录。PCV2 对发育中淋巴细胞的凋亡也有一定促进作用。PCV2 和猪肺炎支原体（Mhp）之间存在协同致病性，Mhp 能显著加重 PCV2 引起的肺部病变，加重组织病毒血症并促进猪呼吸系统疾病的发生。通过研究不同浓度猪圆环病毒 2 型对体外感染 3D4/2 细胞产生氧化应激水平的影响，确定了建立 PCV2 体外诱导 3D4/2 细胞氧化胁迫模型的条件；还用 PCV2 体外诱导 RAW264.7 细胞发生氧化应激，确立建立 RAW264.7 细胞氧化胁迫模型的条件。PCV2 感染 PK15 细胞以后，通过 RIG-1 和 MDA-5 信号通路产生 IFN-β，而 IFN-β 产生后又能促进病毒的复制。波形蛋白能调节 PK15 细胞中感染的 PCV2，当波形蛋白过量表达时，会明显抑制 PCV2 的复制和产生。PCV2 感染髂动脉内皮细胞（PIECs）后会降调节 PIEC 抗原递呈分子的表达，升调节引起细胞损伤和修复的免疫和炎性反应相关因子。赭曲霉毒素 A 在体外和体内均能促进 PCV2 的复制。Hsp90 抑制子能减少 PCV2 在猪单核细胞系 3D4/31 中的复制能力，Hsp90 的另一种抑制剂 17-DMAG 能降低 PCV2 在鼠体内的感染量。RNA 干扰分子 miR-30-5p 通过调节一种自我吞噬分子 14-3-3 基因从而调节病毒与宿主免疫系统的关联，为新型抗 PCV2 感染提供了新的策略。NO 及其供体 S-亚硝基谷胱甘肽，在体内和体外均能抑制 PCV2 的增殖。HMEGCR 抑制 PCV2 的早期感染，而 PKC 促进 PCV2 的后期感染。在 PK15 细胞中持续表达 IL-2 能加强 PCV2 的增殖，在肺巨噬细胞中，PCV2 能通过 MyD88-κB 信号途径增加 IL-1B 和 IL-10 的分泌。

诊断技术。建立了检测 PCV1 和 PCV2 双重 PCR 方法和 PCV1 型微滴数字 PCR

定量检测方法；建立了区别 PCV2a 和 PCV2b 双重 PCR 检测方法和检测 PCV2 的基于纳米 DNA 探针的 PCR、实时定量 PCR、环状恒温介导扩增（LAMP）技术、间接免疫荧光试验以及检测 PCV2 抗原的夹心 ELISA 方法。研制了 PCV2 间接 ELISA、阻断 ELISA、胶体金检测试纸条、HRP-链霉亲和素等抗体检测方法。建立了猪圆环病毒 3 型的 PCR 检测方法、SYBR Green 实时荧光 PCR 方法、Taqman 探针的实时荧光 PCR 检测方法和重组酶扩增方法等。基于毛细管电泳开发了检测 PCV2 等 9 种猪病病原的高通量多重聚合酶链反应技术。

疫苗研发。以大肠杆菌和杆状病毒为表达载体的猪 PCV2 基因工程疫苗已注册上市。开展了 PCV2 的亚单位疫苗研究，构建了共表达 PCV2 Cap 蛋白和 IL-6 的疫苗株 pIRES-ORF2/IL-6。基于 PCV2a 生产的疫苗能降低 PCV2d 亚型的病毒血症和防止 PCV2d 亚型向易感动物的传播。将人单纯疱疹病毒 I 型病毒的 VP22 短肽融合猪圆环病毒 2 型构建了重组病毒样颗粒，用脑心肌炎病毒作为载体表达 *Cap* 基因构建重组病毒，利用腺病毒作为载体表达了 *Cap* 基因，为进一步研制安全、高效的 PCV2 疫苗奠定基础。开展了新型佐剂的研究，如淫羊藿多聚糖蜂胶黄体酮脂质体（EPL）、壳聚糖、黄芪多糖等。研究了 PCV-2 低血清的培养工艺和细胞悬浮培养增殖工艺，利用杆状病毒表达系统在昆虫细胞内表达了 PCV2d 亚型的 *Cap* 基因，成功将 PCV2*orf*2 基因在奶山羊胎儿成纤维细胞中进行了表达。筛选了 PCV2-肺炎支原体二联灭活疫苗佐剂，开展了猪脑心肌炎病毒与猪圆环病毒二联灭活疫苗的安全性与免疫效力试验。

防控技术。根据猪群中猪圆环病毒病流行特点（即引起母猪繁殖障碍或断奶后仔猪发病），用全病毒灭活疫苗和亚单位疫苗免疫母猪或仔猪，可有效预防该病，也是目前主流的防控策略。目前，越来越多的突变型 PCV2（mPCV2）出现，基于传统毒株的疫苗对猪群的保护效力受到质疑。用仔猪攻毒保护试验结果证明，当前的商品化疫苗（PCV2-LG）仍能有效保护猪群抵抗 mPCV2b/YJ 株的感染；使用一些具有免疫调节作用的中药如黄芪多糖类药物，能在一定程度上降低猪圆环病毒病的临床严重程度。密花豆能保护动物避免 PCV2 的感染，抑制氧化应激等。

（五）猪流感（Swine Influenza，SI）

主要研究机构。华中农业大学、中国农业科学院哈尔滨兽医研究所、中国农业科学院上海兽医研究所、香港大学、中国农业大学等单位。

致病机理。研究发现 H1N2 猪流感病毒 NS1 蛋白第 42 位氨基酸对颌颅宿主细胞中 IFN-α/β 表达具有重要作用。证实了猪流感病毒 PB 2627 位氨基酸是一种重要的毒力分子标记。发现一株 H1N1 亚型猪流感病毒，该病毒株可以直接感染小鼠，导致小鼠出现轻微的临床症状和肺脏组织病理学变化，不致死小鼠，能从感染鼠的肺脏中分离出病毒外，从小鼠脑、肝、肾和脾中均未分离到病毒。

建立了猪流感 H1N1 病毒和链球菌 2 型在仔猪中的共感染模型，利用基因芯片技术分析共感染仔猪肺脏基因表达谱与单独感染的差异，发现猪流感（H1N1）病毒与猪链球菌 2 型（SS2）混合感染较单独感染能导致更强的炎症反应和更严重的病理损伤。发现病毒 PA-X 蛋白 C 端 20 个氨基酸的缺失对于流感病毒在猪群中的适应具有重要促进作用。

诊断技术。已研制出我国可商业化的猪流感 H1 亚型 ELISA 抗体检测试剂盒；研制成功甲型 H1N1 流感双抗体夹心免疫胶体金和 ELISA 鉴别诊断试剂盒，可区分甲型 H1N1 和经典猪 H1N1 亚型流感病毒的感染。建立了用于检测欧亚禽类 H1 猪流感病毒的巢式 RT-PCR 检测方法。

疫苗研发。研制成功我国首个猪流感病毒 H1N1 亚型灭活疫苗，可对经典 H1N1 亚型猪流感病毒和甲型 H1N1 亚型猪流感病毒等产生交叉保护。同时，研制出猪流感二价灭活疫苗（H1N1＋H3N2），可预防两种亚型猪流感病毒的感染。研制了 EA-H1N1 猪流感灭活疫苗，小鼠免疫保护试验结果显示，该疫苗可以提供对同源 H1N1 和异源 H1N1 或 H1N2 病毒感染的保护。

其他方面。药物研究发现，脱水穿心莲内酯不仅能够明显抑制 H1、H5 等亚型流感病毒在细胞上的增殖，同时还能抑制病毒感染小鼠体重的下降、提高感染鼠存活率。抗病基因体外试验证实了猪 IFIT3 基因具有很好的抗 SIV 效果，能够不同程度地抑制三种形式的流感病毒 RNA 的合成，且对 cRNA 的形成抑制作用最强。预测了该蛋白的 TPR 基序，发现位于 243～276 位和 418～451 位的两个 TPR 基序发挥抗病毒效果。

（六）猪流行性腹泻（Porcine Epidemic Diarrhea，PED）

主要研究机构。中国农业科学院哈尔滨兽医研究所、中国农业科学院上海兽医研究所、华中农业大学、中国农业科学院兰州兽医研究所、东北农业大学、南京农业大学、中山大学等单位。

流行病学。PED 依然是引起我国新生仔猪腹泻的主要疾病。分子流行病学研究表明，2015—2017 年中国 PEDV 流行毒株依然分为 2 个基因型，而且仍以变异株为主，少数猪场存在传统野毒和变异毒株共感染现象。传播途径以粪-口传播为主，但是病毒也可经乳汁传播。

病原学。国内不少单位陆续分离和鉴定到 PEDV 的流行毒株。在猪体内检测到在 *ORF1b* 基因和 *ORF3* 基因中分别缺失 72 个和 51 个核苷酸的 PEDV（JSLS-1/2015，JS-2/2015），测定和分析其全基因组序列。分析流行毒株 S 蛋白氨基（N）端序列发现，部分变异毒株在 56～57 位缺失 2 个氨基酸，*S* 基因在 404～472bp 之间存在 3 个遗传标记。分离毒株遗传特征分析发现局部地区（河南）存在重组病毒和毒力减弱的变异毒株。对变异毒株 YN 株进行了连续传代培养，并对亲本毒株及其细胞传代病毒进行了全基因组序列分析和致病性分析，发现弱毒株在 ORF1、S 基因、ORF3 基因存在遗传标记。研究了变异毒株在 Vero 细胞上的复制动力学，证实第 40代毒依然能引起 2 日龄仔猪发病。分子流行病学分析显示，流行毒株的变异位点主要位于 S1，其次是 S2。新鉴定了 2 个变异位点，一个位于 S2 裂解位点内（R895G），变异后导致细胞之间的融合变弱，病毒噬斑变小，病毒滴度更高等，另一个位于 E囊膜糖蛋白内 16～20aa 的缺失和 L25P 变异，变异后导致 ER 应激反应器 GRP78 的产生减少，提升了细胞因子 IL-6 和 IL-8 的表达量，促进了细胞凋亡。研究了 PEDV毒株在人 HEK293 细胞上的感染和增殖情况，结果与 PEDV 在 Vero 细胞上类似。

致病机理。对经典毒株和变异毒株 S 蛋白受体结合特性进行了鉴定和比较分析，发现经典毒株结合病毒糖受体的能力比变异毒株弱。对病毒 3C 样蛋白酶二聚体进行了结构解析和底物识别特异性分析，发现不同属冠状病毒之间 3C 样蛋白酶的非保守基序能够引起裂解差异。鉴定了变异毒株 N 蛋白的两个新型表位，并对其特征进行了分析，为后续研究诊断方法提供了依据。研究表明，细胞表面的硫酸乙酰肝素是PEDV 入侵宿主细胞的辅助因子。鉴定出了病毒受体分子 pAPN 与 S 蛋白相互作用的功能域。证实 pAPN 在猪小肠细胞（IEC）中介导极化的 PEDV 感染，说明 PEDV感染可能是通过肠上皮细胞中病毒的侧向扩散进行。利用携带 S 蛋白的假病毒对病毒的细胞嗜性进行了研究，发现 PEDV 能够感染绿猴肾细胞（Vero-CCL-81）、人肝细胞（Huh-7）和猪肾细胞（PK15）。利用稳定表达 ORF3 基因的细胞系研究了 PEDV强（YN）、弱毒株（AM-H 株）的增殖效率，发现 PEDV ORF3 蛋白能够延长细胞 S期，促进囊泡形成和 PEDV 弱毒株的增殖。利用 RNA 干扰技术在细胞水平上证实靶向 N、M、S 基因的小 RNA 能够有效抑制病毒的复制。首次利用定量蛋白质组学技术对变异毒株、疫苗株、疫苗样毒株感染的 Vero 细胞进行了蛋白质谱分析，发现了一批 Vero 细胞在 PEDV 感染后的上调、下调的蛋白，为了解 PEDV 的发病机理和抗病毒药物的研制提供依据。利用定量蛋白质组学技术对变异毒株及其弱毒株感染的仔猪空肠组织进行了蛋白质谱分析，研究表明鉴定出针对 PEDV 强毒株和弱毒株感染后仔猪空肠组织的差异蛋白，这些蛋白与应激反应、信号转导和免疫系统有关，强弱毒株引起的蛋白差异可能与其致病性差异有关。利用定量蛋白质组学技术对变异株和弱毒株感染的 IPEC-J2 细胞进行分析，发现 PEDV 强毒株激活 NF-κB 路径和 JAK-STAT 信号路径的能力更强，引起的炎性级联反应也更强。利用宏基因组测序技术证实 PEDV 感染能够使仔猪肠道内微生物群之间的平衡受到破坏。采用酵母双杂交方法，筛选出半乳糖凝集素 3（LGALS3）和小核糖蛋白 G（SNRPG）与 N 蛋白存在特异性相互作用。利用共聚焦显微镜和融合表达技术 NSP1 在细胞中的定位情况，结果表明，NSP1 在 Vero E6 细胞中表达主要定位于细胞质中，与细胞中的线粒体、内质网、高尔基体均呈现高度共定位。在研究 PEDV 的致病机理中发现，PEDV S2 亚基上的一段 HR 区域上的三种多肽（HR2M、HR2L 和 HR2P）都是 PEDV 体外感染过程的抑制剂，且 HR2P 的抑制作用最强。用电子显微镜发现细胞感染 PEDV 后，PEDV 最初会形成双层膜的囊泡和卷积膜，可能用于复制/转录平台，这种病毒颗粒会同时在内质网和大的病毒囊泡中出现，也是形成高尔基体的初始成分。利用基因修饰方法证实，紧密结合蛋白 Occludin 在 PEDV 的感染中起主要作用，PEDV 的侵入和 Occludin 的内在化关系密切。N-乙酰半胱氨酸能够缓解 PEDV 感染引起的小肠损伤。

发现 PEDV 感染猪小肠上皮细胞后，NF-κB p65 从细胞质转移到细胞核，PEDV 依赖性 NF-κB 活性与病毒剂量和活性复制相关；应用小 RNA 干扰技术证明 Toll 样受体（TLR2、TLR3 和 TLR9）有助于促进 PEDV 感染时 NF-κB 的活化。发现 PEDV 核衣壳（N）蛋白可以激活 NF-κB，而且 TLR2 参与 IEC 中 PEDV N 诱导的 NF-κB 活化；PEDV 通过阻断 RIG-I 介导的途径抑制猪肠上皮细胞中 dsRNA 诱导的 β-干扰素产生。PEDV 3C 样蛋白酶通过切割 NF-κB 的调节分子（NEMO）来调节其干扰素颉颃作用。PEDV 通过靶向降解 STAT1 来抑制 I 型干扰素信号通路传导。Vero 细胞感染 PEDV 变异毒株后，PI3K/Akt/GSK-3α/β 通路被激活并能够抑制 PEDV 的复制。PEDV 感染宿主细胞后，导致促炎细胞因子的上调；同时，PEDV 感染和病毒核蛋白的过表达导致体外高迁移率组 box 1 蛋白（HMGB1）的乙酰化和释放，组蛋白乙酰转移酶（SIRT1）和 NF-κB 调节 HMGB1 的乙酰化和释放。研究表明，PEDV-N 有助于 HMGB1 转录和随后的 PEDV 感染期间 HMGB1 的释放，乙酰化 HMGB1 是一种重要的促炎反应介质，促进各种炎性的发生。利用高通量测序技术，发现感染 PEDV 后母猪和出生仔猪肠道的菌群发生明显改变，益生菌减少，致病菌明显增多。发现 HSP27 的降调节与 PEDV 逃避宿主抗病毒机制有关，宿主细胞的两种酶 TMPRSS2 和 MSPL 能提高病毒的滴度，促进 PEDV 体外的适应性。研究发现，PEDV 的 N 蛋白能与核仁磷酸蛋白作用，促进 PEDV 的增殖。

组织病理学显示 PEDV 流行毒株的主要靶器官是胃肠黏膜上皮、腺体及相应的淋巴结，胃、肠等器官的损伤是该病的特征性病理变化。

诊断技术。建立了鉴别 PEDV 强弱毒株的 RT-PCR 方法，建立了 PEDV 的 LAMP 诊断方法、双荧光 RT-PCR 方法和复合 PCR 诊断方法；制备了 PEDV 的单克隆抗体，建立了检测抗体的 ELISA 方法、基于 S 基因部分片段 S4 建立的 ELISA 方法、双抗体夹心 ELISA 方法和基于 NSP7 的间接 ELISA 方法；从免疫猪体内的 B 细胞中分离到了一株 PEDV 中和抗体 PC10，该抗体能中和 PEDV 的感染；制备了一株单抗 1B9，能与 G2 型的 PEDV 毒株反应，而不与弱毒株 CV777 反应。

疫苗研发。对变异毒株和经典弱毒株的全长 S 蛋白进行了真核表达，制备了多抗和单抗；研究证实经典毒株（CV777）疫苗株、紫外线灭活毒株能够在体外、体内激活和提高猪单核细胞衍生的树突状细胞（Mo-DCs）和猪小肠树突状细胞（porcine intestinal DCs，PI-DCs）的抗原提呈能力，使其产生高水平的细胞因子（IL-12 和 INF-γ），CV777 和 Mo-DCs、PI-DCs 之间的相互作用能够提高 T 细胞的增殖，说明经典毒株的疫苗株、紫外线灭活毒株能够在体外与体内有效地诱导获得性免疫应答。国内自主研发的猪传染性胃肠炎（H 株）、猪流行性腹泻（CV777 株）、猪轮状病毒（NX 株，G5 型）三联活疫苗，猪传染性胃肠炎（HB08 株）-猪流行性腹泻（ZJ08 株）二联活疫苗，猪传染性胃肠炎（WH-1 株）-猪流行性腹泻（AJ1102 株）二联灭活疫苗已经获批上市，用于预防猪流行性腹泻。同时，开展了针对流行毒株的猪流行性腹泻灭活疫苗、活疫苗、亚单位疫苗（以酵母为表达载体）、DNA 疫苗的研究工作。开展了卵黄抗体制备与应用、中草药对病毒抑制及作用机制的相关研究工作。研制了具有针对 S 蛋白中和活性的鼠源单克隆抗体。利用噬菌体展示技术对 S1 的表位进行了鉴定，并证实其具有抗病毒活性。口服疫苗研究发现，用干酪乳酸杆菌作为载体，融合表达树突状细胞靶多肽和 PEDV 核心抗原区构建的口服疫苗，能显著增加抗原效率，为新一代疫苗提供了新的思路。

防控技术。预防本病依靠科学饲养管理、免疫预防和生物安全措施等。通常在每年 10—11 月份，对母猪，尤其是初胎母猪要完成 2 次免疫，间隔 1 个月。之后，母猪产前 6 周和 3 周再免疫。检测母猪乳汁中 IgA，可评估仔猪获得被动保护的水平。卵黄抗体只用于紧急治疗。加强外来车辆的消毒和管理、不使用可能污染 PEDV 的饲料原料、及时清除粪便以消除潜在的传染源，是防控本病的重要措施。

（七）猪细小病毒病（Porcine Parvovirus Infection，PP）

主要研究机构。河南农业大学、四川农业大学、南京农业大学、华南农业大学和中国农业科学院兰州兽医研究所等单位。

流行病学。运用多重 PCR 方法，对 125 份疑似猪繁殖障碍样品检测发现，PPV 单独感染率为 31.20%（39/125），PPV 与 PRRSV 混合感染率为 5.60%（7/125），PPV 与 PRV 混合感染率为 8.8%。用 PCR 检测来自山东和河北等 8 个省份猪场的 215 份样品，PPV 检出率为 11.63%。国内某猪场 182 份样品中，PPV 阳性率为 13.74%，且与其他病毒混合感染。检测石河子地区某猪场 86 份后备母猪血清样品 PPV 抗体水平发现，抗体阳性率为 22.09%。

病原学。2015—2017 年，国内未发现 PPV 新毒株的报道。有报道对 1989 年在广西某猪死胎脏器中分离到的 PPV N 株全基因组分析发现，其与弱毒 PPV NADL-2 株极其相近且具有良好的免疫原性和遗传稳定性。对从广西 13 周龄猪的扁桃体分离到的 3 株 PPV3 基因组分析发现，与香港分离到的毒株有很高的同源性。

致病机理。诱导细胞凋亡：非结构蛋白 NS1 在 PPV 诱导的细胞凋亡中发挥重要作用，但不同种属之间诱导凋亡路径有所不同。PPV 感染 ST 细胞后导致活性氧聚集，激活细胞线粒体凋亡通路，而抑制活性氧的聚集可显著减缓凋亡速度。PPV 感染 PK15 细胞后能通过调控 Bax 和 Bcl2 的表达，启动细胞线粒体凋亡通路。与细胞的互作机制：用 PPV VP2 重组蛋白多克隆抗体能检测到 3 种 PPV1 VP2 的 B 细胞特异性抗原表位。钾离子缺乏及氯丙嗪对树突状细胞（DC）捕获 PPV-VLPs 的效率无影响，而经二甲基氨基吡咪、菲律平及松胞素 D 处理后，树突状细胞捕获效率明显下降；树突状细胞对 PPV-VLPs-E290 的捕获依赖于肌动蛋白，与巨胞饮、小窝蛋白介导的内吞方式有关，与吞噬作用及 DEC-205 依赖的网格蛋白介导的方式无关。吉马酮能通过抑制 PPV 蛋白和 mRNA 的合成阻止 PPV 感染 ST 细胞，而氯化锂能在 PPV 复制早期抑制其增殖。PPV 感染 PK15 细胞时，miRNA 差异表达，推测 miRNA 能参与复杂的细胞信号通路调控。

诊断技术。建立了同时检测包括 PPV 在内的 5 种病毒混合感染的多重 PCR 检测方法和荧光定量 PCR。运用新型荧光染料 Eva Green 建立了 PPV 的 Eva Green 荧光定量 PCR 方法，其病毒最低检出量为每微升 50 拷贝。运用 GeXP 技术和胶混悬液（Bead-based suspension）方法分别建立了可同时检测猪易感的 7 种和 5 种常见病毒的方法。用原核表达 PPV3 VP2 蛋白的主要抗原表位区，建立了检测 PPV3 的间接 ELISA 方法，为其早期感染提供了有效的检测手段。运用重组酶聚合酶（RPA）开发出检测 PPV 的荧光定量 PCR 和试纸条方法。建立了猪细小病毒与副猪嗜血杆菌基因芯片同步检测技术。

疫苗研发。疫苗研究：开展了 PPV VP2 基因的 VLPs（病毒样颗粒）研究，发现原核表达的 PPV VP2 蛋白可以在体外形成 VLPs，且具有免疫活性。构建了重组 PPV VP2 基因的猪伪狂犬病病毒 rPRV-VP2 株。构建了串联融合表达 FMDV 多表位 VPe 蛋白与 PPV VP2 蛋白的重组腺病毒 rAd-PPV：VP2-FMDV：VPe，猪群免疫后发现，较其他疫苗能显著提高中和抗体及细胞免疫应答水平。佐剂研究：纳米铝胶作为 PPV 灭活疫苗佐剂能显著提高机体的免疫水平，并较早刺激机体产生抗体，具有较好的免疫保护效果。蜂胶黄酮经纳米化处理后，可显著提高其抗 PPV 的活性；麦冬多糖脂质体能提高 BALB/c 小鼠淋巴细胞的增殖能力，促进细胞因子、特异性抗体等的生成，其效果优于麦冬多糖，有作为 PPV 灭活苗佐剂的潜力。

防控技术。由于 PPV 血清型的单一性及良好免疫原性，疫苗接种仍然为目前预防 PPV 感染的主要防控手段。基于猪细小病毒（PPV）结构蛋白 VP2 可自行组装成病毒样颗粒，通过基因工程技术将其进行改造获得具有靶向的纳米载体，为纳米递药系统实现临床应用奠定了重要基础，也为病毒的基础研究和纳米医药应用提供了新的路径。

（八）猪流行性乙型脑炎（Japanese Encephalitis，JE）

主要研究机构。南京农业大学、华中农业大学、中国农业科学院上海兽医研究所、哈尔滨兽医研究所、河南省农业科学院、军事科学院军事医学研究院军事兽医研究所、河北农业大学等单位。

流行病学。用检测 IgM 的 ELISA 方法和扩增 NS1 基因的 RT-PCR 调查了 2015 年西藏地区部分市、县的猪群、传播媒介和志愿者的抗体和病原情况。1～6 月龄猪样品中 IgM 抗体阳性率平均为 5.07%（23/454），公猪和母猪 IgM 抗体阳性率分别为 4.62% 和 5.67；三带喙库蚊（*C. tritaeniorhynchus*）混合样品和致倦库蚊（*C. pipiens*）混合样品中 JEV 病毒核酸阳性检出率分别为 63.6%（7/11）和 2.9%（2/69）；343 名临床健康志愿者中，1～23 岁、24～45 岁和 45 岁以上人群中，IgM 抗体阳性率分别为 11.74%、13.43% 和 4.20%；城镇人口感染率（3.02%）低于农村人口（6.87%），有地区差异。

病原学。我国分离鉴定到基因 Ⅰ、Ⅲ 和 Ⅴ 型 JEV 毒株，其中基因 Ⅰ、Ⅲ 型 JEV 为主要流行毒株，且猪群中基因 Ⅰ 型 JEV 的分离率逐步升高。研究发现了 JEV 感染蚊子细胞的二级受体机制，JEV 感染蚊子可诱导多种类型的分泌型凝集素表达上调，其中 mosGCTL-7 可与囊膜蛋白 N-154 的糖基化位点结合至病毒颗粒表面，然后病毒表面结合的 mosGCTL-7 与蚊子细胞膜上的酪氨酸激酶结合介导病毒入胞感染。

致病机理。研究发现乙脑病毒非结构蛋白 NS3、NS5 分别与宿主蛋白 eEF-1α、HSP70 相互作用，并调控乙脑病毒复制的分子机制；发现了 JEV 通过干扰树突状细胞功能，实现免疫逃逸的新机制；解析了 JEV 非结构蛋白 NS5 的核定位序列（NS5-NLS）抑制宿主 Ⅰ 型干扰素表达的分子机制；阐明了 JEV 激活胶质细胞、诱导炎症反应的信号通路与分子机制。

诊断技术。建立了检测 JEV 的 RT-LAMP 技术、Real-time RT-PCR 技术以及纳米 PCR 技术，研制了检测 JEV 抗体、抗原的 ELISA 试剂盒与免疫胶体金试纸条。

防控技术。根据当地气候变化和蚊虫滋生特点，利用活疫苗适时免疫猪群，并采用合理的防蚊灭蚊技术，开展本病的综合防控。

（九）塞尼卡谷病毒感染（Seneca Valley Virus Infection，SVV Infection）

主要研究机构。中国农业科学院兰州兽医研究所、哈尔滨兽医研究所，华南农业大学，华中农业大学，中国动物卫生与流行病学中心等单位。

流行病学。近两年，本病先后在我国广东、福建、河南、湖北、黑龙江等省的猪群中发现。病猪和亚临床带毒猪是主要传染源，病毒主要通过感染猪的口腔液、鼻分泌物和粪便而传播，人员、车辆、饲料、生物媒介、猪场工具和设备等为 SVV 可能的传播载体。

病原学。塞尼卡谷病毒（SVV）为单股、正链、不分节段的 RNA 病毒，是小 RNA 病毒科（Picornaviridae）塞尼卡病毒属（Senecavirus）的唯一成员。直径约为 27nm。病毒基因组大小为 $7.2 \sim 7.3$kb，包括 5′端 666 个核苷酸的非编码区、一个开放阅读框含有 6 543 个核苷酸，编码含有 2 181 个氨基酸的多聚蛋白，多聚蛋白可分割成 12 个多肽，构成标准的小 RNA 病毒科 L-4-3-4 模式；3′非编码区有 71 个核苷酸，带有 Ploy（A）。与所有小 RNA 病毒科成员一样，P1 多肽由 3C 蛋白酶裂解成 VP0、VP3 和 VP1，构成病毒核衣壳。成熟的 VP0 裂解生成 VP2 和 VP4。该病毒具有溶瘤特性，可专嗜性感染神经内分泌肿瘤细胞而不感染正常人类细胞。

致病机理。SVV 可以通过结合人脑胶质瘤细胞上碳水化合物唾液酸受体侵入细胞，但是尚未确定猪源细胞中 SVV 的受体。SVV 致病机制与口蹄疫病毒和猪水疱病病毒类似，病毒感染上皮细胞导致气球样变性，形成微泡。病毒侵入猪体，首先在扁桃体复制，病毒血症期约 7d，在感染后第 3 天，血清中病毒基因拷贝数达到峰值（约每毫升 $10^{6.5}$ 拷贝），随后逐渐下降，至攻毒后第 10 天，血清中已检不出病毒。其病理变化多发生于扁桃体、脾、淋巴结、肺部。淋巴组织轻度至中度多灶性淋巴增生，肺扩张不全，偶见弥漫性充血，血管周多灶性轻度淋巴细胞、浆细胞和巨噬细胞聚集。小肠绒毛萎缩与融合浅表上皮空泡化。在感染的急性期，肺、纵隔和肠系膜淋巴结、肝、脾、小肠、大肠和扁桃体中可检测到病毒核酸或感染性病毒粒子。在康复期，肺脏、心脏、肝脏检测不到病毒核酸；在纵隔和肠系膜淋巴结、肾脏、脾、小肠、大肠和扁桃体虽可检测到核酸，却不能分离到感染性的病毒粒子。

诊断技术。应用小肠黏膜上皮原代细胞、BHK-21 和 PK-15 等传代细胞进行 SVV 的分离及传代增殖。针对 SVV 的 3D、5′UTR、VP1 等基因的保守区域建立了普通 RT-PCR 及荧光定量 RT-PCR 方法，灵敏度可达 0.79 $TCID_{50}$/mL。此外，还建立了检测 SVV 和 FMDV（口蹄疫病毒）的双重荧光定量 RT-PCR 方法。基于原位杂交技术，建立了新型的 ISH-RNA 方法检测组织切片中病毒核酸。利用重组酶聚合酶扩增技术（RPA），建立了实时荧光检测方法和侧流层析试纸条（RPA-LFD）方法，在 40℃ 20min 内可检测的核酸最低浓度为 28 拷贝。建立了检测抗原的双抗体夹心 ELISA 方法。在血清学检测方面，用表达的 SVV VP1 重组蛋白，建立了间接 ELISA 方法；或利用二乙烯酰胺（BEI）灭活 SVV 免疫小鼠制备抗 SVV 单抗，建立了竞争 ELISA 方法，此外，还建立了病毒中和试验检测方法。

疫苗研发。利用分离到的 SVV 毒株，采用悬浮培养技术增殖该病毒，并制备了灭活疫苗，初步证实该疫苗具有良好的保护性，正在开展进一步研究。

防控技术。目前没有疫苗或有效的治疗药物。加强猪场饲养管理，提高生物安全水平，是主要预防措施。

（十）猪德尔塔冠状病毒感染（Porcine Deltacoronavirus Infection）

主要研究机构。华中农业大学、中国农业科学院哈尔滨兽医研究所、华南农业大学、河南农业大学、江西农业大学、四川农业大学等单位。

流行病学。自猪德尔塔冠状病毒（PDCoV）被发现以来，我国江苏、江西、河南等地均有流行的报道。使用间接 ELISA 方法检测黑龙江省和江西省的 601 份血清，发现 PDCoV 抗体阳性率分别为 11.59% 和 12.8%。该病毒主要感染新生仔猪，引起与 PEDV、TGEV 相似的临床症状，以呕吐、水样腹泻和脱水为主要特征。仔猪感染后死亡率达 40%～60%，但低于 PEDV 感染导致的死亡率（80%～90%）。RT-PCR 方法检测发现中国青藏高原周围三个不同省份的 189 份藏猪样本中 PDCoV 的发病率为 3.70%（7/189），其中 7 例 PDCoV 阳性猪中有 4 例为 PDCoV 单一感染，3 例为 PDCoV 与猪流行性腹泻病毒（PEDV）共感染。

病原学。2016 年，我国分离得到首株 PDCoV。其基因组组成和排列与其他冠状病毒相似，为 $5'$UTR-ORF1aORF1b-S-E-M-NS6-N-NS7-$3'$UTR。我国流行毒株与世界其他地区毒株的核酸序列具有高度的同源性。通过对不同地区流行毒株的序列比对分析，发现在其 S 基因、N 基因以及 $3'$UTR 存在不同程度碱基的插入、缺失，可作为区分我国流行毒株与其他地区流行毒株的遗传标记。NS6 和 NS7 是 PDCoV 的两个辅助蛋白；通过亚细胞定位确定了 NS6 在 PDCoV 感染细胞内的分布情况，并确定了 NS6 的亚基因组 RNA 的前导体连接位点，并且发现其转录调控序列位于预测的 TRS 的上游。目前，PDCoV 各个基因编码的蛋白功能仍需验证。

致病机理。在添加胰酶、胰液素或小肠内容物的 LLC-PK 细胞和 ST 细胞上，PDCoV 病毒可以能引起相似的细胞病变。在不添加胰酶的 LLC-PK 细胞上，病毒能够复制，但不能引起细胞病变，证明了胰酶在病毒入侵宿主细胞、病毒粒子释放的过程中发挥重要作用。

研究发现 PDCoV 能够通过 RIG-Ⅰ介导的信号通路，抑制 IRF3 和 P65 的磷酸化与核转位，从而影响 SeV 诱导的 IRF3 和 NF-kB 的启动子活性，最终抑制 IFN-β 的转录。PDCoV 的非结构蛋白 nsp5 能够切割 STAT2 蛋白，从而影响 JAK-STAT2 信号通路，最终抑制 IFN-β 的产生。此外，nsp5 蛋白还能够切割 NEMO 蛋白，其切割位点为 Q231，该位点同时也是 PEDV 对 NEMO 蛋白的切割位点，表明 PDCoV 感染可能促进 PEDV 的共同感染。PDCoV 是否还能够通过其他信号通路来影响干扰素的产生，是如何与信号通路中的相关分子相互作用的，病毒受体鉴定及其他致病机制等，都有待进一步研究。

诊断技术。根据 PDCoV 的 N 基因和 M 基因设计特异性引物，建立了 RT-PCR

的检测方法，可以有效地用于临床样品的检测。根据 PDCoV 的 N 基因与 TGEV 的 N 基因建立了同时检测 PDCoV 和 TGEV 的双重 RT-PCR 方法。根据 PDCoV 的 N 基因与 PEDV 的 M 基因建立了同时检测 PDCoV 和 PEDV 的双重 RT-PCR 方法。建立了同时检测 PEDV、TGEV 与 PDCoV 的多种 RT-PCR 方法。依据 PDCoV 的 M 基因、S1 基因与 N 基因建立的荧光定量 RT-PCR 能够在猪发病早期或病毒隐性感染时进行确诊和实时监测。以 PDCoV 的 S 蛋白和 N 蛋白作为包被抗原建立间接 ELISA 方法并应用。此外，间接免疫荧光（IFA）、免疫组织化学分析法（IHC）及原位杂交（ISH）等血清学检测方法也已建立。

防控技术。目前尚无针对 PDCoV 的商品化疫苗及特效治疗药物。重点搞好饲养管理、卫生消毒和生物安全等综合防控措施，减少疫情发生，降低经济损失。也有研究表明，部分饲料添加剂（酸化剂和盐）可降低室温储存期间饲料中的 PDCoV 存活率。

（十一）猪大肠杆菌病（Swine Colibacillosis）

主要研究机构。华中农业大学、扬州大学、华南农业大学、东北农业大学等单位。

流行病学与病原学。研究发现，来自腹泻仔猪能产生 CTX-MESBL 的大肠杆菌多数具有严重的多重耐药性、较强的生物膜形成能力和高毒力相关的 $irp2$ 基因。研究发现，在中国不同地区广泛流行着不同 bla_{CTX-M} 混合的菌株。猪源耐氟喹诺酮类药物的大肠杆菌通过接合水平传递耐药性。$GyrA$ 基因突变与喹诺酮类耐药相关性强，且存在因果关系。大部分分离株 bla_{CTX-M} 位于可结合性的质粒上，多重耐药基因随接合性的质粒发了共转移，头孢唑林、氨苄西林等十余种耐药表型随头孢噻肟耐药表型发生了转移，其中阿米卡星和庆大霉素与头孢噻肟耐药表型共转移率最高。从猪肺中分离到大肠杆菌，具有 mcr-1 抗性的质粒，且具有多重耐药性。EAST1 和 $irp2$ 基因与细菌耐药性有相关性，接合性质粒在毒力基因和耐药基因水平传播中发挥重要作用。公布了猪肠外致病性大肠杆菌 O11 血清型的一个菌株（PPECC42）全基因组序列。

致病机理。研究发现，Ⅵ型分泌系统在猪肠外致病性大肠杆菌的生存与致病中发挥了重要的功能。荚膜多糖合成相关基因 $kpsM$、$kpsD$、$kpsE$ 等在猪肠外致病性大肠杆菌中的致病中发挥重要作用。大肠杆菌 $FliC$ 基因敲除后，大肠杆菌生物膜形成能力明显降低。研究证实，miRNA-192 及其关键靶基因可能在大肠杆菌感染中起关键作用。

疫苗研发。由于血清型众多，交叉免疫保护不够理想，且不同地区流行的优势血清型可能不一样，因此传统疫苗免疫的效果有限。有研究构建一种基于减毒野生型大肠杆菌菌株为平台，利用其递送融合蛋白 LTR192G-STaA13Q 作为口服疫苗使用，能产生较好的体液免疫和细胞免疫。利用干酪乳酸菌作为载体，构建的重组 F4（K88）菌毛黏附素 FaeG 与肠毒素性大肠杆菌的热不稳定肠毒素 A（LTAK63）、热不稳定肠毒素 B（LTB），具有更好的免疫原性。重组 OmpC（rOmpC）蛋白构建的亚单位疫苗提供高水平的免疫原性以保护小鼠免受大肠杆菌感染和针对志贺氏菌属的交叉保护。发现硫酸化大肠杆菌 K5 荚膜多糖衍生物刺激了巨噬细胞和淋巴细胞的增殖，显著增强细胞因子分泌，上调 NK 细胞的细胞毒性。将肠毒素融合蛋白 SLS 与主要菌毛抗原混合作为新的多价疫苗候选物，可以在仔猪体内产生高滴度抗体，并提供广泛和有效的抗 ETEC 腹泻保护。有研究证实，黏附素-类毒素 MEFA 是开发 ETEC 疫苗的潜在保护性抗原。

防控技术。由于耐药性越来越严重，近年来对于大肠杆菌病的防控技术主要集中在中药及一些抗生素替代物的挖掘。发现黄连、五倍子、乌梅、黄芩、五味子、鹿衔草及地榆有较高的抑菌活性；以小鼠做腹泻模型，发现提取的白术多糖能有效减缓腹泻症状，减少腹泻率；救必应总黄酮能显著抑制产 ESBLs 大肠杆菌的生长。对大肠杆菌病的综合防控措施主要采取包括加强饲养管理和生物安全体系建设、针对性的免疫以及中西医结合的治疗措施。

（十二）猪肺疫（Pneunomic Pasteurellosis）

主要研究机构。南京农业大学、华中农业大学、河南科技大学等单位。

流行病学。临床上多杀巴氏杆菌的分离率位列在链球菌、副猪嗜血杆菌、大肠杆菌之后，居第 4 位。该病易于继发或并发于其他病毒性病原感染，如 PRRSV、PCV2 和 CSFV 等，以及其他病原菌，如链球菌、副猪嗜血杆菌等。对临床健康猪的鼻咽拭子检测结果表明，保育猪群带菌率在 30% 左右。近年来，从我国 14 个省份 1 597 份临床猪肺炎肺脏中共分离 115 株多杀巴氏杆菌，分离率为 7.2%，其中 A 型 57 株（50%），D 型 53 株（46%），未定型 5 株（4%）。脂多糖分型显示 L3 和 L6 两种，各站 23% 和 77%，荚膜 D 型仅与 L6 相对应，即为 D∶L6 型。

病原学。小鼠毒力试验结果表明，A 型菌株的毒力普遍较强，D 型菌株中存在强毒力、中等毒力和弱毒菌株。多杀性巴氏杆菌分离株的荚膜分型和基于 LPS 的基因分型结果显示，我国多杀性巴氏杆菌流行株以 D∶L6 基因型和 A∶L3 基因型为主，其次是 A∶L6 基因型，还存在 A∶L1 基因型和 A∶L5 基因型。40 株 MLST 分型发现存在 ST3、ST10、ST11、ST16 等 4 个型，其中 ST11 在多杀性巴氏杆菌中的比例显著高于其他序列型。台湾地区对分离自出现呼吸道症状猪的 62 株多杀性巴氏杆菌进行了血清分型和基因分型，发现以 D∶L6 型（n＝35）和 A∶L3 型（n＝17）为主。在台湾，对 62 株多杀性巴氏杆菌进行了 13 种药物的敏感性试验，发现 40% 以上的菌株对除头孢唑啉外的 12 种药物，如阿莫西林、卡那霉素等耐药；所有菌株对卡那霉素、红霉素和泰乐菌素均耐药。上海市 20 株猪源多杀性巴氏杆菌对阿莫西林/克拉维酸、头孢曲松等 6 种药物敏感，但 85.0% 的菌株对 4～7 种抗菌药耐药。

致病和免疫机理。多杀性巴氏杆菌的致病性主要与毒力因子有关，但对致病机理所知甚少。应用 PCR 检测 71 株多杀性巴氏杆菌的 23 种毒力相关基因，结果显示，多杀性巴氏杆菌毒力基因的数量大多为 15～19 个，平均携带 17.5 个毒力相关基因；23 种毒力基因中，$ptfA$、$fimA$、$hsf-2$、$sodA$、$sodC$、$ompA$、$ompH$、$oma87$、$plpB$、$exbB$、$tonB$、Fur、$hgbB$ 的检出率在 90% 以上，而 $toxA$ 基因的检出率只有 1.4%，未检测到 tbpA 的存在；毒力相关基因分析表明，$pfhA$、$hgbA$ 和 $hgbB$ 与多杀性巴氏杆菌的 LPS 基因型相关，而 $tadD$ 则与荚膜型相关性更强。分析毒力基因在不同荚膜型菌株中的携带及分布情况发现，A 型的平均毒力基因携带数为 18.2 个，D 型为 16.4 个。在研究 115 株巴氏杆菌三种分型的基础上，发现 D/L6/ST11 型与可引起呼吸道症状的猪巴氏杆菌密切相关。对猪源 F 型多杀性巴氏杆菌 HN07 株进行了系统的致病性和基因组测定及比较分析，发现 HN07 株对猪有较强的致病性。对湖南地区分离的 92 株（A 型 50 株；D 型 42 株）猪源多杀性巴氏杆菌的 9 种保护性抗原的编码基因进行 PCR 检测，结果显示，$ompA$、$ompH$、$omp87$ 以及 $ptfA$ 的检出率最高，均为 100%；$vacJ$ 和 $plpP$ 基因的检出率分别为 91% 和 66%，而 $fhab2$ 和 $plpE$ 基因仅在 A 型菌株中检出，检出率分别为 42% 和 40%。对多杀性巴氏杆菌 pm70 株的测序分析中，鉴定出了很多预测的毒力因子，包括两个编码与百日咳博代氏杆菌纤维状血凝素、铁代谢和转运基因有关的同系物。在多杀性巴氏杆菌 pm70 菌株中鉴定出一个综合共轭元件（ICE）ICEpmcn07，该元件可能包含细菌 Ⅳ 型分泌系统的一些基因。通过转录组分析多杀巴氏杆菌 VP161，发现一个与大肠杆菌与沙门氏菌 GcvB 高度同源的小 RNA，高通量蛋白质组学比较分析了野毒株与 GcvB 突变株的蛋白差异，预测这些蛋白与氨基酸生物合成或运输相关。在该小 RNA 中发现一段保守序列，证实与 GcvB 和靶 mRNA 基因的结合至关重要。

诊断技术。目前适用于临床上开展多杀性巴氏杆菌分离鉴定的分子分型方法主要有 3 种：基于荚膜编码区的多重 PCR 分型法、基于脂多糖外核编码基因簇的 PCR 分型法和基于管家基因的多位点序列分型法（MLST）。改进多杀性巴氏杆菌定种方法，建立了多杀性巴氏杆菌基于 $kmtI$ 基因的 PCR 定种方法，结果表明与 16S rDNA PCR 方法试验结果相一致，对多杀性巴氏杆菌进行定种。建立了可同时快速检测猪支气管败血波氏杆菌（Bb）、副猪嗜血杆菌（Hps）、猪胸膜肺炎放线杆菌（App）和多杀性巴氏杆菌（Pm）的四重 PCR 方法，该方法特异性和通用性好、重复性好，对这 4 种病原菌 DNA 最低检测质量浓度为 $20pg/\mu L$，对这 4 种细菌的最低检出量分别为 $10^3 CFU/mL$ 的 Pm，$10^2 CFU/mL$ 的 Hps、Bb 和 App，敏感性高。

疫苗研发。采用分段补料发酵工艺制备猪多杀性巴氏杆菌病活疫苗（EO630 株）抗原，最高活菌数可达 $1.31×10^{10}$ CFU/mL，提高了抗原产量。发现了猪多杀性巴氏杆菌 IbeB 重组蛋白（rIbeB）具有很好的免疫原性，可诱导小鼠产生部分免疫保护力。将纯化的猪多杀性巴氏杆菌重组蛋白 pET-PlpP 制备成亚单位疫苗，并经皮下途径免疫小鼠，对 A、B 和 D 这 3 种荚膜型的保护率分别是 16.67%、33.33% 和 66.67%。测定了天然弱毒菌株 PM-18 的安全性，结果表明，按每只 $9.6×10^{7}$ CFU 和每头 $1.2×10^{10}$ CFU 的剂量分别接种小鼠和仔猪，均无不良反应，免疫仔猪能抵抗致死剂量 D 型强毒多杀性杆菌的攻击。采用自杀性质粒介导的正向筛选同源重组技术构建了多杀性巴氏杆菌 C51-17 的 purF 缺失株，体外试验表明，该缺失株具有良好的遗传稳定性，与亲本菌株的生长曲线无明显差异，每只小鼠腹腔接种 $1.0×10^{6}$ CFU，均存活。使用每只 $1.0×10^{6}$ CFU 和 $1.0×10^{5}$ CFU 的剂量通过腹腔注射免疫小鼠，对 100CFU 的亲本菌株攻击均提供了完全保护，与菌体灭活苗的免疫效果一致。筛选到一株产毒素巴氏杆菌弱毒菌株 PM-18，属于 D：L6 型，小鼠和仔猪安全性试验结果表明均不出现明显的临床症状和病理变化，免疫接种后保护率为 80%（4/5），表明该弱毒株具备进一步被开发为天然弱毒疫苗的潜力。通过亚细胞定位对 D 型多杀巴氏杆菌 HN06 株开放阅读框基因进行筛选，通过小鼠免疫试验，发现了 7 个蛋白具有一定保护性，可以将这些蛋白作为候选保护性抗原。

防控技术。发病时主要通过在猪群保育和育肥阶段中饲料中添加阿莫西林和氟苯尼考等抗生素药物治疗。但多杀性巴氏杆菌易于对抗生素产生耐药性，从而导致防控效果不理想。免疫预防时，母猪产前 6 周和 3 周各免疫 1 次，仔猪在 14 日龄和 35 日龄各免疫 1 次。由于多杀性巴氏杆菌血清型多，交叉保护力差，商品化疫苗在生产中使用效果不理想。

（十三）猪传染性萎缩性鼻炎（Atrophic Rhinitis of Swine，AR）

主要研究机构。南京农业大学、华中农业大学、东北农业大学、河南科技大学等单位。

病原学。支气管败血波氏杆菌在猪群中广泛流行，无论是从患肺炎或者萎缩性鼻炎的病猪中，还是从假定健康的猪中都能分离出波氏杆菌。从 15 例猪呼吸道综合征（Porcine Respiratory Disease Complex，PRDC）的猪肺中分离出 5 株支气管败血波氏杆菌，均携带皮肤坏死毒素（Dermonecrotic toxin，DNT）、百日咳杆菌黏附素（Bordetella adhesin，PRN）以及鞭毛蛋白（Flagellin，flaB）的基因。产毒素性多杀性巴氏杆菌可从很多有或无鼻炎或肺炎症状的猪体中也能分离到。引起本病的产毒素性多杀巴氏杆菌为荚膜 D 型和脂多糖 L6 基因型。研究支气管败血波氏杆菌脂多糖合成机制，推断可能的糖基转移酶基因为 *BB3394-BB3400*，该基因与百日咳的 LPS 生物合成基因座相关。

致病机理。支气管败血波氏杆菌和产毒素性多杀性巴氏杆菌共存于猪的上呼吸道中，波氏杆菌可以促进巴氏杆菌对呼吸道黏膜上皮细胞的定殖。产毒素性多杀性巴氏杆菌在机体内大量生长繁殖并产生皮肤坏死毒素（PMT）。PMT 作为一种有丝分裂原，能诱导破骨细胞生成和抑制成骨细胞产生，从而导致猪鼻甲骨萎缩、鼻中隔软骨破坏、颜面变形，出现打喷嚏和流鼻涕等症状。同时，鼻甲骨的损坏破坏了上呼吸道正常屏障结构，导致上呼吸道感染增加。发现了支气管败血波氏杆菌拥有典型的Ⅵ型分泌系统（Type Ⅵ secretion system，T6SS）。溶血素共调节蛋白（Hemolysin-coregulated protein，Hcp）是 T6SS 复合体中重要的管道结构蛋白，也可作为效应蛋白发挥一定的生物学效应，是功能性 T6SS 的标识。构建了支气管败血波氏杆菌的 *hcp* 基因缺失株 QH0814Δhcp，小鼠和细胞感染试验证明了 *hcp* 基因与菌体侵袭性、在机体内定殖和易被吞噬细胞吞噬等表型有关。利用比较蛋白质组学方法，研究了生物被膜态和常规培养下全菌蛋白的表达差异，发现 15 个蛋白表达上调，包括延伸因子、分子伴侣等，主要体现在应激、调控、代谢方面。在研究支气管败血波氏杆菌与猪肺泡巨噬细胞互相作用机制中，发现 PAMs 可通过 A 类清道夫受体 SRA 和 MARCO 介导对支气管败血波氏杆菌的识别和吞噬。BteA 是支气管败血波氏杆菌三型分泌系统的效应分子，研究发现将 BteA 递送到宿主细胞质中的菌株的吞噬量显著低于 BteA 缺失的菌株，支气管败血波氏杆菌通过肌动蛋白聚合信号传导途径诱导坏死并抑制巨噬细胞吞噬。

诊断技术。建立了针对 PMT 的间接 ELISA 检测方法，目前正在制备针对 PMT 毒素的单克隆抗体。建立了一种能同时检测副猪嗜血杆菌和支气管败血波氏杆菌的双重 PCR 法。

疫苗研发。西班牙的猪萎缩性鼻炎灭活疫苗（支气管败血波氏杆菌 833CER 株＋D 型多杀性巴氏杆菌毒素）获准在我国注册。国内已成功制备了猪进行性萎缩性鼻炎的复合疫苗，该疫苗包括败血性支气管波氏杆菌、产毒素性多杀性巴氏杆菌和 PMT 的 C 端和 N 端蛋白。在亚单位疫苗研发方面，发现 PMT1-506aa、PMT1-391aa、PMT505-1285aa、PMT973-1285aa 片段的表达产物具有免疫原性。攻毒后，PMT505-1285aa（10/10）的免疫保护效果显著优于 PMT1-506aa（3/10），最适合作为预防萎缩性鼻炎的候选亚单位疫苗材料。探索了支气管败血波氏杆菌 DNT 的 N 端（rDNT-N）的免疫原性。构建了支气管败血波氏杆菌的 Δhfq 突变株，毒力下降，有良好的安全性，可作为活疫苗开发。有研究以减毒支气管败血波氏杆菌为载体表达猪繁殖与呼吸综合征病毒 GP5 蛋白，在小鼠和猪中都产生了抗体，且病毒 RNA 显著减少，支气管败血波氏杆菌具有作为减毒疫苗载体的潜力。

防控技术。当前主要通过饲料中添加敏感性药物如磺胺类、金霉素等抗生素防控该病，部分规模化猪场用商品化疫苗免疫母猪，产前免疫 1～2 次，降低母猪群的带菌率，有效降低保育和育肥猪群猪萎缩性鼻炎的发生率。

（十四）猪丹毒（Swine Erysipelas，SE）

主要研究机构。华中农业大学、南京农业大学、湖南农业大学和河南科技大学等单位。

流行病学。SE 近年来在我国发病率呈上升趋势，全国各个养猪地区都有该病发生的报道。该病当前主要导致中大猪发病，经产母猪和初产母猪更敏感，导致高发病率和死亡率。南方地区发病情况显著高于北方，尤其是高温高湿的炎热季节发病表现更为明显。当前我国分离猪丹毒杆菌全部为 1a 血清型菌株。挪威发生了一起人感染猪丹毒杆菌引致腱鞘炎的病例，该名人员从事猪尸体搬运工作，由受伤皮肤感染，突显其公共卫生意义。

病原学。病原为丝状的革兰氏阳性杆菌，有 15 个血清型。急性型和慢性型猪丹毒分别主要由血清 1a 型和血清 2 型菌株引起。安徽省 2012—2015 年分离的 42 株 SE 杆菌血清型均为 1a 型，$spaA$ 基因与猪丹毒杆菌国内外参考株的核苷酸序列相似性为 98.5%～100%，分离株形成 8 个 PFGE 基因型，相似度达 88.8%～100%，优势基因型为 ER2（54.8%），弱毒疫苗 G_4T_{10} 和 GC_{42} 株独立为同一个基因型。测定了广西分离株 GXBY-1 的全基因组序列（Accession no. CP014861）。基因组大小为 1 888 332bp，GC 含量 36.52%，有 1 766 个基因。同 20 世纪 50～80 年代的菌株相比，新的临床分离菌株毒力降低，耐药性增加，部分毒力基因发生遗传变异。

通过蛋白质组学和转录组学技术比较了猪丹毒杆菌强毒菌株 HX130709 与其同源弱毒菌株 HX130709a，共鉴定出了 1 673 个转录基因及其 1 292 个相关蛋白。通过比较，发现两者在 168 个蛋白和 475 个基因上存在差别。其中，61 个蛋白的表达和转录存在上调或下调的情况。GO 分析（Gene Ontology analysis）表明弱毒菌株 HX130709a 的许多下调蛋白具有催化位点或结合位点的功能。蛋白质互作分析揭示出一些下调蛋白可能作用于 PTS（Phosphotransferase system，PTS）、GMP（鸟苷酸）合成或核糖体蛋白质。

目前国内流行的 SE 杆菌对 β-内酰胺类和大环内酯类抗生素敏感，对卡那霉素和磺胺异噁唑耐药。对 42 株猪丹毒杆菌进行药敏试验，对青霉素类、喹诺酮类及氯霉素类药物的敏感率均在 80% 以上，而对氨基糖苷类和林克酰胺类药物的耐药率在 80% 以上，所有菌株均可耐受 4 种及以上的药物，耐受 5 种及以上药物的比例达 95.2%，其中以庆大霉素＋卡那霉素＋链霉素＋克林霉素＋林可霉素的构成比最大，为 76.2%，说明 SE 杆菌多重耐药性较强；有 4 株（9.5%）分离菌株具有吖啶黄抗性。从 SE 杆菌中分离出一株噬菌体 SE-1，SE-1 与葡萄球菌的噬菌体 P954 和

phi3396 亲缘关系较近。

致病机理。小鼠毒力试验发现分离菌对小鼠均具有较强的致病力。对 SE 杆菌分离株 SY1027 的全基因测序分析显示，该菌有 37 个潜在毒力因子，其中 7 个可能与耐药性高度相关。构建的 SE 杆菌 *spaA* 基因缺失株对小鼠的致病力下降了 76 倍，证明 *spaA* 基因是毒力相关基因；发现 SE 的毒力改变与 *spaA* 高变区的序列无关。也发现 SpaA 蛋白具有良好的免疫原性，是 SE 杆菌的主要免疫保护性抗原。研究了猪丹毒杆菌强毒菌株和弱毒菌株细胞壁相关蛋白（Cell wall-associated proteins, CWPs）的差异，共鉴定出存在明显丰度差异的 100 个 CWP。高毒力菌株的高丰度蛋白质主要为 ABC 转运蛋白和黏附蛋白，低丰度蛋白质主要为应激反应蛋白。iTRAQ 结果显示，强、弱毒菌株的糖 ABC 转运蛋白的底物结合蛋白 Sbp（No.5）的含量相差 1.73 倍；构建了 *Sbp* 基因缺失突变菌株，对动物的毒力下降。

研究还表明，SpaA 和神经氨酸酶，而不是透明质酸酶和荚膜，与丹毒杆菌的毒力直接相关。丹毒杆菌的毒力形成主要与 TCA 循环和一些蛋白质的下调表达有关。发现丹毒杆菌重组 GAPDH（rGAPDH）在丹毒杆菌黏附猪血管内皮细胞的过程中发挥作用，并可以结合纤连蛋白和血纤维蛋白溶酶原。

高通量 cDNA 微阵列分析评估猪心脏对猪丹毒杆菌的宿主反应，感染 4d 后感染组中检测到 394 个转录物，262 个上调，132 个下调。差异表达的基因参与许多重要功能类别，包括炎症和免疫应答，信号转导，细胞凋亡，蛋白磷酸化和去磷酸化，细胞黏附等，通路分析表明最显著的途径是趋化因子信号途径，NF-κB 信号通路，TLR 通路等，观察到的基因表达谱可帮助筛选潜在宿主药物，也帮助了解病原感染宿主时的潜在病理变化。

已报道 HP0728 和 HP1472 在低毒力或无毒株中为下调基因，进一步研究显示蛋白位于细菌表面且重组 HP1472 可以黏附猪血管内皮细胞，重组 HP0728 可以结合宿主纤溶酶原，表明其为猪丹毒杆菌的致病因子。

诊断技术。包括细菌分离和生化反应鉴定、荧光抗体技术、PCR 扩增 16s rDNA 或编码 *spaA* 的基因，以及小鼠致病性试验等。建立了 SE 杆菌 Real-Time PCR 检测方法，比普通 PCR 灵敏 100 倍以上，可用于临床样本的定性和定量检测。利用表达纯化的猪丹毒杆菌保护性抗原蛋白 SpaA，建立检测 SE 杆菌抗体的间接 ELISA 方法，与美国 TSZ 公司猪丹毒杆菌抗体检测试剂盒和 Western blot 结果的符合率分别为 92.20%、92.59%。建立了检测 SE 杆菌单重和检测 SE 杆菌和溶血性曼氏杆菌的二重 TaqMan 荧光定量 PCR 检测方法。建立了同时检测猪链球菌 2 型的 *cps2J* 基因、副猪嗜血杆菌和猪丹毒丝菌的 16S rDNA 基因的多重 PCR 方法。研发了一种基于 DNA 聚合酶 IV 基因的快速检测和区分 SE 杆菌疫苗株和野毒株的双重 PCR 方法，该方法特异性敏感性都比较高，且检测过程更为迅速。

疫苗研发。将高毒力 SE 杆菌通过吖啶橙连续传代获得了一株致弱毒株 HX130709a，体外连续回归感染证明无毒力返强，可以作为候选弱毒疫苗株。研究了 SE 强毒株和猪链球菌 2 型二联灭活疫苗和猪丹毒 DNA 疫苗。

防控技术。疫苗免疫可以有效预防急性型 SE 的发生，但对慢性 SE 的预防效果不佳。目前活疫苗的免疫效果很好，但不排除毒力返强的风险。母猪群建议在每年 4 月份和 5 月份各免疫 1 次即可，小猪建议在 60 日龄左右免疫 1 次。青霉素治疗效果很好，但要警惕耐药性的出现。对猪丹毒杆菌噬菌体 SE-1 的裂解酶蛋白（Ely）进行了原核表达，在体外可以有效裂解 SE 杆菌，并呈一定的时间和剂量依赖性，提供了新的治疗生物制剂。

（十五）副猪嗜血杆菌病（Haemophilus Parasuis，HPS）

主要研究机构。华中农业大学、中国农业科学院兰州兽医研究所、四川农业大学、华南农业大学、中国动物卫生与流行病学中心、西南民族大学等单位。

流行病学。近年来，副猪嗜血杆菌（HPS）发病几乎遍及全国，对华中地区 179 个分离株进行血清型鉴定，发现血清型 4、5 和 13 型的菌株数分别是 36、46 和 26 株，累计占 60.34%；不可分型的有 36 株，占 20.11%。HPS 也多与其他细菌或病毒呈现混合感染。研究发现，PCV2 与 HPS 共感染会导致组织损伤加剧并增强 PCV2 的致病性。不同地区菌株对常用药物的敏感性各不相同。在血清流行病学调查中，HPS 呈现多血清型感染状态，但不同地区分离株的血清谱存在一定差异。对四川 254 株分离株进行血清分型，5 型和 4 型是最普遍的（50%），未定型占 7.87%；对广东地区 55 株分离株进行血清学分型，显示 5 型最流行，其次为 12 型和 4 型；从辽宁地区分离到 1、7、9、11、14 型血清型。定量蛋白质组学技术（iTRAQ）揭示抗生素（大黄素）的潜在作用机制，其通过抑制核糖体合成导致 HPS 生长抑制，增强猪肺泡巨噬细胞 PAM 对副猪嗜血杆菌的吞噬活性。

病原学。通过构建基因缺失株的方式研究了副猪嗜血杆菌的 *Hfq*、*potD*、*lgtF*、*cheY*、*vacJ*、*qseC* 等基因的功能，发现 *cheY* 基因在 HPS 生长和体内定殖中可发挥重要作用，*vacJ* 与副猪嗜血杆菌生长、黏附入侵、生物被膜形成及毒力密切相关，*qseC* 对副猪嗜血杆菌生物被膜的形成有重要调控作用。公布了 1 株血清型 11 菌株（SC1401）的全基因组序列。证明了 HPS 生物被膜相关基因具有相似的遗传特性，其同义密码子和对应氨基酸呈高频变化，这些基因通过去优势作用使 HPS 适应宿主细胞的环境变化。以 SH0165 为参考基因组，对 50 株 HPS 进行了全基因测序，显示 HPS 基因组大小不同，GC 含量稳定，并通过挖掘注释测序菌株中的单核苷酸多态性、小片段插入缺失、结构变异分析 HPS 的遗传变异，显示 SNP 主要为同义突变，HPS 基因大片段的缺失趋势，变异基因主要富集在 ABC 转运体、氨基酸生物合成和碳代谢通路上。

致病机理。 在 HPS 引起的炎症反应中，HPS 感染可激活 PK-15 细胞中的趋化因子 RANTES，还通过 toll 样受体 TLR1、TLR2、TLR4 和 TLR6 的介导激活了 NF-κB 和 MAPKs 信号通路，$rfaE$ 基因通过调节 NF-κB 和 MAPKs 信号通路活性来影响脂寡糖（LOS）诱导的猪肺泡巨噬细胞（PAMS）炎症反应；NOD1/2 受体通过接头分子 RIP2 激活下游 NF-κB 信号通路参与 HPS 感染 PK-15 细胞引起 CCL4、CCL5 和 IL-8 表达的过程。发现 HPS 荚膜多糖具有抗猪肺泡巨噬细胞吞噬的作用。研究表明，$arcA$ 基因是 HPS 血清型 13 EP3 毒株的一种毒力因子。ClpP 参与 HPS 的压力耐受性，并负调控 HPS 生物被膜的形成。两种糖基转移酶基因 $lgtB$ 和 lex-1 参与 HPS 脂多糖生物合成，与血清抗性、黏附和侵袭有关。HtrA 在抵抗压力中发挥重要作用，是 HPS 一个重要的毒力因子。TGF-β1、Fn 纤连蛋白、α5 整合素可抑制 HPS 对 PK-15 细胞的侵入。此外，HPS 可引起 PK-15 细胞自噬，是一个重要的致病机制。研究证实，细胞致密扩张毒素（CDT）是 p53 以来的 HPS 主要毒力因子，可以诱导细胞周期阻滞和凋亡。对葡萄糖基转移酶 $IgtF$ 基因研究发现其可以通过调控 HPS 感染期间的 NF-κB 和 MAPKs 信号传导途径来介导 PAM 中促炎细胞因子的脂寡糖诱导。通过构建双组分信号转导（TCST）CpxRA 缺失株证明该基因调节氧化应激，在渗透胁迫和碱性 pH 胁迫耐受以及大环内酯抗性中发挥重要作用，证明 TCST 在 HPS 应激耐受和杀菌抗性方面起着重要作用。

疫苗研发。 针对国内主要流行的 HPS 血清 4 型、5 型、12 型和 13 型，相继开发出副猪嗜血杆菌病三价或四价灭活疫苗并进行新兽药注册。此外，猪链球菌病-副猪嗜血杆菌病二联灭活疫苗、二联亚单位疫苗也已进行临床审批或新兽药注册阶段。在亚单位疫苗研究方面，相继评价了一些蛋白及其串联产物的免疫保护效力，这些蛋白有望作为有效疫苗的候选抗原。疫苗佐剂方面，通过对副猪嗜血杆菌三价灭活疫苗（4、5、12 型）配比不同佐剂比较发现，Montanide GEL 01 PR 比矿物油、氢氧化铝等佐剂有更好的免疫保护效果。研究发现佐剂的类型可以调节抗原诱导的功能性反应，Montanide GEL 01 PR 及弗氏佐剂能更好地激活经典补体途径。

防控技术。 近年来，国内有关副猪嗜血杆菌病发布的专利有 33 个，涉及疫苗生产制备、诊断、治疗药物等方面。疫苗方面涉及保护性抗原的筛选、培养基优化、减毒沙门氏菌苗、基因工程苗、联苗开发等；诊断技术包括 PCR、多重 PCR、LAMP 等病原检测方法，以及间接血凝、间接 ELISA 等抗体诊断方法；分子定型方法已经可以对现有 15 种血清型定型，可显著降低临床分离株中不可分型菌株的比例，提高 HPS 定型的准确性，而多位点序列分型（MLST）结果显示序列型（ST）与血清型间存在一定相关性，可对同一血清型菌株进一步分型。通过对临床和非临床分离株的检测，建立了一系列通过 PCR 预测菌株毒力的方法，与菌株抗吞噬、血清易感性等试验符合率较高。该病综合防控技术主要包括改善环境卫生条件，加强饲养管理、早期诊断、疫苗预防、药物防治等措施。同时，根据本病菌易于产生耐药性的特点，应采取及早用药、联合用药和中西药相结合的治疗原则。

（十六）猪传染性胸膜肺炎（Porcine Contagious Pleuropneumoniae，PCP）

主要研究机构。华中农业大学、吉林大学、四川农业大学、中国农业科学院哈尔滨兽医研究所等单位。

流行病学。近年来，在江西、福建、安徽、江苏、山西、天津等地均有猪传染性胸膜肺炎的报道，病例多发生在 15～50kg 的猪，以体温升高、呼吸困难、咳嗽等症状为主，部分发病猪出现死亡，病死率为 35%。有的病例未见任何症状就死亡，部分死猪鼻腔流出血液。病死猪肺脏都有纤维素性肺炎病变。对湖北、湖南、四川、广东、山东、福建等省的 24 个不同规模的未免疫猪场进行了血清流行病学调查，共采集了 1 464 份猪血清样品，发现 APP 的血清阳性率较高（琼脂扩散试验检测阳性率为 31.84%，ELISA 试剂盒检测阳性率为 59.21%），其中以血清 7 型阳性率最高，血清 11 型、10 型、13 型、5 型和 1 型的阳性率都超过 10%。

病原学。在发生疑似猪传染性胸膜肺炎的地区均分离到胸膜肺炎放线杆菌（APP），安徽、山东和四川的主要血清型分别是血清 12 型，血清 1、5、7 型和血清 1 型。各地区分离的菌株大多数对氨基糖苷类和大环内酯类药物表现出耐药性，多重耐药菌株普遍存在，而较多菌株对青霉素类、头孢类、喹诺酮类药物以及氟苯尼考敏感。

对 APP 血清 3 型（JL03 菌株）的基因组进行了重注释，界定了基因转录单元，鉴定了一批小 RNA，并对其功能进行了预测，为研究 APP 新的功能基因、转录调控机制和致病机理奠定了基础。用血清学方法鉴定了 APP 的 11 个体内诱导抗原，在大部分菌株中保守存在。

采用 RNA-seq 技术对 APP 进行了全面的转录组分析，使得当前基因组注释更加完善准确，并且发现了较多新的功能元件（新蛋白、非编码 sRNA、操纵子结构等）；利用同源蛋白映射的方法预测了新的 APP 蛋白功能，从蛋白水平初步揭示了 APP 代谢网络和信号传导模式。

致病机理。发现了一批 APP 致病相关的新因子，包括 Lon 家族蛋白酶 LonA、外膜脂蛋白 VacJ、严谨反应信号分子（p）ppGpp 合成酶 RelA、双组分系统 QseB/QseC 和菌毛蛋白 PilM、三聚体自转运黏附素蛋白、药物外排泵和Ⅰ型分泌系统家族蛋白 TolC，双组分调控系统 *CpxAR* 基因参与 APP 的生物被膜形成、对宿主细胞的黏附能力和对宿主的致病力等过程。

研究发现，宿主的儿茶酚胺类激素能够通过调节 APP 的铁摄取和代谢基因促进 APP 在缺铁环境下的生长。APP 能迅速黏附和侵入肺泡巨噬细胞，诱导细胞凋亡，与细胞接触后能量代谢、转录和翻译以及毒力相关基因发生上调，氨基酸、维生素代谢和转运相关基因发生下调。三聚体自转运黏附素 Adh 与猪肺泡巨噬细胞的膜蛋白 OR5M11 互作，介导 IL-8 的释放和 MAPK 信号通路的激活，导致肺泡巨噬细胞的凋亡。在小鼠模型上发现 APP 感染后激活 TLR-4 信号通路使有关细胞释放炎症因子，引起肺部的炎症。

对 APP 血清 7 型体内外培养转录差异研究，攻毒小鼠后共筛选出差异表达基因 333 个，其中上调基因 113 个，下调 220 个，挖掘新基因 6 个，差异基因主要富集在能量的产生与转化、碳水化合物转运和代谢、无机离子转运与代谢、氨基酸转运与代谢等方面，一定程度上揭示了该菌的致病机制。研究发现 APP 的 LPS 诱导 PAM 以时间和剂量依赖方式产生炎性细胞因子，此外，PAM 由 APP LPS 激活，导致信号分子上调，包括 TLR4、MyD88、TRIF 相关的衔接分子和 NF-κB。证实 APP LPS 可以通过 TLR4/NF-κB 介导的途径诱导 PAM 产生促炎细胞因子。这些发现部分揭示了 APP 感染猪肺内促炎细胞因子过度产生的机制，并为预防 APP 感染性肺炎提供靶点。

诊断技术。建立了 APP 血清型 7 型的抗体检测方法，该方法只能检测出 APP 血清 7 型抗体，特异性好，检测临床血清与进口同类试剂盒相比符合率高，已将该方法应用于出入境检疫。建立了 3 种 PCR 方法分别检测母猪鼻拭子中的 APP 核酸，并同时使用 4 种选择性培养基分离同样部位的菌株，结果表明 3 种 PCR 的最低检测限度均为 10^2 CFU，mPPLO 培养基的检测分离效率最高，可综合 2 种方法，完善 APP 检测程序。

疫苗研发。在小鼠模型上，检测了 APP 6 个体内诱导抗原 RnhB、GalU、GalT、Apl_1061、Apl_1166 和 HflX 的免疫效力，6 个蛋白都诱导了高水平的 IgG 以及 Th1 和 Th2 型细胞因子，GalT、APL_1166 和 rHflX 免疫后的小鼠攻毒存活率达到 60% 以上，可用于亚单位疫苗开发。APP 的外膜脂蛋白 Lip40 在多种应激条件下上调表达，能对小鼠提供 75% 的免疫保护力。

利用血清型 1、5、7 三个血清型 APPSD1101、APPSD1207、APPSD1103 株制备了三价灭活疫苗，确定了最小抗原量和生产工艺，对 6 周龄猪每头颈部肌内注射 1mL，免疫 3 周后对血清型 1、5、7 菌株的免疫保护率可达 90%～100%。

确定三聚体自转运黏附素的功能区，并初步阐明其黏附侵袭功能，同时证实了其具有良好的免疫原性，诱导 Th1 和 Th2 免疫应答，提高小鼠存活率，是 APP 潜在的疫苗候选蛋白。以安徽分离株和福建分离株为受试菌株，成功筛选出 BB1502（生物型 1、血清型 12）、FJ1508（生物型 2）两株 APP 强毒株作为疫苗候选菌株，并研制了 APP 二价灭活苗，对小鼠具有较好的保护作用。填补了特定地区流行的其他血清型需求。用 NaOH 成功的制备了 APP 菌影，制备方法安全、高效，为日后菌影疫苗的生产与应用奠定了基础。设计了一种封装在外膜囊泡（Apxr-OMV）中的三价 Apx 融合蛋白，并研究了其在小鼠模型中针对 APP 血清型 1 和 7 攻击的免疫保护效力。结果显示免疫组的 IgG 水平显着高于阴性对照组。在免疫组的脾细胞中检测到 Th1（IFN-γ、IL-2）和 Th2（IL-4）细胞因子的上调。免疫组中血清型 7 和血清型 1 的 APP 株的存活率分别为 87.5％和 62.5％，肺组织病理损伤最小。构建了五倍体缺失株 SLW07（ΔapxICΔapxIICΔorf1ΔcpxARΔArcA），实验证实 SLW07 对巨噬细胞更敏感，且在小鼠模型上毒性较低，但免疫后可以对小鼠提供完全保护，证实其为一种有前景的活疫苗候选物。

防控技术。预防本病的主要措施是改善猪舍空气质量，采用合理猪群密度，适时采用多价灭活疫苗或亚单位疫苗进行免疫接种；猪群发病时，全群使用敏感药物拌料给药等治疗和控制本病。使用基因缺失活疫苗及其配套的 ApxIV-ELISA 鉴别诊断方法，为本病净化提供了可能。另外，新发现了黄连素的主要有效成分盐酸小檗碱对 APP 具有杀菌作用。发现猪的天然免疫分子 β 防御素（PBD-2）过表达的转基因猪对 APP 的抗病能力显著提高。发现百里酚对中国流行株 5b 血清型具有较强的杀菌作用，电镜显示百里酚可快速破坏 APP 细胞壁和细胞膜，引起胞内容物渗漏和细胞死亡，小鼠模型显示百里酚减轻了肺损伤。

（十七）猪支原体肺炎（Mycoplasma Hyopneumoniae of Swine，MHS）

主要研究机构。江苏省农业科学院、南京农业大学、华中农业大学、西南大学。

流行病学。近年来，在东北地区、贵州、安徽、江苏、广西、河北等地均有猪气喘病的报道。多发生于 18 周龄左右的猪，以咳嗽、气喘等症状为主，发病猪生长缓慢，饲料利用率低。猪肺炎支原体（Mhp）能促进其他疾病的发生和发展，如 Mhp 能增强猪对 PCV2 的易感性，这种增强效应呈现时间和剂量依赖性。通过气管、鼻腔和气溶胶接种对 Mhp 传播进行研究，发现气管内接种是致病效果最好的接种方式，且在实际养殖中，空气传播也可能是 Mhp 的主要传播方式。

病原学。比较分析了 18 株广西 Mhp 分离毒株的 P97R1 区序列，发现 P97R1 区多处发生碱基突变，而 R1 区重复基序（AAKPV/E）的重复度为 9～18，均值为 12，变异使其毒力和黏附能力增强。构建了在 Mhp 能复制且稳定存在的含绿色荧光蛋白标记的质粒，为建立 Mhp 的遗传操作平台奠定了基础。

致病机理。研究了 Mhp 与 PRRSV 共感染 6h 和 15h 后的宿主转录组变化，发现分别有 2 152 和 1 760 基因的表达发生了变化，这些基因主要涉及炎症反应，免疫系统，TLR、RLR NLR 和 Jak-STAT 等信号通路。研究了 Mhp 诱导猪肺泡巨噬细胞差异表达谱，发现 Mhp 作用于 PAM 细胞 12h 和 24h 后分别有 86 个和 889 个基因具有显著的差异表达，主要是与免疫及炎症反应相关基因。比较了 Mhp168 强弱毒株感染猪气管上皮细胞后的差异蛋白组学，筛选出 7 个具有差异表达的蛋白（YX2 蛋白、丙酮酸脱氢酶、烯醇化酶、磷酸核糖核酸转移酶、延伸因子、甘油醛-3-磷酸脱氢酶和 MHJ-0662）。在差异表达的蛋白组学中烯醇化酶的表达显著升高，发现重组的 Mhp 烯醇化酶对猪气管上皮细胞产生细胞损伤，并且能够抑制 Mhp 对 STEC 细胞的黏附，表明其为 Mhp 重要的毒力因子和黏附蛋白。研究不同毒力菌株对猪气管上皮细胞（STEC）的致病性差异与机制，通过气液界面培养技术，建立了 STEC 3D 分化培养模型及 Mhp 在此细胞上的感染模型，发现 Mhp 感染可对宿主细胞的生长特性与活性产生损伤，且损伤的程度与毒力呈正相关，而这种损伤机制与 Mhp 引起感染细胞氧化应激的能力密切相关。

发现 Mhp 的膜脂蛋白能够诱导猪外周血单核细胞和猪肺上皮细胞（SJPL）的炎症因子、NO 和活性氧（ROS）的产生，激活 p38/MAPK、Bax/Bcl-2 和 Caspase3 等信号通路，进而诱导细胞的凋亡。Mhp 感染导致猪鼻腔内的 SLA-II-DR$^+$ SWC3a$^+$ 树突状细胞、SLA-II-DR$^+$ CD11b$^+$ C 树突状细胞、T 细胞、SIgA 阳性细胞明显下降。同时树突状细胞表达的 IL-12 和 IFN-γ 显著下降。

在 Mhp 感染时，宿主的细胞色素 P450 1A1（CYP1A1）能够通过 PPAR-γ 信号通路，降低炎症因子 IL-1β、IL-6、IL-8 和 TNF-α 的产生。Mhp 强毒株感染猪气管上皮细胞后能促进线粒体途径的凋亡过程。

此外，猪支原体肺炎的发生存在明显的品种间敏感差异，先天性免疫缺陷调控通路、Toll 样受体信号通路及类固醇代谢通路在猪支原体肺炎的炎症反应过程中发挥重要作用。

探索了 Mhp 对 PAM 外源性抗原加工递呈功能相关因子 mRNA 表达量影响，结果显示，Mhp 感染早期（12h）可以引起 PAM 抗原递呈功能相关因子 mRNA 表达量增加；感染晚期（24h 以后）会抑制 PAM 的外源性抗原加工递呈功能相关因子 mRNA 表达量。即 Mhp 感染早期，动物机体可以通过 PAM 导致免疫增强，后期会引起免疫抑制。

诊断技术。 建立了猪扩增肺炎支原体 P36 编码基因为靶基因的环介导等温扩增技术（LAMP），适合于实验室和临床样品的常规检测。建立了检测 Mhp 表面脂蛋白 P65 抗体的阻断 ELISA 方法。此外还有 Mhp 竞争定量 PCR 检测方法。建立了猪肺炎支原体和猪鼻支原体双重荧光定量 PCR 检测方法。通过监测 Mhp 感染产生的 IgG 和 sIgA，发现 P97R1 抗体猪肺炎支原体感染的重要血清学标志。发明了 Mhp SIgA 抗体 ELISA 检测试剂盒，用于 Mhp 感染的早期诊断及弱毒活疫苗免疫效果的评价。

建立了以抗 P46 蛋白单克隆抗体为包被抗原，抗 P46 多抗为检测抗体的双抗体夹心 ELISA 方法，为 Mhp 定量检测提供了有效手段，可用于灭活疫苗生产过程中抗原的检测。

疫苗研发。 通过比较 168 弱毒株经不同免疫途径接种猪后的免疫反应，发现肺内免疫能够显著刺激机体细胞因子 IL-6、IL-10、IFN-γ 的释放以及黏膜抗体 sIgA 的产生，同时显著增加 CD4$^+$ 和 CD8$^+$ 的 T 淋巴细胞数量，表明肺内免疫是 Mhp 弱毒苗免疫的优选途径；滴鼻免疫方式产生的保护率虽然低于肺内免疫组（60%），但是也可诱导产生较好的免疫保护力。

以 RM48 疫苗株为研究对象，并对佐剂进行筛选，结果显示 CPG 佐剂效果最好，且气雾免疫与肺内注射免疫组无太大差异，证明了气雾免疫的可行性。P97 黏附因子在 Mhp 呼吸道的黏附中起关键作用，因此在疫苗的研究上大多数亚单位疫苗的靶蛋白均包含有 *P97* 基因 R1 和 R2 重复序列。比较了肺炎支原体的 P65、DnaKc 和 P65-DnaKc 融合蛋白对小鼠的免疫原性，发现 P65-DnaKc 融合蛋白免疫后刺激产生血清抗体效价明显高于单蛋白免疫组，且其保护率能达到 90%，为亚单位疫苗的研发提供基础。国内正在研制猪支原体肺炎与副猪嗜血杆菌病或猪圆环病毒病的二联疫苗。

防控技术。 药物防控：研究发现 40mM LiCl 处理，能够显著降低 Mhp 感染细胞的带菌量（80%），其机制可能与 LiCl 产生的抗凋亡功能有关。喹烯酮对 Mhp 具有抑制作用，有效浓度为 8~16μg/mL，与其他抗生素一起使用时，具有叠加效应。氟苯尼考粉剂及注射液对陆川猪喘气病均有较好的治疗作用，泰乐菌素和土霉素混合剂疗效也较好，林可霉素注射液治疗有一定的效果，但治愈率不高。免疫预防措施：猪支原体活疫苗（168 株）具有较好的免疫保护效果，在临床实际中能显著降低猪气喘病的发病率，同时以疫苗免疫为核心的猪支原体肺炎净化方案，已有成功案例。此外，临床上也使用猪支原体肺炎灭活疫苗和亚单位疫苗，可取得预期效果。建立猪支原体肺炎阴性猪群：通过妊娠母猪筛选、母猪程序性用药、早期断奶技术、屏障隔离系统、独立饲养管理体系及仔猪程序性用药等措施建立了本病阴性猪群，为气喘病的净化提供技术参考。

（十八）猪链球菌病（Swine Streptococcosis）

主要研究机构。 南京农业大学、中国动物卫生与流行病学中心、华中农业大学、江苏省农业科学院、军事科学院军事医学研究院微生物流行病研究所、南京师范大学、吉林大学等单位。

流行病学。 持续监控我国猪链球菌病主要流行的菌株血清型，从多种动物的口腔或鼻腔黏膜拭子中分离到猪链球菌，并对我国江苏、广东等地健康猪群中的猪链球菌进行了流行病学调查。发现无论在发病猪群还是在健康猪群中，猪链球菌 2 型的分离率均为最高。部分地区养殖场健康猪群的猪链球菌阳性率可高达 42%。

病原学。阐明了猪链球菌溶菌酶释放蛋白（MRP）与人纤维蛋白原（hFg）的相互作用能破坏内皮细胞的 p120-catenin，增加血脑屏障的通透性和猪链球菌 2 型穿过血脑屏障的能力。发现 *STK* 基因可通过调节猪链球菌 2 型毒力因子的磷酸化水平来影响血脑屏障结构，是猪链球菌 2 型突破宿主血脑屏障的主要机制之一。发现猪链球菌小 RNA（sRNAs）可抑制荚膜多糖（CPS）产生，从而促进猪链球菌对小鼠脑微血管内皮细胞（bEnd.3）的黏附和侵袭，并在体外激活 TLR2、CCL2、IL-6 和 TNF-α，导致细菌性脑膜炎。

诊断技术。建立了针对猪链球菌 2、7、9 三种血清型的多重 PCR 检测方法，并对我国广东省分离的猪链球菌进行分型鉴定，该方法与传统的血清凝集分型结果符合率为 97.36%。与传统的血清凝集方法相比，该方法具有快速、灵敏、特异等优点。

疫苗研发。成功研发猪链球菌（2 型）-副猪嗜血杆菌（4 型、5 型）二联灭活疫苗，该疫苗是国际首个猪链球菌病-副猪嗜血杆菌病二联疫苗，于 2017 年获国家新兽药批文，将为解决困扰我国养猪业的猪链球菌病和副猪嗜血杆菌病的防控难题提供技术支撑。

（十九）旋毛虫病（Trichinosis）

主要研究机构。吉林大学、中国农业科学院兰州兽医研究所、郑州大学、首都医科大学、东北农业大学、南京农业大学、厦门大学等单位。

流行病学。目前我国人旋毛虫病在 12 个省份呈点状散发，如云南、河南、湖北、西藏、四川、黑龙江和吉林等省份，农村和少数民族聚集区发病风险相对较高。2015—2016 年报道的人感染旋毛虫事件有 4 起，其中 3 起在云南，暴发地人群旋毛虫血清阳性率均高于 50%。猪旋毛虫病目前已在我国 31 个省（直辖市、自治区）发现，其分布也呈点状散发，具有明显区域性，呈逐年上升趋势，尤以农村散养猪和小规模养殖场为重。近两年，全国不同地区抽样调查显示，河南漯河市猪感染率为 0.54%（12/2 238）；内蒙古猪血清阳性率为 0.50%（100/20 000），犬血清阳性率为 6.8%（68/1 000）；西藏部分地区猪血清阳性率为 1.18%（17/1 440）；广州东莞市猪血清阳性率为 0.44（1/225）；云南大理市猪血清阳性率 3.0%（9/299）。内蒙古阿拉善盟三个旗县的人和猪血清学流行病学调查结果显示，旋毛虫阳性猪占 11.25%；人血清阳性率为 19.69%；在血清阳性患者中，经常食肉者占 61.13%（640/1 047），偶尔食肉者占 38.87%（407/1 047）。2015—2017 年，从山东 9 个市的猪屠宰厂采集 758 头份血清，阳性率为 1.58%。

病原学。目前经过鉴定并得到世界旋毛虫委员会认可的旋毛虫共分为 9 个种和 3 个基因型，通过 PCR-SSCP 和 RAPD 方法对旋毛虫基因组 18S rRNA、5S RNA 转录间隔区基因序列分析证明，中国目前流行的旋毛虫虫种为 *T. spiralis* 和 *T. nativa*。*T. spiralis* 以感染猪为主，河南旋毛虫感染株为 ISS534，哈尔滨感染株为 ISS533，云南感染株为 ISS535。*T. native* 以感染犬为主，哈尔滨感染株为 ISS529、ISS530 和 ISS532，长春感染株为 ISS531。目前，旋毛虫所有种和基因型的基因组和转录组测序都已经完成，分析表明旋毛虫最原始分离株来自于我国云南地区分离株。

诊断技术。利用旋毛虫 *NBL SS2-1*、*ZH68*、*Clp*、*WN10* 和 *Serpin* 基因，成功建立了旋毛虫病无诊断盲区免疫学检验与诊断技术。研制出旋毛虫免疫金标单克隆抗体试纸条和 LAMP 快速检测试剂盒，并已在旋毛虫诊断中得到应用。

防控技术。构建了旋毛虫 T626-55 和 Nudix 水解酶基因的减毒沙门氏菌疫苗以及 Th-B 表位肽嵌合疫苗，具有明显的免疫保护效果。分别利用 *HSP70*、*P49*、*P43*、*P53*、*WN10* 和 *ZH68* 基因构建了基因重组疫苗，可有效减少小鼠的荷虫量，同时发现旋毛虫组织蛋白酶 F 可作为治疗旋毛虫病的潜在药物靶标。目前旋毛虫病的治疗药物为阿苯达唑和甲苯咪唑，有效率95％以上。

四、马属动物病

本节主要介绍了非洲马瘟、马传染性贫血、马流感等 7 种马病及多种马寄生虫病的研究进展。对其病原学、诊断技术进行了针对性研究，开展了多种疾病流行病学调查，以及免疫、消毒、杀虫、卫生管理等防治技术研究。建立了非洲马瘟检测方法，未发现非洲马瘟疫情；完成了马传染性贫血病毒弱毒疫苗致弱过程中基因组的变异规律研究；完成了马流感灭活疫苗（H3N8 亚型，XJ 株）研究的临床试验申报工作；建立了马疱疹病毒 1 型和 8 型重组病毒操作平台、马动脉炎病毒基因组 RNA 和亚基因组 mRNA 的荧光定量检测方法、马腺疫菌株的小鼠感染和免疫保护模型；开展了马圆形线虫和马尖尾线虫线粒体全基因组学分析；完成了蛔虫的核糖体 DNA 内转录间隔区（ITS）及 5.8S DNA 序列的遗传变异分析，以及蛔虫线粒体 COX1 基因片段核酸序列分析；建立了马梨形虫二温式 PCR、套式 PCR、双重 PCR、荧光定量 PCR 及 rELISA 抗体检测方法；建立了马媾疫锥虫荧光定量 PCR 检测方法；制备了马驽巴贝斯虫 BC48 单克隆抗体；完成了银盾革蜱雌蜱、各龄期超微结构的描述及遗传进化分析。

（一）非洲马瘟（African Horse Sickness，AHS）

主要研究机构。中国动物卫生与流行病学中心、山东出入境检验检疫局检验检疫技术中心、中国农业科学院哈尔滨兽医研究所、云南省畜牧兽医科学院等单位。

流行病学。我国境内无感染 AHS 的报道。

病原学。AHS病毒属呼肠孤病毒科环状病毒属。现已知有9个血清型，各型之间没有交互免疫关系，不同型病毒的毒力强弱也不相同。病毒在37℃下可存活37d，而50℃ 3h、60℃ 15min可被灭活。在pH6.0～10之间稳定，在pH3.0时迅速死亡。能被乙醚及0.4% β-丙烯内酯灭活。0.1%福尔马林48h可灭活病毒。另外，石炭酸和碘伏也可灭活病毒。

致病机理。带毒昆虫叮咬动物后，病毒进入体内。病毒主要在肺、脾和淋巴结中复制，病毒存在于马的血液、渗出液、组织液等体液中，大部分吸附着红细胞上。病毒的增殖导致特定组织器官或身体某些部位的血管渗透性增加，引起肺泡、胸膜下和肺间质水肿，有时也出现严重的胸腔积水。

防控技术。建立了AHS病毒RT-LAMP快速检测方法。尚无有效药物治疗。感染区应对未感染马进行免疫接种，如多价苗、单价苗（适用于病毒已定型）、单价灭活苗（仅适用于血清4型）。通过植物制备病毒样颗粒疫苗，研发多价复制缺陷型疫苗、以重组改良安卡拉痘病毒（MVA）为载体表达AHSV VP2蛋白的病毒载体疫苗。我国尚未发现此病，为防止从国外传入，禁止从发病国家输入易感动物。发生可疑病例时，依法采取紧急、强制性的控制和扑灭措施。采样进行病毒鉴定，确诊病原及血清型，扑杀病马及同群马，尸体进行深埋或焚烧销毁处理；采用杀虫剂如高效氯氰菊酯、驱虫剂或筛网捕捉等控制媒介昆虫。

（二）马传染性贫血（Equine Infectious Anemia，EIA）

主要研究机构。中国农业科学院哈尔滨兽医研究所、中国动物卫生流行病学中心等单位。

流行病学。按照农业农村部部署，每年对全国各省份采取主动监测方式进行了EIA的血清学监测，没有发现阳性病例。

病原学。首次对马传染性贫血病毒（Equine infectious anemia virus，EIAV）弱毒疫苗基因组演化过程进行了全面系统的解析，从分子水平揭示了EIAV在"强毒株→弱毒株→疫苗株"致弱过程中基因组的变异规律；完成了EIAV Gag蛋白细胞内的定位和释放机制研究，证实MA蛋白N端前9个氨基酸在Gag细胞内定位和释放中起关键作用。

致病机理。完成了对EIAV感染ELR1和eCyclinT1双转基因小鼠的评估，证明EIAV可感染该转基因小鼠并诱发病理损伤，证实ELR1和eCyclinT1是EIAV体内感染和复制所必需的蛋白。基于PRM技术和生物信息学分析，证明EIAV强弱毒株感染宿主细胞会引起不同的线粒体损伤，同时差异表达蛋白质的生物学功能主要集中在氧化磷酸化、剪切体、RNA黏附等方面；开展了EIAV与宿主天然免疫相互作用研究，发现天然免疫限制因子TRIM5α与固有免疫激活的关联，发现TRIMe7Cyp可以通过与TRIM5α或TRIMCyp结合而竞争性抑制其催化TAK1发生K63泛素化，进而抑制 TRIM5α 和 TRIMCyp 激活固有免疫的活性；使用接头介导的聚合酶链式反应（LM-PCR）扩增 EIAV 驴白细胞弱毒疫苗（EIAV$_{DLV121}$）前病毒整合位点接头序列，成功获得 524 个 EIAV$_{DLV121}$ 在马皮肤细胞基因组整合位点；结合前期获得的 EIAV 驴胎皮肤细胞弱毒疫苗（EIAV$_{FDDV13}$）整合位点综合分析表明，EIAV 前病毒 DNA 高频率地插入 LINEs，而 LINEs 具有影响其附近基因转录及表达的作用，因此，存在 EIAV 前病毒通过插入该区域对自身复制等过程产生反馈性抑制的可能，进而与病毒毒力弱化产生关联；另一方面，一些整合有疫苗弱毒株前病毒的宿主基因参与免疫反应相关生物学过程，是否与其诱导良好的免疫保护有关，也是值得进一步深入探讨的课题。

诊断技术。完成了两株针对 EIAV p26 的单克隆抗体鉴定，其中一株能够识别现存的所有 EIAV 病毒，是一株广谱的单克隆抗体；另一株只能识别中国和日本等亚洲的 EIAV 毒株。因此，应用这两株单克隆抗体的特性，可以进一步研发新的血清学检测技术。马传染性贫血琼脂扩散试剂盒和马传染性贫血阻断 ELISA 抗体检测试剂盒的研发进入规程申报阶段。

疫苗研发。完成了 EIAV 多克隆疫苗株和单克隆疫苗株的免疫保护试验，研究数据佐证了"免疫原多样性在 EIAV 中国疫苗株诱导免疫保护中起关键作用"的科学假设。

（三）马流行性感冒（Equine Influenza，EI）

主要研究机构。中国农业科学院哈尔滨兽医研究所、中国动物卫生与流行病学中心、新疆农业大学、华南农业大学、内蒙古农业大学、广州市动物卫生监督所等单位。

流行病学。对全国不同地区马属动物（马、驴、骡）进行了血清学调查分析，分离获得 4 株 EI 病毒株，并完成遗传变异分析。结果表明，目前我国 EI 流行毒株仍为 H3N8 亚型，与往年流行毒株相比较，基因组未出现明显变异。

病原学。2017 年，从发生流感症状的马和驴分离到 H3N8 亚型病毒，毒株名分别为：A/equine/Wuhan/1/2017，A/donkey/Cangzhou/5/2017。完成了两株病毒的基因测序。

诊断技术。H3N8 亚型病毒血凝抑制抗原和抗体制备已递交临床申请，并经第一轮审议后修回。

疫苗研发。研制了马流感灭活疫苗（H3N8 亚型，XJ 株），完成了临床试验申报材料准备。

（四）马鼻肺炎（Equine Rhinopneumonitis，ER）

主要研究机构。中国农业科学院哈尔滨兽医研究所、中国动物卫生与流行病学中心、新疆农业大学、华南农业大学、广州市动物卫生监督所等单位。

流行病学。在全国范围内进行了 ER 血清学调查，存在一定的血清阳性率。

病原学。完成了 α 马疱疹病毒（Equine rhinopneumonitis virus，ERV）各成员间已知基因序列核苷酸和氨基酸水平的比对分析，绘制了 EHV-8 基因组物理图谱。

致病机理。EHV-1 的转录调控机制被进一步阐明，验证了 UL24 与 UL25 基因间隔序列的生物学功能。确认了 ETIF 作为结构蛋白可调节 UL24 启动子；发现了两个新型的转录体，分别位于 UL24 和 UL24/25 的间隔序列的互补链；明确了 TK 基因启动子的基因组位置及其转录调控谱。建立了 EHV-1/EHV-8 重组病毒操作平台。

诊断技术。建立可实现同时检测 EIV 和 EHV-1 的单管双重一步 EvaGreen 荧光定量 PCR 方法，制备了抗 EHV-1gC 蛋白的单克隆抗体。

（五）马动脉炎（Equine Viral Arthritis，EVA）

主要研究机构。中国农业科学院哈尔滨兽医研究所、中国动物卫生与流行病学中心、新疆农业大学、华南农业大学、广州市动物卫生监督所等单位。

诊断技术。建立了检测病毒基因组 RNA 和亚基因组 mRNA 的荧光定量检测方法；在已有马动脉炎病毒研究的基础上，建立并完善了 EAV 的反向遗传操作系统及报告病毒指示系统，开展了马动脉炎病毒包装信号及转录调控机制的研究。

（六）马腺疫（Equine Strangles）

主要研究机构。中国农业科学院哈尔滨兽医研究所、中国动物卫生与流行病学中心、新疆农业大学、华南农业大学、内蒙古农业大学、广州市动物卫生监督所等单位。

流行病学。对新疆地区马腺疫进行了血清学调查，分离到 1 株马腺疫病菌株。

疫苗研发。完成了马腺疫链球菌菌苗候选株的生物特征研究和纯化，建立了马腺疫菌株的小鼠感染和免疫保护模型，并开始建立马感染模型。

（七）马鼻疽（Glanders）

主要研究机构。中国农业科学院哈尔滨兽医研究所、中国动物卫生流行病学中心、新疆农业大学等单位。

流行病学。对全国各省使用点眼法持续开展了马鼻疽血清学监测，未发现阳性病例。

诊断技术。完成了马鼻疽补体结合反应检测方法的改进。

（八）马寄生虫病

主要研究机构。新疆农业大学、吉林农业大学、中国农业科学院哈尔滨兽医研究所、广州市动物卫生监督所等单位。

1. 马蠕虫病

流行病学。我国的马、骡、驴、斑马等均易感。流行病学调查表明，新疆放牧马和舍饲普氏野马均感染马蠕虫病，其总感染率为 $30\% \sim 98.8\%$，其中马圆形线虫（*Strongylata equinus*）、马副蛔虫（*Parascaris equorum*）感染率分别为 90.9%、66.4%，大多数蠕虫均为混合感染；南疆驴马副蛔虫、马圆形线虫感染率分别为 47%、65%；有关环境卫生、湿度、温度对马圆形线虫、马副蛔虫生长发育的影响研究正在进行中。

病原学。引起新疆马匹消化道机能紊乱和腹痛病的主要寄生虫病原为叶状裸头绦虫（*Anoplocephala perfoliata*）、马副蛔虫（*Parascaris equorum*）、马圆形线虫（*Strongylata equinus*）、马大口柔线虫（*Drascheia megastoma*）、尖尾线虫（*Oxyuris equi*）；其他疫区也有相同病原，其感染强度因不同地区而不同。

诊断技术。主要采用剖检诊断、临床症状诊断，改良的虫卵漂浮法、虫卵计数法、显微镜观察蠕虫卵形态与驱虫效果对比推算克粪便虫卵数（EPG）等；采用染色体步移 PCR 方法扩增马圆形线虫和马尖尾线虫线粒体全基因组并分析，蛔虫的核糖体 DNA 内转录间隔区（ITS）及 5.8S DNA 序列的遗传变异分析，蛔虫线粒体 DNA COX1 基因片段核酸序列分析等方法。

防控技术。采取卫生管理措施（每日清扫、处理马粪），对病马及时驱虫，搞好用具和饲养环境的消毒及杀灭虫卵、幼虫等，是降低马蠕虫感染的有效措施。

2. 马原虫病

流行病学。马梨形虫病在国内（包括新疆、内蒙古、甘肃等）养马、养驴区域呈地方性流行和跨境传播、流行。据调查，新疆马泰勒虫病和驽巴贝斯虫病平均感染率分别为 62%、40%，部分疫区可达 90%，其混合感染率为 16%，10 岁以上马抗体阳性率为 68%（带虫率高），其急性病例死亡率为 $10\% \sim 50\%$；查证的地方媒介蜱种为革蜱属的优势蜱种群，其平均染蜱率为 46%；内蒙古森林革蜱源性马驽巴贝斯虫感染率为 9%；吉林省马驽巴贝斯虫感染率为 21.18%；广州、深圳舍饲马的马泰勒虫和马驽巴贝斯虫抗体阳性率平均分别为 13%、4%；贵州矮马、伊犁马及西南马 3 种马群马泰勒虫感染率分别为 76%、73%、33%。

病原学。新疆、内蒙古、甘肃等地常发马血液和生殖道原虫病的病原主要是马驽巴贝斯虫（*Babesia caballi*）、马泰勒虫（*Theileria equi*）、伊氏锥虫（*Trypanosomia evansi*）、马媾疫锥虫（*Trypanosomia equiperdum*）等，已验证当地携带马梨形虫的媒介蜱为银盾革蜱（*D. niveus*）、森林革蜱（*D. silvarum*）、草原革蜱（*D. nuttalli*）、边缘革蜱（*D. marginatus*）及丹氏血蜱（*H. danieli*）；广州周围马梨形虫的媒介蜱为血红扇头蜱（*R. sanguineus*）、囊形扇头蜱（*R. Bursa*）；已分离伊犁马源性泰勒虫流行虫株 2 株，银盾蜱源性泰勒虫 1 株，相关病原库的建立正在进行中。

诊断技术。马泰勒虫二温式 PCR、套式 PCR、马梨形虫双重 PCR、荧光定量 PCR、马媾疫锥虫 SYBR Green I 荧光定量 PCR 检测方法及马梨形虫病重组酶联免疫吸附试验（rELISA）抗体检测方法等新型检测技术在实验室研发和部分应用阶段；制备了马驽巴贝斯虫 BC48 单克隆抗体，为 cELISA 快速检测方法的建立奠定基础。对流行虫株全基因组测序、靶蛋白功能研究等在进行中；已建立了马泰勒虫伊犁流行株的实验动物（小鼠/兔）模型，为胞内流行原虫的体外培养及入侵机制研究奠定了基础。

防控技术。国内尚无商品化诊断试剂盒、疫苗，并缺乏新的抗原虫药物。根据国内马主产区的原虫、生物媒介种类及流行特点，发病季节在疫区同时应用抗血液原虫药和灭蜱药的"双防"办法，对病原采取早诊断（推广应用所建立的新型诊断技术）、早治疗，随地因病进行计划性驱虫，杀灭马体表和马厩的媒介蜱以及避开媒介蜱放牧等，是重要防治方法。该综合防治措施已在流行区推广应用。

3. 马外寄生虫病

病原学。引起马外寄生虫病的主要病原为肠胃蝇（*G. intestinalis*）、鼻胃蝇（*G. nasalis*）、红尾胃蝇（*G. haemorrhoidalis*）、黑角胃蝇（*G. nigricornis*），革蜱属（*Dermacentor*）、血蜱属（*Haemaphysalis*）、扇头蜱属（*Rhipicephalus*）、璃眼蜱属（*Hyalomma*），疥螨科（Sarcoptidae）。

流行病学。国内马、驴、骡及斑马均可感染马胃蝇蛆病、马蜱病、马疥癣等外寄生虫病。伊犁马、焉耆马、普氏野马及南疆驴的胃蝇蛆感染率为 20%～100%，死亡率为 5%；青藏地区马胃蝇蛆感染率在调查的马属动物中均为 100%；内蒙古地区马感染胃蝇蛆病比率依次是肠胃蝇（53.04%）、鼻胃蝇（24.00%）、红尾胃蝇（10.61%）、黑腹胃蝇（6.96%）、黑角胃蝇（3.13%）和裸节胃蝇（2.26%），总感染率为 80%。新疆硬蜱种类有 6 属 50 余种，其中侵袭马属动物的主要是革蜱类约 50%、血蜱类约 30%、扇头蜱类约 15%、璃眼蜱类约 5%，马梨形虫媒介蜱为 10%～100%。马疥癣感染率为 10%～30%。

诊断技术。通过形态学（显微和超微结构）及分子生物学鉴定方法对分离于新疆地区的蜱、马鼻胃蝇蛆、肠胃蝇蛆、兽胃蝇蛆、红尾胃蝇蛆及其各龄期蝇蛆进行了扫描电镜（超微结构）观察，并进行系统进化分析；完成了银盾革蜱雌蜱、各龄期超微结构的描述及遗传进化分析；银盾革蜱宏基因组测序工作正在进行中。

防控技术。筛选适合马属动物的驱虫药物，马体表吸血昆虫的洗刷、药浴技术等研究工作正在进行中。家马使用伊维菌素肌内注射可预防、驱除硬蜱；使用伊维速克（伊维菌素制剂）对普氏野马进行入冬前驱虫具有有明显效果；妥善处理粪便，体表清创、消毒杀虫；注意马厩及其饲养环境中蜱、螨及蝇的杀灭等。

五、禽病

本节主要介绍了禽流感、新城疫等12种禽病的研究进展。近年来，持续开展高致病性禽流感流行病学监测，依据病毒变异情况及时更新疫苗种毒，DNA疫苗和载体疫苗研究获得突破性进展，为高致病性禽流感防控提供了有力保障；新城疫病毒分离率呈下降趋势，针对新变异毒株研制了新型疫苗；建立了较为完备的鸡传染性支气管炎病毒库、血清库和基因数据库；研制了以鸡痘病毒或马立克氏病病毒为载体的重组鸡传染性喉气管炎基因工程疫苗，证实具有良好的安全性和免疫保护效果；法氏囊病、马立克氏病等禽类免疫抑制病的致病机制研究取得重要进展，并利用反向遗传操作技术构建了多种有效的基因工程疫苗；禽白血病净化工作取得重要进展，部分企业通过禽白血病净化示范场认证；针对鸭坦布苏病毒病和鸭疫里默氏杆菌病等水禽疫病，建立了系列诊断方法，并开发了多种疫苗；针对鸡毒支原体病、鸡大肝大脾病和鸡心包积液综合征等，建立了有效的检测方法；研制了腺病毒灭活疫苗和联苗等生物制品，有效控制了此类疾病的大面积流行。

（一）禽流感（Avian Influenza，AI）

主要研究机构。中国农业科学院哈尔滨兽医研究所、扬州大学、华南农业大学、中国农业大学、中国动物卫生与流行病学中心、中国动物疫病预防控制中心等单位。

流行病学。2015—2017年，我国H5亚型高致病性禽流感（HPAI）总体形势平稳，未出现大面积暴发疫情，但局部地区仍有散发。2015年10个省（直辖市、自治区）共报道16起H5亚型HPAI疫情，其中8起由2.3.4.4分支H5亚型AI病毒引起（6起H5N6亚型，2起H5N2亚型）；8起由2.3.2.1分支H5N1亚型AI病毒引起。2016年9个省份共报道10起H5亚型HPAI疫情，其中8起由2.3.4.4分支H5亚型引起（6起H5N6亚型，2起H5N2亚型）；1起由2.3.2.1分支H5N1亚型引起。2017年5个省份共报道6起H5亚型HPAI疫情，其中4起H5N6亚型（病毒属于2.3.4.4分支），1起由2.3.2.1分支H5N1亚型引起，1起由2.3.4.4分支H5N8亚型引起。

2015—2016年，家禽群体中分离到的H7N9病毒均属于低致病性，全部来自活禽市场，分布于湖南、江西、广东、福建、江苏、上海、安徽和浙江8个省（直辖市）。2017年1月，国家禽流感参考实验室在我国广东省家禽样本中首次监测到HPAI H7N9病毒。截至2017年12月31日，我国发生9起高致病性H7N9亚型流感疫情，8起发生于蛋鸡，1起发生于肉鸡。

除 H5 和 H7 亚型外，病原学监测数据表明，2015—2017 年现地存在的 AI 病毒，还有 H1、H2、H3、H4、H6、H9、H10、H11 和 H12 等亚型。分离的 H9N2 病毒占多数，均具有低致病性禽流感（LPAI）病毒分子的特征，基因组分析显示，这些病毒都属于 S 基因型。

病原学。 对 H5 亚型病毒进行了 HA 基因序列测定和遗传演化分析，结果表明，2015—2016 年分离到的 H5 亚型病毒主要属于 2.3.4.4 和 2.3.2.1 分支，其中 2.3.4.4 分支病毒在 19 个省份分离到，以 H5N6 为主；2.3.2.1 分支病毒在 8 个省份分离到，以 H5N1 和 H5N2 为主。2017 年病毒分化更加明显，H5 亚型 HPAIV 主要为 2.3.4.4 分支的 H5N6 病毒，2.3.2.1 分支的 H5N1 病毒仅仅在部分地区检测到。没有监测到 7.2 分支病毒。

2015—2016 年，市场内分离的 H7N9 亚型病毒均为低致病性毒株，与 2013—2014 年流行的 H7N9 亚型病毒高度相似。2017 年家禽 H7N9 亚型流感呈现高致病性和低致病性毒株同时流行的态势，形成以低致病性毒株分布广泛，污染面积大，高致病性毒株数月内从南至北传播，传播速度快。2017 上半年，H7N9 毒株分布极其广泛，活禽交易市场（主要是农贸市场）仍是 H7N9 病毒污染最严重的环节，相关的运输和销售等增加了该病的传播扩散风险。2017 年 9 月份，国家启动 H7N9 免疫策略，病毒分离量较上半年下降了 95.5%，家禽免疫有效阻止了 H7N9 病毒在家禽中的复制，进而极大地降低了人的感染风险，使 9 月后 H7N9 感染人数较 2017 年上半年下降了 99% 以上，表明家禽 H7N9 免疫取得了预期的良好效果。值得重视的是，2017 年 4 月份在福建省的鸭中首次监测到一种新型高致病性 H7N9 病毒，9 月份和 12 月份两次在该省活禽市场的水禽中检测到这类病毒。该病毒表面基因与高致病性 H7N9 病毒相似，但内部基因均来自于野鸟或水禽流感病毒，可在鸭体内全身复制，并引起感染鸭发病和死亡。

H9N2 病毒在我国家禽中优势流行株是 S（G57）基因型。H9N2 AIV 特别是 S 基因型病毒可以作为包括 H5N1、H7N9 和 H10N8 在内的新型人类禽流感病毒的基因供体，通过基因组重配产生能够引起人类严重感染的病毒，严重威胁着公共卫生安全。研究表明，最近分离的 H9N2 病毒具有气溶胶传播特性，这有助于病毒与哺乳动物受体相结合，使得病毒具有跨物种传播的潜力。

致病机理。 系统解析 H7N9 流感病毒致病机理。自 2013 年 H7N9 流感疫情发生以来，经过近 4 年的系统监测，从二十多个省的活禽市场、家禽养殖场和屠宰厂共采集 11 万多份样品，分离到 293 株 H7N9 流感病毒。基因组解析发现这些病毒频繁重组，共形成 23 种不同基因型，其中 7 个基因型仅在鸭群中监测到，各基因进化上与来源于 2013 年 H7N9 的其他 16 个基因型不同。所分离到的 293 株 H7N9 流感病毒中，90% 以上的毒株 HA 蛋白具有 186V 及 226L 分子特征，提示其具有人源受体结合特性。2017 年 1 月在广东分离的 7 株 H7N9 病毒在血凝素基因（HA）裂解位点发生多个氨基酸插入。动物实验发现，这类突变毒株对鸡呈高致病性，对小鼠和雪貂无致病力，但在雪貂体内复制一代后，PB2 蛋白即可获得适应哺乳动物的关键突变 627K 或 701N，突变后的毒株对小鼠的致病力增加万倍以上，可引起雪貂严重发病、死亡，并且可以在雪貂之间经呼吸道飞沫传播。尤其值得关注的是，这种 HA 蛋白裂解位点具有多个碱性氨基酸插入，且 PB2 蛋白具有 627K 突变的病毒已经在 H7N9 病毒感染患者中检测到，更加凸显了该病毒的公共卫生意义。

H5N1 病毒致病机理研究取得新进展。研究发现，H5N1 病毒聚合酶 PB2 基因 $F404L$ 的突变，提高了聚合酶的活性，增加了 H9N2 病毒在鼠体内复制能力和致病性，从而增加了 H5N1 和 2009 年大流行性 H1N1 流感病毒的致病性，这是新发现的影响 H5N1 病毒致病力的分子标记。H5N1 病毒聚合酶 PB1 蛋白 622 位的天冬氨酸突变为甘氨酸后可显著提高其与病毒 RNA 的结合能力，从而使病毒自身的聚合酶活性提高，增强 H5N1 病毒对小鼠的致病力 1 000 倍以上。该研究结果增加了人类对 H5 亚型流感病毒对哺乳动物的致病分子机制的认识。2017 年新发现一株 H5 亚型病毒 HA 蛋白 158 位发生 G158N 突变后获得了一个新的糖基化位点，该位点的糖基化可以提高病毒感染细胞后的复制能力和炎症反应，增强病毒对哺乳动物小鼠的致病力。

对 7.2 分支 H5N1 病毒在疫苗应用过程中的进化特性进行了系统研究。这一分支病毒于 2006 年在我国的鸡群中出现，针对该分支病毒的疫苗也于当年开始应用。2011—2014 年分离到的 7 株 7.2 分支病毒，在进化上形成 4 个不同的基因型，与 2006 年分离的早期毒株比较，所有病毒均发生了显著的抗原变异，但这些病毒仍然保持了早期分离株的致病力和禽类受体结合特性，即仅对鸡呈高致病性、不感染鸭，仅结合禽类细胞表面 α-2,3-唾液酸受体，仅能在小鼠呼吸道内复制，而且高剂量感染也不能致死小鼠。研究证实，疫苗免疫在自然界不能迅速根除 H5N1 病毒，但也不能使 H5N1 病毒变得更危险。

开展了 H5N1 高致病性禽流感辅助蛋白 PA-X 的研究工作。研究发现，在小鼠和禽类中，PA-X 表达的缺失可增加 H5N1 病毒的致病性和病毒复制，并改变了宿主先天免疫和细胞死亡反应。这是第一次在禽流感病毒的 H5N1 型病毒的发病机制中描述 PA-X 蛋白的作用，有助于我们对 H5N1 型 HPAIV 的致病机制的理解。

其他亚型流感病毒发病机理研究新进展。鸭中携带的 H4 亚型流感病毒可同时结合人类细胞表面 α 型流感病毒唾液酸受体和禽类细胞表面 α 叶酸受体和唾液酸受体，不需适应均可以在小鼠的呼吸器官复制，部分病毒可在哺乳动物模型豚鼠间高效直接接触传播，甚至具有在豚鼠间经呼吸道飞沫传播能力。突变分析表明，病毒 HA 蛋白 193 位的天冬酰胺对其识别人类细胞受体发挥重要作用。

H6 亚型禽流感病毒 HA 蛋白上 226L 的突变，可以改变其受体结合特性，突变病毒主要结合人源受体，突变病毒在豚鼠模型上具有呼吸道飞沫传播能力，进一步揭示了 H6 亚型 AI 病毒对公共卫生安全的潜在威胁。

H9N2 病毒在各个基因片段都发生了多个氨基酸位点的变异，包括 *HA* 基因 Q226L 的突变，*PB2* 基因 I293V、T598V 和 L648V 的突变，*PA* 基因 K356R 的突变等。这些适应性的突变可能有助于增强病毒聚合酶活性，使病毒在新宿主中能够有效复制。

欧亚类禽型 H1N1 猪流感病毒 GX/18 病毒可在豚鼠间经呼吸道飞沫高效传播，而遗传背景接近的 HLJ/27 病毒则不具备在豚鼠间经呼吸道飞沫传播能力。深入研究发现，GX/18 病毒血凝素蛋白 225 位为谷氨酸（E），HLJ/27 病毒该位点为甘氨酸（G），而 G225E 突变可以通过提高病毒的包装和出芽效率促进病毒复制，赋予病毒在豚鼠之间经呼吸道飞沫传播的能力，即 HA 蛋白 225E 在决定欧亚类禽型 H1N1 猪流感病毒传播能力方面发挥重要作用。

诊断技术。对 H5 亚型 AI 病毒荧光 RT-PCR 引物和探针与当前流行毒株序列的匹配度进行了分析，结果发现上下游引物的 3′ 端序列与流行毒株依然匹配有效，探针区域存在几个单点核苷酸的差异，根据这些差异点进行了局部调整。调整后的 H5 亚型禽流感病毒荧光 RT-PCR 检测体系，在实验室内用不同分支的病毒作为阳性对照样品，均能得到预期结果。

针对 H7N9 亚型流感病毒 HA 裂解位点出现多个碱性氨基酸插入，突变为高致病病毒的现象，开展了荧光 RT-PCR 检测方法的研究；根据新出现高致病性 H7N9 流感病毒 HA 基因裂解位点核苷酸序列，设计并合成 3 组引物，筛选出一组理想的引物探针，建立了荧光 RT-PCR 检测方法。用 H1～H15 亚型禽流感病毒和低致病力 H7N9 病毒评价了该方法特异性，结果显示高致病性 H7N9 病毒可以在 FAM 通道获得荧光信号，其他亚型禽流感病毒和低致病性 H7N9 病毒均无荧光信号。用系列稀释的新发现高致病性 H7N9 病毒 RNA 评价该方法敏感性，结果表明，该方法具有快速、特异和敏感的特点，可用于鉴别检测新出现 H7N9 高致病性流感病毒。

基于 H9N2 禽流感病毒的血凝素（HA）蛋白特异性单克隆抗体，建立了一种检测 H9N2 亚型 AI 病毒抗体的阻断酶联免疫吸附试验（bELISA），通过对 H3、H4、H5、H7 和 H10 禽流感病毒和其他禽类病毒血清进行测试，表明 bELISA 具有良好的特异性，是用于检测 H9N2 亚型 AI 病毒特定抗体的一种高通量、快速、灵敏和特异的方法。

建立了 H5、H7、H9 多重实时荧光 RT-PCR 检测方法。建立的检测新型 H7N9 流感病毒的荧光定量方法使用了 Taqman-LNA 型探针，阳性符合率达到 99%。建立了 H3N2、H3N8、H3 与 H4 亚型 AI 病毒联合检测的荧光定量方法。研制出禽流感与新城疫病毒的荧光定量 RT-PCR 鉴别检测方法。

疫苗研发。以重组禽流感病毒 Re-6 株为种毒的系列灭活疫苗需要进行疫苗种毒更新，重组禽流感病毒 Re-8 株系列灭活疫苗可继续作为 H5 亚型 2.3.4.4 分支病毒的防控疫苗。评估实验结果表明，重组禽流感病毒灭活疫苗（H5N1 亚型，Re-6 株）对 2011—2015 年中国、韩国等地分离的 4 株 2.3.2.1 分支分离株攻击均能提供良好的免疫保护，但对于 H5 亚型 2.3.4.4 分支和 7.2 分支病毒的攻击不能提供 100％ 的免疫保护，然而 2015 年以来我国监测到的 2.3.2e 新分支病毒不断增多，Re-6 株疫苗对其攻击不能提供完全的免疫保护，因此需要进行疫苗种毒的更新；重组禽流感病毒灭活疫苗（H5N1 亚型，Re-8 株）对不同 NA（N1、N2、N6、N8）亚型 2.3.4.4 病毒攻击均能够提供良好的免疫保护效果，但对 2.3.2.1 分支病毒不能提供完全的免疫保护，同时该疫苗对 2016 年引发多起疫情的 H5N6 亚型禽流感病毒攻击也能够提供完全的免疫保护，因此，可以继续作为针对 H5 亚型 2.3.4.4 分支禽流感病毒的防控疫苗。

研制出 H5＋H7 二价灭活疫苗，用于我国 H5 亚型和 H7 亚型流感防控。2017 年初，我国出现 H7N9 亚型流感高致病力突变株，截至 2017 年 8 月已在我国 8 个省份引起 9 起家禽疫情。鉴于 H5 亚型和 H7 亚型流感对我国养禽业的危害和重要的公共卫生意义，国家禽流感参考实验室在已构建的重组禽流感病毒 H5N1 亚型 Re-8 株和 H7N9 亚型 H7-Re1 株疫苗种毒基础上，研制出重组禽流感病毒（H5＋H7）二价灭活疫苗（H5N1 Re-8 株＋H7N9 H7-Re1 株），于 2017 年 6 月通过了新兽药评审，获得了相应制造及检验试行规程和质量标准（农业部 2541 号公告），并由 10 家全国高致病性定点生产企业生产，全面应用于我国秋季高致病性禽流感防控。DNA 疫苗和载体疫苗研究获得突破性进展。H5 亚型禽流感 DNA 疫苗本年度通过复核检验和新兽药复审，禽流感重组鸭瘟病毒载体活疫苗（H5 亚型，rDEVus78Ha 株）获得临床试验批件（2016015），表达 H5N1 亚型禽流感病毒 HA 基因的重组火鸡疱疹病毒获得国家发明专利。

细胞培养生产灭活疫苗工艺取得重要进展。重组禽流感病毒 H5 亚型二价灭活疫苗（细胞源，Re-6 株＋Re-4 株）获得新兽药证书［(2016) 新兽药证字 27 号］，重组禽流感病毒 H5 亚型二价灭活疫苗（细胞源，Re-6 株＋Re-8 株）和重组禽流感病毒 H5 亚型三价灭活疫苗（细胞源，Re-6 株＋Re-7 株＋Re-8 株）获得相应规程及质量标准（农业部公告第 2370 号），并已经开始应用。

禽流感多联疫苗的研究也取得重要进展，新城疫、传染性支气管炎、禽流感（Re-9 株）三联灭活疫苗（La Sota 株＋M41 株＋Re-9 株）获得新兽药证书［(2015) 新兽药证字 52 号］，并在全国范围内应用。

防控技术。依据每年动物疫情监测计划持续开展 H5、H7 亚型禽流感监测工作，根据监测结果，及时更新疫苗种毒株，调整免疫实施方案；依据早期发布的 H7N9

剔除计划持续开展 H7N9 流感病毒的控制和消灭工作；结合当前禽流感的流行态势，发布了《国家高致病性禽流感防治计划》（2016—2020 年）。针对现地禽流感疫苗免疫频率过高的普遍现象，提出科学免疫减负理念，建议养殖企业依据抗体监测数据适当减少免疫次数。开展了流感病毒核酸标准物质和抗原与血清标准物质的研究和实验室之间、检测人员之间的技术培训、技能比对工作，全面提高禽流感诊断能力。高致病性禽流感免疫无疫区和无疫小区建设工作取得突破性进展。

（二）新城疫（Newcastle Disease，ND）

主要研究机构。中国动物卫生与流行病学中心、扬州大学、华南农业大学、中国农业大学、吉林大学、中国农业科学院上海兽医研究所等单位。

流行病学。持续的监测表明，ND 强毒在家禽中分离率呈下降趋势。分离到的病毒具有多样性，Ⅰ类和Ⅱ类病毒共存。Ⅰ类病毒主要为基因 3 型，Ⅱ类病毒主要包括基因Ⅰ、Ⅱ、Ⅵ、Ⅶ 4 个基因型。值得关注的是个别省份出现了新型Ⅰ类 ND 病毒，与北美分离株高度同源。此外，2011 年新传入我国的基因Ⅶh 亚型病毒依然在我国南方个别省份流行，推测该亚型毒株可能在家禽中形成稳定遗传谱系。基因Ⅵ型病毒主要在鸽群中流行，而基因Ⅶ型则主要在鸡、鸭、鹅等家禽中流行。

病原学。主要开展了病毒基因组学和免疫学研究。通过基因组序列分析，发现基因Ⅵ型鸽源 ND 病毒具有遗传多样性，F、HN 蛋白功能区出现氨基酸变异，且与 LaSota 抗原性差异显著。分离到与北美分离株同源性较高的新型Ⅰ类 ND 病毒，病毒 HN 蛋白抗原表位有多处氨基酸变异。利用 NDV 病毒样颗粒模拟病毒感染，探讨 NDV 黏膜免疫机制，研究成果填补了 VLPs 激活天然免疫应答研究领域空白。

致病机理。研究发现 HN 蛋白可影响 NDV 的毒力、复制能力、组织嗜性等相关生物学活性。HN 蛋白 E347K 突变可改变 NDV 抗原性，并增强病毒在鸡体内的复制能力，延长排毒时间。聚合酶相关蛋白可影响 NDV 毒力，其中，L 蛋白对病毒毒力影响最大，NP 蛋白 G402A 突变可提高病毒感染早期 mRNA 转录水平，增强病毒毒力。NDV 感染早期可短暂激活 PI3K/Akt 信号通路，抑制细胞凋亡，促进病毒复制。靶向调节宿主细胞中 RKIP 的表达可明显影响 NDV 的感染，宿主细胞 S1PR1 在 NDV 感染中也具有免疫调节作用。研究发现，在感染晚期，NDV 能够诱导外源性和内源性细胞凋亡。

诊断技术。建立了基于焦磷酸测序的 NDV 强弱毒鉴别诊断技术、流行毒株的荧光 RT-PCR 等新型诊断技术，大大提高了疫病的诊断水平。

疫苗研发。成功研制出重组Ⅶ型 ND 弱毒活疫苗，该疫苗稳定性好、安全性高。成功研制出新城疫-禽流感（H9N2 亚型）二联灭活疫苗、新城疫 DNA 疫苗。在 NDV 病毒样颗粒疫苗、鹅源新城疫病毒重组疫苗等方面也开展了研究。

防控技术。集成在流行病学、诊断、监测和免疫等方面的研究成果，建立了新城疫综合防控技术体系，并在多个规模化养殖场进行了示范推广。

（三）鸡传染性支气管炎（Avian Infectious Bronchitis，IB）

主要研究机构。中国农业科学院哈尔滨兽医研究所、四川大学、浙江大学等单位。

流行病学。在中国禽类 IBV 流行病学调查中，不但从发病鸡中分离到大量的 IBV，而且从孔雀、水鸭和鸽子等禽类中分离到 IBV。对世界 IBV 分离株致病性研究表明，IBV 可以分为主要引起呼吸系统病变的"呼吸型"、主要引起肾脏病变（如花斑肾）的"肾型"以及引起肠道病变的"肠型"。中国 IBV 的致病型主要是"肾型"，也有部分是"呼吸型"。

已有的研究表明，中国流行的基因型/血清型主要为 LX4 型（QX 样）病毒。但 2009 年中国大陆首次分离到 nrTW Ⅰ型病毒。近年在中国不同地区，尤其是南方养殖场的发病鸡群中，nrTW Ⅰ型 IBV 的分离率逐渐升高，有些省份养殖场中该型病毒的分离率甚至高于 LX4 型。中国大陆流行的 nrTW Ⅰ型病毒与 1992 年首次在中国台湾出现的 TW Ⅰ型不同，大陆 nrTW Ⅰ型病毒是 LX4 型和台湾 TW Ⅰ型病毒之间发生重组，形成的一类重组病毒，这类病毒的 S1 基因来源于 TW Ⅰ型病毒，而其病毒基因组骨架是 LX4 型病毒，因此，命名为 nrTW Ⅰ型。nrTW Ⅰ型与 Mass 型疫苗株 S1 同源性低，免疫保护试验证实该疫苗不能有效防控这类主要流行毒株。此外，中国部分地区出现的"新"型病毒，如 GI-28 和 GI-29 型病毒。目前，我国建立了较为完备的 IBV 病毒库、血清库和基因数据库。

病原学。中国 IBV 分离病毒的 S1 基因编码的氨基酸发生缺失、插入和点突变的积累是造成病毒抗原性、致病型和组织嗜性等发生改变，导致新病毒出现的主要原因。近年中国南方部分地区发病鸡场出现的 GI-28 型病毒是 LX4 型病毒基因组发生点突变的积累而形成的一类"新"基因型/血清型的病毒；而 GI-29 型病毒就是 GX-YL-5 样病毒基因组发生点突变的积累而形成的一类"新"基因型/血清型的病毒。此外，不同基因或基因片段的重组还发生于中国流行毒株之间、流行毒株与疫苗株之间。不同的研究发现，4/91 样和 TW Ⅰ样病毒与中国流行毒株之间的重组形成的重组病毒分离率较高。

致病机理。大量实验证实，IBV S1 基因发生点突变的积累和不同病毒之间的重组是导致病毒在不同宿主系统中适应的原因。对 IBV 多对亲本强毒株和其鸡胚适应致弱株的基因组序列测序和分析结果表明，病毒致病性降低可能与编码病毒复制酶基因，尤其是非结构蛋白 3（NSP3）基因的改变有关，而与 S 基因关系不大。

诊断技术。荧光 RT-PCR 检测技术以及基于病毒分离的多种 RT-PCR 在实验室广泛应用。但目前国内尚未研制出商品化的 ELISA 抗体检测试剂盒。

疫苗研发。国内 IB 防控仍主要依赖于活疫苗的使用。近年来 LDT3-A 疫苗越来越多地应用于 IBV 的防控中。总体来说，中国 IBV 的基因型/血清型多，特定地区病毒流行病学背景不明，病毒流行情况复杂，在许多养殖企业，流行毒株与疫苗株血清学不匹配，从而导致疫苗免疫不能完全抵抗流行毒株的情况时有发生。因此，病毒的检测和监测以及选择与流行病毒基因型/血清型相匹配的疫苗株对于成功防控 IB 具有重要意义。

防控技术。根据监测和流行病毒调查结果，结合鸡群生理规律、抗体产生规律及疾病发生规律，选择血清型匹配的疫苗，优化免疫程序，加强生物安全等综合防控措施，可降低 IBV 的感染率。

（四）鸡传染性喉气管炎（Avian Infectious Laryngotracheitis，ILT）

主要研究机构。扬州大学和中国农业科学院哈尔滨兽医研究所等单位。

流行病学。该病主要发生在成年鸡群。在新发地区，该病表现严重的临床症状，病死率可达 70%；在老疫区，该病常呈散发或温和流行。目前广东、黑龙江、辽宁和江西等地有 ILT 散发。

病原学。鸡传染性喉气管炎病毒（ILTV）只有一个血清型，但是不同毒株在致病性和抗原性上具有差异。与我国早期分离的 WG 株及组织培养源（TCO）弱毒疫苗株相比，新分离的 ILTV 毒株和鸡胚培养源（CEO）弱毒疫苗株在 ICP4 基因的 $272\sim283nt$ 部位均存在 12 个碱基的缺失。遗传进化分析显示，我国近年的 ILTV 分离毒株与 CEO 疫苗株的遗传关系较近，处于同一个大分支；而与 TCO 疫苗株及 WG 株的遗传距离相对较远，处于不同分支。

致病机理。ILTV 为泛嗜性病毒，感染鸡的多个组织器官中均可检测到病毒，咽喉、气管、结膜、窦、气囊和肺等组织中载量通常较高。由于病毒复制通常是细胞裂解性的，因此可导致上皮细胞严重损伤和出血。病毒可以从气管外传递到三叉神经节，在中枢神经系统中建立潜伏感染。在鸡受到应激时，潜伏感染的病毒活化，进一步复制和扩散，表现出临床症状。

诊断技术。分子生物学方法，包括 PCR 产物酶切片段长度多态性（PCR-RFLP）分析和 DNA 测序，可以用来区分疫苗株和田间流行毒株。建立的快速、特异、敏感的实时荧光定量 PCR 诊断方法，适用于 ILTV 的早期临床检测和流行病学调查。

疫苗研发。国内现有 ILT 疫苗主要为弱毒疫苗，且为 CEO 源弱毒疫苗，国外 ILT 疫苗有 CEO 疫苗和 TCO 疫苗。国内成功研发出以鸡痘病毒或马立克氏病毒为载体，表达 ILTV 主要保护性抗原 gB、gD 和 gE 的基因工程疫苗，具有良好的安全性和免疫保护效果。

防控技术。目前，ILT 的预防主要依赖于疫苗接种。由于病毒具有潜伏感染的特性，疫苗株在鸡群中持续存在并经鸡体传代导致病毒毒力增强，也可引起易感鸡群发病，因此在没有 ILT 流行的地区不宜使用弱毒疫苗。以鸡痘病毒或马立克氏病毒为载体的重组 ILTV 基因工程疫苗可提供良好的免疫保护。

（五）传染性法氏囊病（Infectious Bursal Disease，IBD）

主要研究机构。中国农业科学院哈尔滨兽医研究所、中国农业大学、南京农业大学等单位。

流行病学。我国 IBD 的流行、临床表现及实验室确诊结果表明，导致临床发病的毒株主要为致死性的超强毒。此外，也存在变异株导致较大日龄的鸡发病的情况。各地典型的传染性法氏囊病虽然时常发生，但已逐渐趋于缓和，取而代之的是非典型病例逐年增多，给临床诊断和防治带来困难。其原因在于病毒基因组的不同步进化和基因重配的多样性，导致不同类型的节段重配，出现了弱 A 强 B 型、强 A 弱 B 型两个节段的组合类型。而且，IBDV 感染的宿主范围逐步扩大，地方品种鸡发病的报道越来越多，应引起足够的重视。

病原学。继续推动 IBDV 强、弱毒的结构差异研究，进一步解析强、弱毒结构及基因组的精细差异，揭示 IBDV 强、弱毒侵染差异的结构基础。

致病机理。重点研究了 IBDV 侵染过程中与宿主相互作用的机制。宿主蛋白 HSP90AA1 通过与 VP2 蛋白互作识别 IBDV，作用于 AKT-mTOR 通路进而诱导细胞自噬，抵抗早期感染。进一步的研究揭示了 IBDV 利用宿主细胞完成病毒生命周期的新机制。研究证明，IBDV 感染能够诱导宿主细胞发生自噬。诱导细胞自噬能促进病毒复制，而抑制自噬则降低病毒复制。进一步的研究发现，IBDV 感染能够诱导自噬体与内体系统的囊泡发生融合，从而形成自噬囊泡。这类自噬囊泡的酸性环境并未发挥其降解内容物的功能，反而被 IBDV 所利用，从而促进病毒蛋白的成熟。而且，病毒粒子被自噬囊泡所包裹，利用膜融合的机制促进病毒的释放，利于大量的子代病毒通过细胞到细胞的方式进行新一轮的感染。研究完善了 IBDV 新生病毒粒子成熟、释放和再感染的机制。研究发现，IBDV VP5 蛋白可通过与蛋白激酶 C1 受体（RACK1）和电压依赖的阴离子通道 2（VDAC2）互作形成复合物，促进自身增殖。研究发现，IBDV 感染能够利用宿主蛋白 VDAC1，从而利于自身复制。IBDV 的 RNPs 复合体由 VP1、VP3 以及病毒 RNA 组成，是病毒的"复制工厂"。研究证明，VDAC1 与传染性法氏囊病病毒蛋白 VP1、VP3 以及基因组 RNA 存在相互作用，揭示了宿主蛋白 VDAC1 通过增强 RNPs 复合体的稳定性从而促进聚合酶活性进而增强病毒复制的机制，为病原感染过程中新的宿主标识的挖掘提供了理论基础。

诊断技术。病原诊断方面，推广国产诊断试剂盒的临床应用，并结合临床特点及现地使用情况进行试剂盒的升级，同时开发鉴别诊断技术。推动国产诊断试剂的广泛使用。疫苗研发方面，继续推进国产化疫苗的申报与使用。

疫苗研发。基于反向遗传操作技术，构建了与流行毒株抗原性更匹配的 IBD 重组疫苗株，免疫保护效果良好，其中 IBD 新型重组疫苗（rGtHLJVP2）已经获得国家发明专利和农业部转基因安全证书［农基安审字（2012）第 036 号］，目前正在中试，即将开展临床试验。基于活载体系统，以马立克氏病病毒（MDV）血清 1 型弱毒疫苗 814 株为载体，研制了表达 IBDV 保护性抗原 VP2 的重组 MDV 活载体疫苗，免疫后可以对 MDV 和 IBDV 超强毒株的攻毒提供完全保护。目前该疫苗株已经完成中间试验，安全性良好，正在进行环境释放试验。基于酵母发酵平台，研制了 VLP 疫苗。基于益生菌平台，开展了关于锚定 VP2 蛋白的重组益生菌复合疫苗研究。国内研制的鸡传染性法氏囊三价活疫苗（B87＋CA＋CF 株）已获得国家新兽药证书，该疫苗安全、有效，质量稳定，适用于预防鸡传染性法氏囊病。新型疫苗的研制，为高效防控 IBD 提供了坚实的技术储备。

（六）禽白血病（Avian Leukosis，AL）

主要研究机构。中国农业科学院哈尔滨兽医研究所、山东农业大学、扬州大学、华南农业大学等单位。

流行病学。我国鸡群中主要以 A 亚群和 J 亚群禽白血病病毒为主，同时也有新发现的 K 亚群存在。临床病例主要以地方品种鸡群较为常见。与鸡传染性贫血病毒、网状内皮组织增生症病毒等病原混合感染依然是常见现象，加重了感染鸡群的免疫抑制，增加了防控难度。

病原学。我国鸡群中流行的 ALV-J 的囊膜基因和非编码区又出现了新的变异趋势，与 2012 年以前的毒株有差异。新出现的 K 亚群也出现了部分基因的变异。不同亚群禽白血病病毒的重组时有发生，我国鸡群中已有 J 亚群与 E 亚群、C 亚群与 E 亚群、C 亚群与 J 亚群和 B 亚群与 J 亚群重组的报道。

致病机理。研究证明，ALV-J 通过诱导 IL-6 的生成而促进血管内皮生长因子及其受体的表达，促进血管生成，进而有利于其诱导肿瘤的发生。地方品系鸡种发现了禽白血病病毒 *pol* 基因发生缺失的 K 亚群野毒株，证实该基因缺失提高了 K 亚群野毒株的逆转录酶活性和复制能力，并逐步形成新的复制优势。禽白血病病毒复制过程中会将基因组整合到宿主基因组中，而这种整合除与致瘤密切相关，还与细胞增殖和迁移有关。研究证实，宿主 MicroRNAs、长链非编码 RNA（lncRNA）以及一些宿主分子（如 GADD45β、CCCH 型锌指抗病毒蛋白等）与禽白血病病毒复制、致瘤密切相关。

诊断技术。研制了用于从不用样品中检测禽白血病病毒的群特异性抗原 ELISA 检测方法、胶体金检测试纸卡、核酸斑点分子杂交等病原学快速检测技术。部分已经组装了试剂盒并获得了新兽药注册证书，如禽白血病群特异性抗原 ELISA 检测试剂盒。这些试剂盒在我国禽白血病鸡群净化企业已广泛应用，试剂盒的各项指标已达到或优于同类进口试剂盒。

防控技术。禽白血病没有可用的疫苗和有效的治疗措施，主要通过净化措施来防控该病。制定了适合我国鸡群的《种禽场禽白血病监测净化方案》，在以前净化只检测母鸡样品和公鸡精液的基础上，对公鸡血浆和精液开展同步病毒分离进而淘汰阳性公鸡，使净化效率显著提高。经过多轮检测净化，部分大型养殖场已基本达到禽白血病净化标准。另外，通过基因编辑技术，修饰 ALV 感染所需宿主关键蛋白（如病毒细胞受体蛋白），可以降低 ALV 的感染能力，为将来 ALV 的有效防控提供了新的思路与策略。

（七）马立克氏病（Marek's Disease，MD）

主要研究机构。中国农业科学院哈尔滨兽医研究所、山东农业大学、扬州大学、华南农业大学等单位。

流行病学。近几年，MD 呈现上升趋势，表现为持续性的散发流行状态。发病特征呈现多样性，一些实验室确诊的发病鸡群临床上不表现典型的肿瘤症状；发病时间突破以往发生在 2～5 月龄的特征，出现发病时间更早或者更迟现象，甚至发现有 8～15 月龄鸡发病；另外，存在现有疫苗保护不佳的 MDV 流行毒株。发生 MD 的鸡群经常会伴有与禽网状内皮增生症病毒（REV）和鸡传染性贫血病毒（CAV）混合感染现象，这也是 MD 难以有效控制的一个重要因素。

病原学。通过基因组的分子检测证实，MDV 流行毒株自 2000 年左右发生了显著的进化，并处于一个独立的进化分支。毒力逐渐增强，对鸡的致病特点呈现多样化，存在病原的致病力与疫苗的免疫保护能力相背离的毒株，一些毒株表现为"晚毒力"特点。毒株在鸡体内的复制能力、致病能力和致病特征等均发生较大变化。

诊断技术。MD 表现多样性的发病特点，给现地临床诊断带来困难，该病的确诊需要实验室诊断。琼脂扩散试验抗原、抗体检测方法虽然检测敏感性稍差，但检测结果确实，尤其是对 MDV 抗原的检测，可以作为该病的确切诊断依据。基于对 MDV 野毒株与疫苗毒株在 *meq* 基因和 132bpr 重复序列的差异而建立的 PCR 检测方法，可以有效区分野毒株与疫苗株，可以作为有效的 MD 病原学诊断依据。另外，利用 MDV 的荧光定量 PCR 法，可测定鸡体内病毒的感染滴度，也可以对 MD 进行确诊。

疫苗研发。我国普遍使用的 MD 疫苗主要为 MDV 血清 1 型 CVI988 株疫苗、814

株疫苗和血清 3 型的异源疫苗——火鸡疱疹病毒（HVT）-Fc-126 株，以及由 MDV 血清 1 型毒株与 HVT 组成的二价疫苗。MDV 血清 1 型的 CVI988 疫苗和 814 疫苗具有良好的免疫原性，种鸡群和蛋鸡群一般使用这两种疫苗。HVT 疫苗免疫保护力一般，但该疫苗可以冻干，使用方便，多用于大型商品肉鸡群。针对现有 MD 疫苗对某些现地毒株的免疫保护效果不佳的情况，应用基因工程手段构建的 MD 新型基因缺失疫苗，具有更高的免疫效力，其中 SC9-1 株疫苗和 rMDV-MS-Δmeq 株疫苗已有良好的研究进展。利用 MDV 活病毒载体进行了多种病原的表达研究，为新型多联活疫苗的研究奠定了基础。

防控技术。活疫苗免疫是预防和控制 MD 的主要手段。其次，做好养殖鸡群的生物安全工作，避免 MDV 的早期感染、杜绝 REV 和 CAV 等病原的混合感染，也是有效控制我国 MD 的有效措施和手段。

（八）鸡大肝大脾病（Big Liver and Spleen Disease，BLS）

主要研究机构。西北农林科技大学等单位。

流行病学。鸡是禽戊型肝炎病毒（Hepatitis E virus，HEV）唯一已知的自然宿主，但该病毒在实验室成功感染火鸡，证实其可以感染其他禽类。另外，鸭血清中也检测到禽 HEV 特异抗体。对广东、山东和黑龙江 3 个地区的调查发现，健康鸡血清的禽 HEV 抗体阳性率为 28.3%，而表现肝脾肿大鸡的血清阳性率为 43.3%。血清学调查结果显示，禽 HEV 感染在许多国家包括我国已广泛流行。此外，病原学检测发现，临床上禽 HEV 易与 J 亚群禽白血病和禽腺病毒发生混合感染。此外，临床病原检测发现，散养模式鸡群病毒的传播明显高于笼养模式的鸡群。

病原学。禽、人、猪戊型肝炎病毒同属于肝炎病毒属，为无囊膜，单股正链 RNA 病毒，病毒粒子呈二十面体对称，直径为 27～32nm。禽 HEV 的基因组全长约为 6.6kb，比哺乳动物基因组少 600bp 左右，包含 5′帽子、3′PolyA 结构和 3 个开放阅读框（Open reading frame，ORF），分别为 ORF1、ORF2 和 ORF3，并且 ORF3 与 ORF2 部分重叠。其中 ORF2 基因编码的衣壳蛋白包含 6 个主要抗原区 Ⅰ、Ⅱ、Ⅲ、Ⅳ、Ⅴ和Ⅵ，分别位于 389～410、477～492、556～566、583～600、339～389 和 23～85 氨基酸之间。抗原Ⅰ区的 B 细胞抗原表位主要位于 399～410 氨基酸之间，抗原Ⅱ区的主要位于 473～492 氨基酸之间；同时抗原Ⅰ和Ⅴ区含有禽、人和猪戊型肝炎病毒共有的抗原表位，抗原Ⅱ和Ⅵ区含有禽 HEV 特有的抗原表位，抗原Ⅳ区含有禽和人戊型肝炎病毒共有抗原表位。抗原Ⅰ和Ⅴ区刺激机体免疫应答反应产生的抗体是持久的，而抗原Ⅵ区是短暂的。ORF3 基因编码的蛋白也可以刺激机体产生强烈的免疫应答反应，其抗原区主要位于 ORF3 蛋白 C 端 74～87 氨基酸之间。

致病机理。作为一种粪-口途径传播的病毒，禽 HEV 感染鸡可以在胃肠道组织

（包括结肠、直肠、盲肠、空肠、回肠、盲肠扁桃体）中复制，然后通过病毒血症进入肝脏中复制。目前认为禽 HEV 感染鸡只后引起的肝脏和脾脏的损害并不是由于病毒感染导致组织细胞损害引起的，而是由于病毒感染鸡后的免疫病理学损害导致的，但详细的机理还需进一步深入的研究。

疫苗研发。目前，禽 HEV 仍缺乏高效的体外培养体系，严重阻碍该病毒传统疫苗（灭活和弱毒疫苗）的研发。而实验室条件下动物实验发现，原核表达的禽 HEV 全长衣壳蛋白以及 C 端 268 个氨基酸免疫鸡后均能够抵抗病毒感染，似乎可以作为设计病毒基因工程亚单位疫苗的靶蛋白。而病毒的另一个 ORF3 蛋白，免疫鸡后仅能提供部分保护，其保护效果不如衣壳蛋白。

防控技术。临床分子流行病学和血清学检测发现，卫生洁净的环境和严格的消毒措施对抑制本病的传播是有效的。应把检测粪便中禽戊型肝炎病毒 RNA 阳性的鸡严格隔离；新引进的鸡群特别是蛋鸡或国外引进的曾祖代种鸡等必须进行检疫，防止带入本病。

（九）禽腺病毒感染（Fowl Adenovirus Infection）

主要研究机构。扬州大学、山东农业大学、中国农业科学院哈尔滨兽医研究所和中国农业大学等单位。

病原学。禽腺病毒（Fowl adenovirus，FAdV）分别属于腺病毒科中的 3 个属：禽腺病毒属（Aviadenovirus）、腺胸腺病毒属（Atadenovirus）和唾液酸酶病毒属（Siadenovirus）。这三个属又分别称为血清 Ⅰ 群、血清 Ⅱ 群和血清 Ⅲ 群，其中对禽类具有致病性的病毒包括血清 Ⅰ 群的包涵体肝炎病毒，血清 Ⅱ 群的火鸡出血性肠炎病毒（HEV）、雉大理石脾病病毒（MSDV）和鸡大脾病病毒（AASV），以及血清 Ⅲ 群的产蛋下降综合征病毒（EDSV）。血清 Ⅰ 群病毒包括 12 个血清型（FAdV-1～FAdV-7、FAdV-8a、FAdV-8b、FAdV-9～FAdV-11），依据限制性内切酶片段图谱又可将这 12 个血清型归为 A～E 5 个基因型。

流行病学。对我国家禽业造成严重危害的 FAdV 主要是血清 Ⅰ 群和 Ⅲ 群，血清 Ⅰ 群病毒又以 4 型（FAdV-4）、8b 型（FAdV-8b）和 11 型（FAdV-11）毒株为主。FAdV-4 引起鸡的心包积水综合征（HPS），而 FAdV-8b 和 FAdV-11 引起鸡的包涵体肝炎（IBH）。EDSV 则是造成鸡群产蛋大幅下降的常见病原。在传播方式上，FAdV 感染既可水平传播也可垂直传播。

致病机制。大多数 FAdV 在家禽呈隐性感染，只有部分是原发性病原。目前血清 Ⅰ 群病毒作为原发性病原的致病机制尚不完全清楚，在人工感染试验中发现接种途径对疾病发生非常重要。另外，还发现传染性贫血病毒和传染性法氏囊病毒等免疫抑制性因素可与该病毒产生致病协同作用。血清 Ⅲ 群病毒感染后主要在输卵管峡部蛋壳分泌腺部位大量复制，病毒复制引起的明显炎症反应和蛋壳异常有关。

诊断技术。常用检测方法包括病毒分离鉴定、免疫荧光试验、聚合酶链式反应（PCR）等。

疫苗研发。预防血清Ⅰ群FAdV感染的疫苗主要为以流行毒株制备的灭活苗或与新城疫、H9亚型禽流感联合制备的多联灭活苗，通过基因工程制备的亚单位疫苗也显示出良好的免疫保护效果。EDSV通常与新城疫病毒、传染性支气管炎病毒、传染性法氏囊病毒等制备成多联灭活苗，在鸡群开产前使用。

防控技术。该病的主要防控措施是加强生物安全管理和接种疫苗。在发病后可使用特异性血清进行治疗，也可以适当使用抗生素来控制细菌继发感染。

（十）鸡毒支原体病（Mycoplasma Gallisepticum，MG）

主要研究机构。中国农业科学院哈尔滨兽医研究所、中国农业大学、南京农业大学、中国农业科学院上海兽医研究所、华南农业大学、山东农业大学等单位。

流行病学。鸡毒支原体主要感染鸡和火鸡，平均感染率在30%～80%。鸡毒支原体可以感染任何阶段的雏鸡，对15～21日龄的雏鸡最为严重。鸡毒支原体感染鸡群容易激发呼吸道细菌和病毒感染，其中大肠埃希氏菌与鸡毒支原体的协同致病作用极为显著，造成大批死亡。鸡毒支原体可通过气溶胶小滴经空气发生水平传播，也可经卵发生垂直传播将感染传染给下一代，造成鸡毒支原体感染的扩散和难以清除。环境因素，如养殖密度过大通风不畅，养殖场内环境污染，易于诱发暴发性感染。近来发现鸡毒支原体对养禽场周边的野生鸟类也有感染能力，但这些宿主在鸡毒支体流行方面所扮演的角色现在还不清楚。

病原学。鸡毒支原体是目前发现的最小的原核微生物，大小为250～500nm，能通过0.45μm的滤器，没有细胞壁。鸡毒支原体具有一般支原体的形态特征，在显微镜下具有多型性，常呈球状、星状、环状、有的呈现丝状和螺旋状，革兰氏染色为阴性。

致病机理。黏附到宿主细胞是所有支原体致病的前提。由于缺少细胞壁，支原体膜相关蛋白在介导支原体黏附过程中起着重要的作用。鸡毒支原体侵入机体后，通过膜相关蛋白黏附于受体细胞上，主要是呼吸道细胞，激活T、B淋巴细胞增殖，同时激活NK细胞，巨噬细胞和细胞毒性T细胞的溶细胞能力，刺激免疫细胞产生细胞因子，造成组织损伤。鸡毒支原体感染MSB1细胞和HD-1细胞后，发现MSB1细胞中IL-8基因的表达水平显著下调，而HD-1细胞中IL-8和IL-6的表达水平增加，暗示鸡毒支原体的致病性与细胞因子的表达有密切关系。

诊断技术。病原学分离是鸡毒支原体病诊断的金标准，但所需程序复杂，费时，需要新鲜的样品，并且共生的其他支原体生长速度快于鸡毒支原体而使得鸡毒支原体分离率较低。分子生物学诊断能特异灵敏地检测到鸡毒支原体，但由于成本高及需要专业的技术，目前没有大规模应用。血清学检测包括快速血清凝集（RSA）、血凝抑制（HI）和 ELISA 方法。ELISA 是血清学监测鸡毒支原体感染的主要方法，可溶性的特异重组蛋白为鸡毒支原体-ELISA 诊断抗原，可提高检测的特异性。ELISA 检测结果结合临床症状和分离培养可用于确诊鸡毒支原体感染。

疫苗研发。我国目前批准使用的疫苗包括 3 种鸡毒支原体灭活疫苗和 1 种鸡毒支原体活疫苗。灭活苗不能完全阻止鸡毒支原体感染，但安全性高。活疫苗提供的保护优于灭活苗，但存在一些风险，如免疫后的毒力返强和垂直传播等。近些年研究发现，VG 佐剂和蜂胶等免疫佐剂可提高灭活苗的免疫保护效果，提供了鸡毒支原体灭活疫苗改进的新思路。

防控技术。鸡毒支原体病的控制和净化依靠准确的检测、清除感染鸡群和卫生措施。通过清除感染的种鸡群，可阻止鸡毒支原体的水平传播和垂直传播，实现鸡毒支原体病的控制和净化。标准化的生物净化程序也可降低鸡毒支原体水平传播的最小风险。养鸡业发达的国家通过维持无鸡毒支原体病的储备种鸡及无鸡毒支原体病商品种鸡，来维持无鸡毒支原体病的鸡群。当这些措施经济上不可行时，可以利用疫苗免疫和抗生素治疗来防控鸡毒支原体感染。

（十一）鸭坦布苏病毒病（Tembusu Viral Disease，TMUVD）

主要研究机构。中国农业科学院上海兽医研究所、北京农林科学院畜牧兽医研究所、中国农业大学、福建省农业科学院、中国农业科学院哈尔滨兽医研究所等单位。

流行病学。主要危害北京鸭、樱桃谷鸭、麻鸭和鹅等家禽，造成产蛋禽产蛋下降、雏禽的生长迟缓。目前，由于疫苗的使用，TMUVD 主要呈现散发，发生频次明显减少，引起的危害显著下降。但是，该病在不同地区一年四季均有发生，仍然是威胁养禽业的主要传染病。

病原学。序列分析表明，我国近年来分离到的坦布苏病毒与 2010 年以来历年分离到的病毒高度同源，其中核苷酸同源性大于 96.7%，主要抗原蛋白 E 蛋白的氨基酸同源性大于 97.6%，表明虽然坦布苏病毒在流行过程中发生了一定变异，但主要抗原蛋白氨基酸同源性仍然较高。与首株坦布苏病毒分离株相比，近年来分到的毒株的 E 蛋白上发生了 Q156S 和 G181E 两个突变，比较近期蚊源和鸭源病毒时发现，E 蛋白上有六个氨基酸有差异，分别位于第 2、72、89、157、185 和 312 位，这些氨基酸位点可能与坦布苏病毒对鸭的致病性相关。比较鸭源和蚊源坦布苏病毒，发现鸭源坦布苏病毒更容易感染哺乳动物细胞，哺乳动物细胞上形成噬斑比蚊源病毒要快速，病毒滴度达到峰值时间更短，表明鸭源坦布苏病毒对哺乳动物的潜在危害高于蚊源病毒。

诊断技术。在建立了 PCR、套式 PCR 的方法、荧光定量 PCR 方法、RT-LAMP 方法等病原学诊断方法基础上，建立了同时检测 6 种鸭源病毒的多重 PCR 方法。建立了荧光微量中和试验、阻断 ELISA、间接 ELISA 等血清抗体检测方法，其中阻断 ELISA 抗体检测试剂盒已经完成了实验室研制，该试剂盒特异性强，操作简单。但是目前还没有商品化的试剂盒用于病原检测或血清学检测。

疫苗研发。多种疫苗研制工作取得了良好进展，已有一种灭活疫苗和一种弱毒疫苗获得了新兽药证书，其他疫苗处于申报新兽药证书阶段。部分鸭场开始免疫接种，取得了一定的预防效果，但灭活苗需要多次免疫，单次免疫效果不及弱毒疫苗。

（十二）鸭疫里默氏杆菌病（Riemerella Anatipestifer Infection，RAD）

主要研究机构。中国农业科学院上海兽医研究所、四川农业大学、中国农业大学等单位。

流行病学。该病由鸭疫里默氏杆菌引起，广泛存在于我国各地的养鸭场，主要侵害雏鸭，呈现慢性或急性败血性传染病的特征，死亡率 5%～80%不等。对我国养鸭业危害严重的血清型主要有 1 型、2 型和 10 型，主要表现为纤维素心包炎、肝周炎、气囊炎和关节炎等。随着抗生素的不断使用，耐药菌株的分离率逐年增加，分析 2005—2011 年分离的鸭疫里默氏杆菌株的氨基糖苷类抗性基因，发现 95.43%的菌株携带 2～3 个氨基糖苷类抗性基因。

病原学。完成了多株鸭疫里默氏杆菌的全基因组测序，这些菌株包括了强毒菌株、无毒株和广谱抗药毒株，分析表明基因组全长 2.1～2.4Mb，GC 含量 35%，各菌株包含的基因数目 2 000～2 400 个，约含 9 种 rRNA 操纵子，40 种 tRNA 基因。鉴定与鸭疫里默氏杆菌荚膜生物合成、致病性和生物被膜形成相关的 wza 样基因。利用插入突变的方法，筛选获得了 M949_RS01915 等多个与鸭疫里默氏杆菌毒力相关的基因。

诊断技术。在建立 PCR、real-time PCR、LAMP 等快速诊断技术基础上，基于 $DtxR$ 基因建立了 TaqMan 探针 real-time PCR 方法，该方法比传统 PCR 方法敏感 100 倍；利用针对 GroEL 蛋白的单克隆抗体制备了胶体金试纸条来检测鸭疫里默氏杆菌，该方法可用于临床上区分不同细菌的感染。

疫苗研发。成功研制了针对不同血清型的灭活疫苗，包括 1 型的单价灭活苗，1 型和 2 型二价灭活苗，1 型、2 型和 10 型的多价苗等，取得较好的防治效果。

六、犬猫和毛皮动物病

本节介绍了 5 种犬病、1 种猫病、4 种貂病和 1 种狐狸病的研究进展。总体上看，我国兽医科技工作者对犬、猫和毛皮动物传染病的流行特征、致病机理、诊断和疫苗等防控技术研究不断深入，对改善动物福利、维护毛皮动物产业健康发展发挥了重要的支撑作用。

（一）犬瘟热（Canine Distemper）

主要研究机构。中国农业科学院长春兽医研究所、特产研究所、哈尔滨兽医研究所、北京畜牧兽医研究所，吉林大学，中国农业大学，西北农林科技大学，华南农业大学，青岛农业大学，延边大学农学院，东北农业大学，浙江农林大学，河南科技大学等单位。

流行病学。国内流行的犬瘟热病毒（Canine distemper virus，CDV）野毒株主要属于 Asia1 型，同时也发现了疫苗株 America1 型。病毒的感染宿主由犬、狼等犬科动物逐渐扩大到了狐狸、貉、水貂以及大熊猫，并在我国毛皮动物（水貂、狐、貉）养殖区域呈地方性流行。近年来，从山东省中东部地区分离鉴定出水貂源和貉源犬瘟热病毒 5 株，基于 H 基因的 CDV 分子流行病学研究表明，分离株均为亚洲 1 基因型（Asia-1），流行毒株基因组与当前使用的疫苗株的同源性较低（氨基酸 91.9%～92.2%）。克隆了恒河猴源 CDV 毒株的 N、F 基因，进化分析结果显示，与黑龙江狐狸毒株（CDV-FOX-HLJNM）遗传关系较近，与其他分离株遗传关系相对较远，从分子水平证明，引起恒河猴发病的病原体为一株 CDV 野毒株，而非疫苗株。

病原学。分别从狐、水貂、貉子分离获得了 CDV 强毒株，发现 CDV 大部分毒株 H 蛋白出现了 542 位 I→N 和 549 位 Y→H 变异，其中 542 位 I→N 变异导致潜在的 N-糖基化位点数增加到 10 个，549 位 Y→H 变异位于 CDV SLAM 受体结合区域。另外，F 蛋白信号肽区（Fsp）基因变异性也较高。这些可能与近几年犬瘟热不断发生有关。相关研究机构采用稳定表达 SLAM 受体的 Vero 细胞系和 MDCK 细胞系分离了多株不同动物源的 CDV 突变株，CDV 突变株分离率逐年升高。制备了犬瘟热病毒 N、P、F 和 H 结构蛋白的单克隆抗体，并完成了对不同 CDV 毒株抗原性质的鉴定。对感染 CDV 的大熊猫 giant panda/SX/2014 分离株 H 分析表明，与宿主 SLAM 受体结合的关键氨基酸位点 549 位 aa 突变为 His（H），而非犬源分离株 Tyr（Y），猜测该 CDV 株因 H 蛋白 549 Y→H 突变获得了跨种传播能力，且毒力增强，从而引发了此次大熊猫 CDV 的致死性感染。

致病机理。建立了 CDV 对水貂、狐狸、貉的人工感染动物模型；CDV 突变株和经典强毒株人工感染水貂、狐狸、貉试验表明，CDV 突变株对水貂和貉致病性增强。CDV 能够引起机体免疫系统的功能性损伤，造成免疫抑制，继而易继发其他病原的混合感染，使犬瘟热具有较高的死亡率。研究发现，CDV 感染引起的免疫应答与细胞表面 TLRs 有很大关联。

诊断技术。建立了针对 CDV M 基因和 H 基因，鉴别 CDV 野毒株与疫苗株的复合、联合 RT-PCR 检测方法以及 SYBR Green Ⅰ实时荧光定量方法；针对 CDV、水貂肠炎病毒（MEV）和貂阿留申病毒（ADV）三种病毒基因保守区分别设计了3对特异性引物，对 ADV 和 MEV 的 DNA 模板和 CDV 的 RNA 模板进行了多重 PCR 扩增，建立了特异、敏感的多重 PCR 检测方法，可快速地检测 ADV、MEV 和 CDV 单一或混合感染的临床样品；建立了基于真核表达 CDV 的 H 蛋白和 N 蛋白间接 ELISA 检测方法，用于 CDV 抗体监测；制备了可鉴别 CDV 野毒株和疫苗株的单克隆抗体，并开展 CDV 血清学鉴别检测技术研究；建立了 CDV 抗原捕获 ELISA 检测方法。

疫苗研发。目前国内多家单位成功研制了水貂犬瘟热活疫苗，水貂犬瘟热-细小病毒二联活疫苗获得新兽药注册证书；采用杆状病毒表达系统分别拯救表达 CDV M 和 H 蛋白的重组杆状病毒，共感染 Sf9 细胞，获得 CDV VLPs。将包含 CDV VLPs 培养上清与佐剂混合后分别免疫水貂和狐狸，结果表明 CDV VLPs 经两次免疫仍不能诱发水貂和狐狸产生可检测 VNAs 反应。采用微载体培养 CDV，最高滴度可达 $10^{7.8}$ TCID$_{50}$/mL，同时选用甲醛灭活的 CDV 为抗原在小鼠体内评价了灭活 CDV 免疫效果，结果表明灭活的 CDV 可以诱导小鼠产生持久的中和抗体。CDV 甲醛灭活疫苗接种水貂和狐狸证实，可诱导水貂和狐狸产生特异性中和抗体。开展了基于病毒主要保护性抗原的 DNA 疫苗、狂犬病毒为载体表达犬瘟热病毒 H 蛋白的病毒载体疫苗和反向遗传技术改造的犬瘟热病毒疫苗研究。开展了以山羊痘病毒为载体的基因重组活载体疫苗、病毒样颗粒疫苗等新型疫苗研究。

防控技术。CD 的防控目前主要依赖于疫苗接种。我国自主研制水貂、狐狸用犬瘟热活疫苗很大程度降低了 CD 发病率和死亡率。近几年推广使用了水貂病毒性肠炎灭活疫苗作为稀释剂，稀释犬瘟热活疫苗联合免疫技术，取得了较好的效果。开展了单克隆抗体、多克隆抗体、卵黄抗体等被动免疫制剂研究。

（二）犬流感（Canine Influenza）

主要研究机构。中国农业科学院长春兽医研究所、华南农业大学、中国农业大学、北京中海生物科技有限公司等单位。

流行病学。宠物犬群中 H3N2 亚型犬流感病毒（Canine influenza virus，CIV）感染阳性率为 $5\% \sim 10\%$，而流浪犬及畜禽交易市场中犬群的血清阳性情况较为复杂，表现为除 H3N2 亚型 CIV 血清阳性外，H1N1、H5N1、H9N2、H10N8 等亚型也呈现少数血清阳性的情况。

病原学。收集和分离 CIV50 余株，病原学鉴定和研究表明，我国犬群中分离的流感病毒至少有五个亚型，分别为 H3N2、H1N1、H5N1、H5N2、H9N2，其中 H3N2 亚型为主要流行毒株，其他亚型为偶发感染个例。

致病机理。H3N2 亚型 CIV 人工感染犬的实验表明，该病毒能够感染犬，可引起犬出现咳嗽、流涕、体温上升、食欲不振、精神萎靡等症状，剖检可见轻度至中度肺炎，感染后 1 周内可从鼻腔排毒，并通过接触传播感染同居阴性犬。H3N2 亚型 CIV 人工感染猫的实验表明，病毒可通过人工接种感染猫，表现为较高滴度的排毒，并能经接触传播给阴性同居猫。H5N1 亚型流感病毒犬分离株人工感染犬的实验表明，病毒感染后 2d 内，犬表现出结膜炎和短暂体温升高，此外，观察期内（14d）未表现其他临床症状，犬鼻腔中检测到少量或检测不到病毒，接种 7d 后产生血清抗体，未发现在犬之间传播。H1N1 甲型流感病毒犬分离株人工感染犬的试验表明，病毒能够感染犬，并表现出轻微的临床症状，犬之间能发生有限的接触传播。H9N2 亚型流感病毒人工感染犬的实验表明，病毒感染后犬表现为轻微的临床症状和轻度到中度肺炎。

诊断技术。建立了直接快速免疫组化（dRIT）、RT-PCR、实时荧光定量 RT-qPCR、竞争 ELISA、双抗体夹心 ELISA 和荧光抗体病毒中和试验等检测方法。

疫苗研发。研制了重组腺病毒载体疫苗，对小鼠的免疫保护效果良好，正在评估其对犬的免疫保护效果；开展了犬流感灭活疫苗研究。

（三）犬细小病毒性肠炎（Canine Parvovirus Enteritis）

主要研究机构。中国农业科学院长春兽医研究所、青岛农业大学、中国农业科学院北京畜牧兽医研究所、中国农业大学、吉林大学、华中农业大学、成都军区疾病控制预防中心、中国农业科学院特产研究所、华南农业大学、东北农业大学、四川农业大学、西北农林科技大学等单位。

流行病学。目前，我国流行的犬细小病毒（Canine parvovirus，CPV）主要为 CPV-2a/2b 型，大部分地区以 CPV-2a 型为主。此外，也分离获得了 CPV-2c 型病毒，国内与国外流行的 CPV-2c 型毒株存在显著地域差异。

病原学。国内不同地区 CPV 分离毒株在 297 位和 324 位氨基酸残基分别发生 Ser-Ala 和 Ile-Arg 的突变，个别毒株存在 370 位发生 Gln-Arg 突变，该突变可能会影响 CPV 的宿主范围。开展了 CPV 流行毒株与疫苗毒株感染细胞比较蛋白质组学研究。

诊断技术。建立了 CPV 新型原液荧光定量 PCR、实时荧光环介导等温扩增、抗原/抗体免疫胶体金检测试纸和间接 ELISA 抗体检测等简单、快速、准确的检测技术。

疫苗研发。开展了 CPV New CPV-2a/2b 型灭活疫苗及多联苗、病毒样颗粒疫苗、特异性靶向 CPV 融合 DNA 疫苗等新型疫苗研究。

防控技术。研制了卵黄抗体、单克隆抗体等被动免疫制剂。

（四）犬冠状病毒性肠炎（Canine Coronavirus Enteritis）

主要研究机构。中国农业科学院长春兽医研究所、鲁东大学、中国农业科学院哈尔滨兽医研究所、中国农业大学、黑龙江八一农垦大学、中国疾病预防与控制中心、温州医学院、上海出入境检验检疫局、镇江出入境检验检疫局等单位。

流行病学。犬冠状病毒（Canine coronavirus，CCoV）在各品种（系）的犬中均有较高的感染率，可单独感染，也可与细小病毒、库布病毒等混合感染。对山东省 7 个地区的调查发现，该病主要流行季节为春初、秋末和冬季，夏季检出率较低；1 岁以内犬对该病易感，2～4 月龄犬最易感。对东北地区的犬腹泻病例研究发现，CCoV-Ⅰ、CCoV-Ⅱa 以及 CCoV-Ⅱb 型毒株共同存在，呈现出较高的总体阳性率（28.4%），其中 CCoV-Ⅰ型和 CCoV-Ⅱ（a/b）型分别占 15.8% 和 84.2%。北京市的 CCoV 阳性率为 26.0%（95% CI：19.3%～31.9%）。

病原学。CCoV 具有较高的遗传多样性，系统发育分析表明 CCoV-Ⅱ进化上形成五个亚群，与国内外大多数参考毒株表现出较远的亲缘关系。我国尚未发现 CCoV 重组毒株，但发现了 ORF3*abc* 基因缺失 345 个核苷酸的自然缺失株。原核表达的 CCoV 核蛋白能与人冠状病毒（Human coronaviruses，HCoV）HCoV-229E 和 NL63 的核蛋白抗血清反应，具有交叉反应性。

诊断技术。建立了基于 CDV *H* 和 CCoV *S* 基因的双重 RT-PCR 诊断方法，能特异地扩增 CDV 和 CCoV，敏感性均达到 0.1ng/μL，与这两种病的胶体金试纸条检测符合率较高，均超过 90%。

疫苗研发。目前国内有多个预防该病的犬联合疫苗批准上市，也有预防本病的进口疫苗可供选用，但预防效果均不理想。世界小动物医师协会和美国动物医院协会都不推荐免疫预防本病。

防控技术。日常预防应注意减少各种诱因、隔离病犬、消毒场地，治疗主要以止吐、补液、抗病毒以及防止继发感染为主。

（五）腺病毒病（Adenoviruses Disease）

主要研究机构。中国农业科学院长春兽医研究所、成都军区疾病预防控制中心、吉林大学、东北林业大学、中国农业科学院特产研究所等单位。

病原学。犬腺病毒（Canine adenovirus，CAV）属于腺病毒科哺乳腺病毒属成员，分两个血清型（CAV-1 和 CAV-2），CAV-1 型可以引起犬传染性肝炎和狐狸、熊的脑炎以及单纯的呼吸道疾病；CAV-2 则引起犬的传染性喉气管炎和肠炎。

流行病学。CAV 主要通过接触传染，其次空气也可能传播病毒，最后是垂直传播，侵入门户主要是口咽部，其次为呼吸道。本病不分季节，不同性别、品种均可发生，目前犬腺病毒感染症已遍及世界上各个国家和地区，尤其是犬传染性肝炎最为普遍。

诊断技术。建立了一种检测犬腺病毒的原液荧光定量 PCR 方法，不提取病毒

DNA，直接采用样本上清液进行检测，研制了犬 1 型腺病毒免疫金标检测试纸。

疫苗研发。目前用于犬腺病毒病免疫预防的疫苗主要是犬用联合疫苗（四联、五联、六联和七联疫苗等），开展了犬瘟热、犬细小病毒病和犬腺病毒病（CAV-1）三联活疫苗研究。此外，基于 CAV-2 为载体开展了猫瘟热、狂犬病、弓形虫病、犬流感等基因重组活载体疫苗研究。

（六）猫泛白细胞减少症（Feline Panleucopenia）

主要研究机构。中国农业科学院长春兽医研究所、吉林农业大学、广东省农业科学院动物卫生研究所、华南农业大学、中国农业科学院哈尔滨兽医研究所、东北林业大学等单位。

流行病学。广州市 3 004 份猫样品的监测数据表明，13 份猫瘟热病毒（Feline panleukopenia virus，FPV）PCR 检测阳性样品均来源于未免疫猫，家猫样品和流浪猫样品的阳性率分别为 12.2％和 14.9％。9—10 月份为猫瘟热的多发季节，发病年龄集中在 0～6 月龄。

病原学。氨基酸位点差异分析表明，FPV VP2 基因中主要氨基酸位点的遗传变异比 CPV 保守，新分离毒株的 NS1 基因则存在不同程度的氨基酸位点突变。对 HH-1/86 株 FPV 进行了全基因组序列分析，建立了其反向遗传操作系统。

诊断技术。目前，猫泛白细胞减少症诊断试剂以韩国进口的金标免疫层析试纸居多。处于研究和各实验室应用阶段的诊断方法包括：病毒分离鉴定、免疫层析试纸、血凝试验等抗原检测方法；聚合酶链式反应（PCR）、实时荧光定量 PCR 等核酸检测方法；血凝-血凝抑制试验（HA-HI）、微量中和试验（SN）、ELISA 等抗体检测方法。

疫苗研发。目前，市售的猫免疫制剂主要为预防猫瘟热、猫传染性鼻气管炎、猫传染性鼻结膜炎的猫三联疫苗，如美国辉瑞的"妙三多"猫三联灭活疫苗、荷兰英特威及德国勃林格殷格翰的猫三联弱毒疫苗。我国正在开展的免疫制剂研究包括弱毒疫苗、猫瘟热活载体疫苗（CAV2-VP2）、核酸疫苗和病毒样颗粒疫苗等。

防控技术。开展了猫源高免血清、特异性单抗、干扰素、中药制剂等治疗制剂研究。

（七）水貂阿留申病（Aleutian Disease，AD）

主要研究机构。中国农业科学院特产研究所、吉林农业大学、东北林业大学、中国农业科学院哈尔滨兽医研究所及吉林特研生物技术有限责任公司等单位。

流行病学。对山东、辽宁、吉林、河北和黑龙江五个主要水貂养殖地区流行病学调查表明，水貂阿留申病感染率为 40％～80％。采用对流免疫电泳方法对河北省秦皇岛地区水貂阿留申病的感染状况进行调查，结果表明水貂阿留申病阳性率为 $21.93\%\sim71.70\%$。对 1 458 只母貂进行水貂阿留申病毒（Aleutian disease virus, ADV）抗体的检测并分析对水貂的产仔数、成活数的影响，ADV 抗体阴性水貂平均产仔数 4.15 只，平均成活数为 4.11 只；弱阳性貂平均产仔数为 2.85 只，平均成活数为 2.85 只；阳性貂平均产仔数为 2.38 只，平均成活数为 2.20 只；强阳性貂平均产仔数为 2.67 只，平均成活数为 2.00 只。可见 ADV 抗体水平对水貂的产仔数、成活数有很大影响。ADV 在国内毛皮动物养殖地区流行广泛，呈现多样化的趋势；基于 ADV 的 VP2 基因的分子流行病学研究表明，ADV 呈现基因多样性，国内水貂阿留申病毒株大多位于独立的分支，呈现独特的国内进化特点。貉源 ADV 位于独立的一个分支。

病原学。水貂源 ADV 不易分离，强毒株在传代细胞中难以复制，目前可以实现传代的弱毒株 ADV-G 为 ADV-Utah 强毒株改造而得。采用 CRFK 细胞分离获得了貉源 ADV，并研究了该病毒的生物学特性。从发病水貂的肝脏组织内分离到一株高致病性 ADV，将其命名为 ADV-HRB，并完成了该毒株全基因组序列分析。对不同毒力 ADV 在猫肾细胞（CRFK）中的增殖规律及其诱导细胞凋亡情况进行比较研究，应用间接免疫荧光、实时荧光定量 PCR 和病毒含量测定方法研究病毒在细胞中的复制及表达情况，ADV-G 株和野毒株均在感染后 12h 出现荧光，随感染时间延长荧光增多；实时荧光定量 PCR 显示，基因组复制趋势大致相同，感染后 72h 均达到峰值。分析细胞凋亡检测结果，与对照组相比，野毒株感染细胞后 $2\sim12h$ 诱导细胞凋亡差异显著（$p<0.05$），ADV-G 株诱导细胞凋亡差异明显低于野毒株，但是诱导细胞凋亡时间较野毒株长，在感染后 24h 仍对细胞凋亡有较明显的诱导作用，但是各病毒诱导的细胞凋亡主要集中在 $2\sim12h$。

诊断技术。建立可同时检测水貂阿留申病、病毒性肠炎与犬瘟热三种病毒的多重 PCR 检测方法；建立了以合成肽、基因工程抗原（原核表达）为基础的 ADV 抗体间接 ELISA 检测方法，与对流免疫电泳检测符合率 97.9%；通过原核表达系统表达了 ADV 重组 VP2 蛋白，以此蛋白作为免疫原制备抗 ADV 的单克隆抗体和兔源多克隆抗体，建立了检测 ADV 抗原的双抗体夹心 ELISA 方法。开发了 ADV 胶体金检测试纸，正在开展新兽药申报。建立了检测 ADV 的荧光定量 PCR 和 LAMP 检测技术。

疫苗研究。构建了两株水貂阿留申重组核酸疫苗（pc DNA3.1-ADV-428 和 pc DNA3.1-ADV-428-487），经肌内注射接种到水貂体内进行免疫，并进行攻毒，应用流式细胞术检测全血中的 $CD8^+$ 淋巴细胞亚群，用间接 ELISA 法检测血清中的抗体水平，用血清蛋白电泳检测血清中 γ 球蛋白占总蛋白的百分比，以及应用聚乙二醇沉淀比浊法检测水貂血清中抗原抗体复合物的含量，以对两株核酸疫苗的免疫效果进行初步评估。试验结果表明，pc DNA3.1-ADV-428 和 pc DNA3.1-ADV-428-487 的各项数据都优于对照组，pc DNA3.1-ADV-428-487 的保护效果优于 pc DNA3.1-ADV-428，两种核酸疫苗都展现了良好的疫苗潜质。

防控技术。AD 控制主要采用水貂种群检疫净化的方式，每年对留种水貂全群检疫淘汰捕杀 AD 阳性水貂。由于 AD 是慢性传染病，国内许多水貂养殖企业不重视 AD 的控制，导致该病流行严重。国内 AD 检测和净化技术逐渐成熟，为实施 AD 净化和控制提供了技术支撑。

（八）水貂病毒性肠炎（Mink Viral Enteritis）

主要研究机构。中国农业科学院特产研究所、中国农业大学、青岛农业大学、军事科学院军事医学研究院军事兽医研究所等单位。

流行病学。基于国内毛皮动物细小病毒 VP2 基因的分子流行病学研究表明，我国水貂病毒性肠炎由水貂细小病毒（MEV）引起，MEV 和犬细小病毒（CPV）均可引起狐狸病毒性肠炎的发生。MEV 国内分离株与国外 MEV 分离株不属于同一进化分支，而国内各地分离株遗传进化关系可分为山东系和大连系两个分支。对山东省胶州半岛 MEV 分离株 VP2 基因分析，分离株主要为山东系分支。近几年貉病毒性肠炎呈地方性流行，主要由 2 型 CPV 引起。貉细小病毒（RDPV）VP2 基因的全序列分析表明，我国 RDPV 出现了新的基因变异，VP2 蛋白 297、375 和 562 位氨基酸的突变，可能与其致病性增强和感染谱扩大有关。

病原学。开展了 MEV 感染猫肾传代细胞转录组学分析。成功建立了水貂细小病毒感染性克隆 pMEV-L，依据该方法研究 MEV VP2 中关键位点对 MEV 的致病性、宿主范围和病毒复制的影响至关重要。根据 MEV 强毒感染水貂试验，揭示了水貂细小病毒在水貂体内的分布规律，在肠系膜淋巴结、脾脏及肠道等器官中病毒载量较高。研究人员分离到了多株不具有血凝活性的 RDPV，可能与关键氨基酸位点的变化有关。此外，分离驯化了对貉具有较强致病性的 RDPV，并具有较好的稳定性，为疫苗的研发奠定了基础。

诊断技术。建立了荧光定量 PCR 检测 MEV 的方法；建立了 CP 和 MEVPCR-RFLP 鉴别检测方法，能够有效区分犬细小病毒与水貂肠炎细小病毒；筛选了多株 MEV 单克隆抗体，并开展水貂病毒性肠炎检测试纸研制。

疫苗研发。国内相关机构研制了水貂犬瘟热-细小病毒二联活疫苗获得了新兽药注册证书，产品进入市场。水貂病毒性肠炎-出血性肺炎二联灭活疫苗和水貂病毒性肠炎-出血性肺炎-肉毒梭菌毒素三联灭活疫苗等多联疫苗即将进入临床试验。水貂病毒性肠炎颗粒疫苗已进入新兽药注册阶段，即将进入市场。开发了貉细小病毒灭活疫苗和貉犬瘟热-细小病毒二联活疫苗，即将进入临床试验。

防控技术。毛皮动物病毒性肠炎的防控目前主要依赖于疫苗接种，我国自主研制水貂细小病毒灭活疫苗很大程度降低了细小病毒发病率和死亡率，但该疫苗对貉病毒性肠炎预防效果有待评价，近几年国内貉病毒性肠炎呈现地方性流行，需要强化控制。

（九）水貂出血性肺炎（Mink Hemorrhagic Pneumonia）

主要研究机构。中国农业科学院特产研究所、青岛农业大学、山东农业大学、军事科学院军事医学研究院军事兽医研究所、吉林大学等单位。

流行病学。对国内水貂出血性肺炎病原菌绿脓杆菌血清学调查表明，我国流行的貂源绿脓杆菌菌株 O 抗原血清型主要为 G 型，其次为 B 型，相继又发现了少数 C 型、I 型、E 型和 M 型感染。相关学者对分离于山东省部分地区 53 株绿脓杆菌进行血清学鉴定，分离株主要为 G 型，其次为 B 型和 D 型，三个血清型具有较强致病性，其他血清型分离株较少，而且致病性弱。对分离自山东省的 19 株貂源绿脓杆菌进行血清学分析，并应用肠杆菌科基因间重复序列聚合酶链式反应（ERIC-PCR）进行 DNA 分型，19 株分离株中血清型 G 型 15 株，血清型 B 型 2 株，血清型 E 型和 I 型各 1 株；ERIC-PCR 谱型表现为 7 种基因型，其中 G 型菌株存在于谱型 I～Ⅶ中（Ⅵ除外），B 型菌株属于谱型 Ⅱ，I 型和 E 型菌株分别属于谱型 Ⅳ 和 Ⅵ，表明引起山东省水貂出血性肺炎的貂源绿脓杆菌血清型以 G 型为主，基因型呈现多样性。多位点序列分析（MLST）和脉冲场凝胶电泳（PFGE）分析表明，水貂出血性肺炎病原来源呈多样性，病原及基因型变异株可持续数年存在于食物、饮水、土壤及周围环境中。

病原学。临床中所分离的貂源绿脓杆菌菌株对临床常用药物氟喹诺酮类、多黏菌素类、头孢菌素类、氨基糖苷类药物敏感，对氨苄西林、头孢唑啉、头孢曲松钠、甲氧苄啶/磺胺甲噁唑、氟苯尼考天然耐药。耐药性机制的研究表明，在喹诺酮类抗生素选择压力下，绿脓杆菌耐药性以染色体上基因突变为主，质粒水平传播的较少，没有发现碳青霉烯类的耐药基因。

诊断技术。建立了检测绿脓杆菌 16SrRNA 的 PCR 鉴定方法。

疫苗研发。开展了水貂出血性肺炎、病毒性肠炎、肉毒梭菌毒素中毒等水貂主要传染病开展多联灭活疫苗研制工作，水貂出血性肺炎二价灭活疫苗已取得国家新兽药注册证书（二类），并推广使用。目前正在研制的水貂出血性肺炎-细小病毒二联灭活疫苗、水貂出血性肺炎-肉毒梭菌二联灭活疫苗、水貂出血性肺炎-细小病毒-肉毒梭菌三联灭活疫苗即将进入临床阶段。水貂出血性肺炎、多杀性巴氏杆菌病、肺炎克雷伯杆菌病三联灭活疫苗即将进入市场应用。

防控技术。疫苗可有效预防水貂出血性肺炎，水貂出血性肺炎二价灭活疫苗安全性好，保护率 80% 以上，保护期至少 6 个月，预防接种和紧急接种均具有较好的保护性。水貂出血性肺炎病原菌极易产生耐药性，发病后交替使用敏感的抗生素药物能够取得一定的疗效。

（十）水貂肉毒梭菌毒素中毒（Mink Botulinum Toxin）

主要研究机构。中国农业科学院特产研究所、中国兽医药品监察所等单位。

病原学。系统开展了 C 型肉毒梭菌毒素对水貂毒力测定，以及不同途径接种小鼠、家兔等实验动物毒力相关性研究。

疫苗研发。开展了水貂病毒性肠炎-出血性肺炎-肉毒梭菌毒素三联灭活疫苗的研制，即将进入临床试验。

防控技术。水貂 C 型肉毒梭菌毒素中毒的防控目前主要依赖于疫苗接种，应用 C 型肉毒梭菌毒素灭活疫苗对水貂肉毒梭菌毒素中毒具有较好的保护作用。

（十一）狐狸传染性脑炎（Fox Infectious Encephalitis）

主要研究机构。中国农业科学院特产研究所、军事科学院军事医学研究院军事兽医研究所等单位。

病原与流行病学。由犬Ⅰ型腺病毒引起狐狸的一种传染病，流行病学分析表明银黑狐易感，北极狐次之。相关研究机构分离了狐源犬Ⅰ型腺病毒，通过动物致病性研究表明，毒株对银黑狐有较强的致病性，对犬致病性较弱。

诊断技术。建立了犬Ⅰ型腺病毒荧光定量 PCR 检测技术，开展了狐狸犬瘟热、传染性脑炎多重 PCR 检测技术研究。

疫苗研发。研制了狐狸传染性脑炎活疫苗，已获得新兽药注册证书，并在生产中使用；正在开展狐狸犬瘟热-传染性脑炎二联活疫苗研制。

防控技术。狐狸传染性脑炎的防控目前主要依赖于疫苗接种，我国自主研制狐狸传染性脑炎活疫苗的应用有效地控制了狐狸传染性脑炎的发病率和死亡率。

七、兔病

本节总结了兔病毒性出血症、兔球虫病、兔巴氏杆菌病、兔波氏杆菌病、兔产气荚膜梭菌病和野兔热 6 种兔病的研究进展。开展了地方性流行病学调查，对病原学和致病机理进行了深入系统研究，建立了敏感特异的鉴别诊断技术，筛选出了敏感药物，开发出兔病毒性出血症基因工程灭活疫苗，对新开发疫苗进行了免疫效果研究，为兔传染病的防控提供了技术保障。

（一）兔病毒性出血症（Rabbit Hemorrhagic Disease，RHD）

主要研究机构。江苏省农业科学院，中国农业科学院上海兽医研究所、哈尔滨兽医研究所，山东农业科学院，山东农业大学，南京农业大学，四川农业大学等单位。

流行病学。RHD是由兔出血症病毒（RHDV）引起的一种急性、高度接触性传染病，2010年RHDV2毒株已在欧洲发现，2015年澳大利亚也发现并报道RHDV2。此外，国内分离获得一株无血凝性，基因同源性为G2毒株的新毒株，虽然该毒株序列与国内的其他毒株差异较大，但是传统毒株疫苗仍可保护该毒株的攻击。从山东省东营分离获得一株高致病力的RHDV强毒株DY株，对人O型红细胞具有高度血凝性，制备成灭活苗免疫后对RHDV的保护率为100%。克隆了RHDV病毒YM株衣壳蛋白基因，并对所有RHDV中国分离株进行了遗传变异分析，显示中国分离株分为经典RHDV群和抗原变异RHDVa群，且RHDVa为中国主要流行的基因群。吉林省榆树报道了一例兔病毒性出血症与巴氏杆菌混合感染的诊治情况。将国内毒株进行序列分析，发现国内存在G2和G6毒株的重组毒株，可见RHDV存在高度变异现象，应持续监测。

病原学。研究发现，VP60蛋白的抗原表位与HBGAs结合域之间的相关性，并且利用截短表达VP60蛋白的方法获得与HBGAs结合的关键位点（326～331aa和338～342aa），表位针对的单克隆抗体可以阻断病毒VLP与HBGAs的结合。通过对RHDV VP60 loop区（411～417）进行突变，评估其对VP60 VLP功能的影响，显示该loop区的突变，并未影响VLP的形成和与HBGAs的结合，但该突变体血凝特性消失。利用反向遗传学技术，在RHDV衣壳表面通过定点突变制造了一个能被宿主整联素蛋白特异性识别并结合的位点（RGD基序），使RHDV利用新的受体感染宿主细胞，从而解决了RHDV体外增殖的关键技术。通过构建一个长80nt的随机寡核苷酸文库，筛选到3个特异性识别RHDV-VP60的适配体。检测了RHDV衣壳蛋白VP60的抗体对病毒与血型组织抗原（HBGAs）结合的阻断作用，结果显示VP60免疫后第7天的血清能阻断H2型HBGA与RHDV的结合，阻断率为60%，第60～120天的血清能100%阻断其结合。对经典RHDV和RHDVa进行了全基因组的进化研究，结果表明RHDV在不同基因型的划分过程中经历了适应性多样化，与适应性多样化有关的氨基酸变化主要集中在病毒衣壳蛋白VP60。

致病机理。采用荧光定量PCR方法检测RHDV感染6h、12h、24h、30h和36h后兔外周血、肝脏和脾脏内病毒增殖情况以及炎性因子的表达情况，发现RHDV拷贝数在外周血、肝脏和脾脏内随着感染时间的变化呈快速上升的趋势。在病毒感染过程中，外周血、肝脏和脾脏中促炎性因子IL-6和TNF-α，以及抑炎因子IL-10的表达水平均明显上调。证实了RHDV VP60与宿主细胞血红蛋白（Haemoglobin，HB）存在特异性相互作用，RHDV在过量表达 *HB* 基因的RK-13细胞中的增殖受到抑制，反之敲除 *HB* 基因的RK细胞系中RHDV增殖得到促进，进一步说明兔HB蛋白能够抑制RHDV在细胞中的复制。首次证明了核仁素N端与RHDV衣壳蛋白结合，是通过网格蛋白内吞途径介导 RHDV 病毒进入宿主细胞，为深入研究 RHDV 在宿主中的感染和致病机理提供重要线索。使用反向遗传学技术，通过两个氨基酸突变（S305R，N307D），构建了一种突变 RHDV（mRHDV），可通过 RHDV 衣壳蛋白的特定的受体识别模式 RGD，使 mRHDV 进入 RK13 细胞并复制增殖，mRHDV 感染家兔后还能产生典型的兔瘟死亡症状，以灭活的 mRHDV 免疫家兔后可抵抗野生型 RHDV 的感染。

诊断技术。建立了鉴别诊断 RHDV 经典型毒株与变异型毒株（RHDV2）的 RT-PCR 方法，可用于 RHDV2 的监测以及传统毒株和 RHDV2 的鉴别诊断。建立了一种能够敏感、特异地检测 RHDV2 的 SYBR Green Ⅰ实时荧光定量 PCR 方法。制备了 RHDV 的单克隆抗体及标准抗原和标准血清，建立了针对 RHDV-VP60 的双夹心 ELISA 方法，并为 RHDV 的血凝和血凝抑制方法提供了材料。研究了多株传统 RHDV 毒株的单抗，以及 4 株针对 RHDV2 的单克隆抗体，并进行了表位的鉴定，发现可用于区别鉴定 RHDV 和 RHDV2 的单克隆抗体，对后续毒株的鉴别诊断具有重要意义。建立了 RHDV 可视化 RT-LAMP 检测方法，对 RHDV 的最低检测限为每微升 50 拷贝，且不需昂贵仪器设备，适合在基层推广应用。建立了 RHDV TaqMan 荧光定量 PCR 检测方法，最低可检测到每微升 28 拷贝的标准品阳性质粒，变异系数小于 2%。建立了 RHDV 重组聚合酶等温扩增检测方法，检测灵敏度达到 $0.1LD_{50}$，与常规一步法 RT-PCR 的敏感性相同，符合率为 100%。建立了检测 RHDV 抗体的间接 ELISA 方法，与 HI 试验检测的抗体效价结果呈显著相关性。通过纯化的重组 VP60 蛋白作为金标抗原，制备了检测 RHDV 抗体胶体金试纸条，该试纸条能根据 T 线、C 线显色情况判定 RHDV 强阳性、阳性、弱阳性及阴性血清，重复性良好，2～8℃可稳定保存 6 个月以上。

疫苗研发。我国自主研发的杆状病毒表达的 RHD 基因工程灭活疫苗，获得国家一类新兽药证书，这是我国第一个兔用基因工程疫苗，也是世界上第一个获得政府许可针对兔瘟的亚单位疫苗。有学者采用反向遗传操作系统构建 RHDV 感染性克隆，已经成功稳定传代，对新型疫苗的开发具有重要意义。利用 SUMO 标签的原核表达载体，实现了重组 VP60 蛋白的克隆性表达，能够形成与天然 RHDV 结构相类似的 VLPs，免疫动物后能够提供有效的免疫保护。此外，兔病毒性出血症、多杀性巴氏杆菌病二联新型疫苗以及兔病毒性出血症、多杀性巴氏杆菌病、波氏杆菌病新型三联疫苗正在持续研究。研究了泰山槐花多糖（TRPPS）对 RHDV 灭活疫苗的免疫增强作用，表明 200mg/mL 的泰山槐花多糖显示出显著的免疫增强效果。对有免疫增强作用的中药提取物进行了筛选，显示黄芪多糖、淫羊藿多糖和党参多糖对兔病毒性出血症疫苗的免疫效果具有增强作用。

防控技术。目前对主要以疫苗接种为主，我国自主研发的兔病毒性出血症灭活疫苗、兔病毒性出血症-多杀性巴氏杆菌病二联灭活疫苗以及兔病毒性出血症-多杀性巴氏杆菌病-产气荚膜梭菌病（A型）三联灭活疫苗均能够有效地保护家兔免受病毒的攻击，降低了RHD的发病率和死亡率，为国内家兔养殖业的健康发展提供保障。此外，开发了一种临床上安全有效的防治兔病毒性出血症的中药复方药物，可以显著降低RHDV感染引起的家兔死亡，减轻肝脏病理变化和肝损伤程度。

（二）兔球虫病（Rabbit Coccidiosis）

主要研究机构。中国农业大学、江苏省农业科学院、浙江省农业科学院、河北农业大学、黑龙江八一农垦大学、山西农业大学、华南农业大学、塔里木大学、中国农业科学院、西南民族大学、黑龙江省兽医科学研究所、南通大学等单位。

流行病学。兔球虫病主要发生在温暖潮湿多雨的季节，5—8月份高发，兔球虫病分布很广，各种品种的家兔均易感，通常是几种球虫混合感染。对福建某规模化獭兔场兔球虫病的流行情况进行调查后发现，该獭兔场兔球虫总感染率和平均每克粪便卵囊数（OPG值）分别为87.45%和2.56×10^4，各日龄段均有感染，其中以40日龄左右兔和65日龄左右兔感染率最高，分别达98.61%和98.95%；30日龄以下哺乳仔兔感染率和OPG值均最低，分别为19.23%和3.31×10^2，共检出11种兔艾美耳球虫，均为混合感染，感染球虫种类多为3～7种；其中感染比例最高的4种兔球虫依次为穿孔艾美耳球虫（20.15%）、中型艾美耳球虫（16.79%）、小型艾美耳球虫（13.94%）和大型艾美耳球虫（13.48%）。贵阳市花溪区5个调查兔场全部感染球虫，感染率55%～100%，平均感染率81%；感染强度OPG值介于0.8×10^4～3.3×10^4个，平均感染强度为1.96×10^4个。西昌市郊兔球虫平均感染率为85.1%，共检出11种艾美耳球虫，优势虫种为盲肠艾美耳球虫、大型艾美耳球虫、穿孔艾美耳球虫。在山东、河南的调查研究发现有11种艾美耳球虫，分别是小型艾美耳球虫、斯氏艾美耳球虫、无残艾美耳球虫、大型艾美耳球虫、穿孔艾美耳球虫、中型艾美耳球虫、维氏艾美耳球虫、盲肠艾美耳球虫、肠艾美耳球虫、黄艾美耳球虫、梨形艾美耳球虫。兔群中以大型艾美耳球虫、无残艾美耳球虫、穿孔艾美耳球虫和肠艾美耳球虫等优势虫种最为流行，其平均感染率较高，分别为26.8%、25.2%、23.1%和18.6%。小型艾美耳球虫、中型艾美耳球虫、梨形艾美耳球虫、斯氏艾美耳球虫的平均感染率次之，致病性中度或轻微。黄艾美耳球虫和维氏艾美耳球虫平均感染率较低，分别仅为0.72%和0.65%。其中肠艾美耳球虫和斯氏艾美耳球虫致病性较强，在球虫病暴发严重的兔场，感染率分别高达22.4%、7.8%。内蒙古包头通过流行性病学调查发现，固阳县兔虫球病主要发生于30～90日龄，感染率为31.67%，病死率为18.95%，以大型、中型、肠艾美耳球虫为优势虫种，提示应以这些优势虫种作为疫苗开发的重点虫种。山东、内蒙古、浙江部分地区兔场兔球虫感染情况调查发现，内蒙古、山东和浙江的感染率很高，分别为 80%、85% 和 100%，并且以大型、中型、肠艾美耳球虫为优势虫种，提示应以这些优势虫种作为疫苗开发的重点虫种。

病原学。 微线体蛋白 2（Microneme protein 2，Mic2）是艾美耳球虫入侵宿主细胞时分泌的主要功能蛋白之一。利用间接免疫荧光方法检测了 Mic2 在柔嫩艾美耳球虫、和缓艾美耳球虫、斯氏艾美耳球虫和无残艾美耳球虫等不同种艾美耳属球虫的空间分布发现，Mic2 在不同种艾美耳属球虫中均定位于子孢子的顶部（微线体部位），但表达强度存在差异，这提示 Mic2 可作为研究艾美耳属球虫相关蛋白空间分布的"参照物"。近期一株强致病性的艾美耳球虫被分离和鉴定，仅需要 1×10^2 个球虫就可以导致兔体重在 14d 内降低 55%，具有较强的致病性；免疫 1×10^2 个该株球虫可以抵抗 5×10^4 个球虫的侵染，表明了该分离株具有较强的免疫原性。对该艾美耳球虫分离株的 ITS-1 DNA 序列进行测序和表型的分析，对中国兔球虫的地理变异研究有着深远意义。另有研究对艾美耳球虫虫体蛋白进行质谱和生物学分析，成功鉴定了 23 个具有潜在免疫原性或诊断位点的蛋白，该研究为球虫蛋白的鉴定和球虫疫苗的研究奠定了基础。

致病机理。 斯氏艾美球虫感染兔后进行专项检测，血常规检测显示，WBC、LY、EOS 极显著上升，PLT 极显著下降；肝功能检测显示，ALT、AST、T-BIL、LDH、ALP 极显著增高，GGT 显著上升，ALB 极显著下降，ChE 显著下降；凝血 4 项检测显示，PT、APTT、TT 极显著增高，FIB 极显著减少，说明感染兔的肝脏受到极大损伤从而导致机体逐步消瘦和死亡。另有报道点滴复膜酵母（*Cyniclomyces guttulatus*）和兔球虫作为常见生物，可以降低兔球虫的繁殖力，另一方面又存在协同致病性，会略微加重宿主临床症状。

诊断技术。 近年来普通兔球虫 PCR 逐渐用于兔球虫的检测，同时对 PCR 检测方法也进行了改进，如利用全基因组扩增技术（Whole genome amplification，WGA），再运用特异性引物对 WGA 产物进行 PCR 扩增，鉴定虫种，促进了兔球虫的分子鉴定。另外，建立了兔肠艾美耳球虫实时荧光定量 PCR 检测方法，该灵敏度高、特异性强、重复性好。建立了一种新的多重 PCR 联检方法，可对 11 种兔源艾美耳球虫作出鉴别诊断。荧光定量 PCR 的检测也更多地应用在兔球虫的检测中，有研究建立的实时荧光定量 PCR 方法对 *E. stiedai* 的检测特异性强，灵敏度高，可检出含一个卵囊的 DNA 样本，适用于 *E. stiedai* 感染初期的定量检测。

疫苗研发。 目前国内研发的兔球虫疫苗已批准进入临床。有研究首次建立了兔艾美耳球虫的转染平台，构建了表达兔出血症病毒 VP60 抗原的转基因大型艾美耳球虫。转基因球虫免疫家兔后能够激发宿主在肠道部位产生针对外源蛋白的特异性免疫应答，为今后的转基因兔球虫活载体疫苗的免疫机制研究和应用研发提供了良好的基础。另有研究利用大型艾美耳球虫（*Eimeria magna*）作为载体表达了外源蛋白，并引发了宿主的强烈免疫反应，为大型艾美耳球虫（*Eimeria magna*）作为载体的疫苗研究奠定基础。肠艾美耳球虫张家口分离株致病性研究发现，该分离株对仔兔具有中等致病性，同时其免疫原性良好，因此可以把该株球虫作为原始株进行早熟虫株选育，并以此为基础进行兔球虫病疫苗的开发。

防控技术。长期以来，兔球虫病以药物防治为主，多种抗兔球虫药物与消毒剂对兔球虫卵囊孢子化过程的抑杀效果研究表明，15mL/L 百球清体外作用 8h 对兔球虫卵囊孢子化抑制效果最强，体积分数 6％二硫化碳作用于卵囊 4h，抑制兔球虫卵囊孢子化效果最好，兔球虫卵囊耐药性与虫体大小相关，较大虫体对药物敏感性高。有些中药，如 1g/mL 苦楝水提取物溶液对兔球虫卵囊孢子化的杀灭效果最为明显。随着其耐药性的不断增强，迫使人们在防治过程中寻求新的途径。近来国内已有研究成功表达了兔肠艾美耳球虫 Profilin 蛋白，为今后研究家兔抗球虫免疫和相关疫苗的开发奠定基础。近期有研究抗球虫药盐酸氯苯胍在家兔体内的药物代谢动力学特征及内服给药的生物利用度。研究表明，盐酸氯苯胍静脉注射给药的表观分布容积较大，药物在兔组织中分布广泛，并且消除迅速；内服盐酸氯苯胍后，药物经肠道吸收的量较少，体内药物残留较低，说明盐酸氯苯胍用药安全，可长期使用。有些中药被用来防治球虫，药物中效果最好的是 1g/mL 的五倍子，抑制率为 41％；其次是 0.5g/mL 的秦皮，抑制率为 30％；效果较差的是 0.25g/mL 的紫茎泽兰和 0.25g/mL 的石榴皮，抑制率分别为 9％和 8％。

（三）兔巴氏杆菌病（Rabbit Pasteurellosis）

主要研究机构。江苏省农业科学院、浙江省农业科学院、中国农业科学院哈尔滨兽医研究所、吉林农业大学、江西农业大学、河北医科大学、西南大学、华中农业大学、长江大学、山东华宏生物工程有限公司、山东绿都生物科技有限公司等单位。

流行病学。对山东省 18 个兔场的兔多杀性巴氏杆菌的流行病学及血清学调查显示，该病在当地兔场中广泛存在。从浙江某养殖场兔腹泻发病死亡病例中分离到一株致腹泻的巴氏杆菌，经动物实验，能成功复制出典型病例。福建漳州、广东梅州发生兔巴氏杆菌病与其他病的混合感染病例的报道，经用药、隔离和消毒等综合防治措施，有效控制了该病的传播。安徽、上海、江苏和山东滨州等地送检的死亡家兔中，均分离出荚膜血清 A 型多杀性巴氏杆菌，药敏试验表明菌株具有多种耐药性，对小鼠或断奶仔兔有较强的致病性。

在患病死亡兔中分离到巴氏杆菌，经 16S rDNA 检测与测序分析，与巴氏杆菌同源性为 100％，动物接种试验结果显示，分离菌有较强的致病性。有文献表明，在肉兔生产过程中有多杀性巴氏杆菌和支气管败血波氏杆菌混合感染的情况；多杀性巴氏杆菌病和兔病毒性出血症同时发生的病例也较多。山东发现有獭兔多杀性巴氏杆菌和附红细胞体混合感染的情况。

病原学。对分离自禽、兔和猪的 7 株多杀性巴氏杆菌进行了基因多样性和进化分析，依据包括已经公开发表的其他巴氏杆菌基因组数据，由 33 个菌株基因组构成的多杀性巴氏杆菌泛基因组中包含 1 602 个核心基因，1 364 个非必要基因，1 070 个菌株特异性基因。从多杀性巴氏杆菌 HN06 株中扩增出了磷酸甘油酸变位酶基因 *gpmA*，并进行了原核表达，初步探索了多杀性巴氏杆菌糖酵解关键酶磷酸甘油酸变位酶的功能，证实该蛋白具有良好的反应原性。表达了兔源多杀性巴氏杆菌 C51～17 株 *ompA* 基因，并对该蛋白的免疫原性进行鉴定，显示该蛋白具有良好的免疫原性。对多杀性巴氏杆菌毒素（PMT）*toxA* 基因的 8 个片段进行了原核表达，并对其免疫原性进行了研究，通过小鼠免疫保护性试验表明 PMT505～1285aa 的免疫保护率最高。对多杀性巴氏杆菌转铁结合蛋白 TbpA 进行了表达，免疫保护试验显示该蛋白在小鼠上的免疫保护力为 70%。将具有卡那霉素抗性标记的自杀质粒 pBlueescrit-F1KanRF2 通过电转化导入到多杀性巴氏杆菌 R473 中，探讨了同源重组电转化和筛选的条件，为构建多杀性巴氏杆菌基因敲除减毒株提供了技术支持。克隆了天冬氨酸合成酶 A 基因的启动子 PasnA 和终止子 TasnA，构建了多杀性巴氏杆菌外源基因表达元件，为构建巴氏杆菌-大肠杆菌穿梭表达质粒奠定了基础。

致病机理。通过腹膜内感染的方式建立了巴氏杆菌小鼠动物模型，并对感染的小鼠肺脏进行了转录组学分析，巴氏杆菌在肺脏定殖生长导致小鼠发生肺炎继而死亡；对 4 236 个不同的表达基因进行检测，其中 1 924 个为正调节；5 303 个 *GO* 基因和 116 个 *HEGG* 基因显著地富集在巴氏杆菌感染区域；通过 qRT-PCR、ELISA 以及免疫印迹方法对 IFN-γ、IL-17 等进行检测发现，模式识别受体、趋化因子、炎性因子等也显著上调。采用热酚水法对多杀性巴氏杆菌的脂多糖（LPS）进行了提取和纯化，并进行了活性分析，结果显示所提取的 LPS 产率和纯度均较高，生物学活性良好，可用于多杀性巴氏杆菌 LPS 的致病性等试验。构建了多杀性巴氏杆菌 ΔpurF 突变株，通过小鼠和 SPF 鸡的致病性试验表明，purF 是多杀性巴氏杆菌的毒力基因。构建了兔多杀性巴氏杆菌 rpoE 突变株，通过致病性分析初步确定 rpoE 为多杀性巴氏杆菌中的一种毒力基因；并通过体外 pulldown 试验验证了 RpoE 蛋白与 Hfq 蛋白之间没有直接作用，为多杀性巴氏杆菌 Hfq 调控 RpoE 网络通路研究提供了借鉴，也为多杀性巴氏杆菌突变株活疫苗的研发奠定基础。预测分析了多杀性巴氏杆菌 HN06 株的分泌蛋白，并筛选了多株巴氏杆菌共有 Sec 途径分泌蛋白，对更清晰地了解巴氏杆菌的致病机制及筛选免疫原性蛋白具有重要意义。

诊断技术。建立了兔多杀性巴氏杆菌和支气管败血波氏杆菌双重 PCR 方法和检测家兔肺炎克雷伯杆菌、兔出血症病毒、多杀性巴氏杆菌和支气管败血波氏杆菌的多重 PCR 方法，建立了兔多杀性巴氏杆菌、支气管败血波氏杆菌、肺炎支原体和克雷伯杆菌的多重 PCR 方法，对克雷伯杆菌敏感性为 10pg，对其他三种病原微生物敏感性为 1pg，主要用于实验大鼠、小鼠、实验兔等实验动物的病原检测。用该方法对清洁级动物（20 只小鼠、5 只大鼠、10 只家兔、5 只豚鼠、5 只地鼠）进行检测，发现 9 只小鼠同时为肺炎克雷伯杆菌、巴氏杆菌阳性，1 只小鼠和 5 只家兔为巴氏杆菌阳性，而用传统方法检测全部为阴性。这些方法的建立可用于对上述病原的临床检测和鉴别诊断。

疫苗研发。目前，兔出血症病毒杆状病毒载体、多杀性巴氏杆菌病灭活疫苗获得农业农村部临床试验审批。

防控技术。使用自然感染多杀性巴氏杆菌的家兔进行了兔鼻康、鼻肛净、喹乙醇和替米考星疗效的对比试验，结果发现鼻肛净治疗传染性鼻炎效果最好，转阴率达100%，喹乙醇和兔鼻康对于控制传染性鼻炎均有良好的效果，效果好于单纯使用替米考星。利用响应面法对枯草芽孢杆菌 AP139 与中草药五倍子混合发酵液针对多杀性巴氏杆菌 PM2010 的抑菌效果进行了优化，抑菌圈效果达到了 29.8711mm，相对于发酵条件优化前提高了 1.92 倍。对山东寿光发现的长毛兔金黄色葡萄球菌和多杀性巴氏杆菌混合感染病例，以及种兔多杀性巴氏杆菌和鼠伤寒沙门氏菌混合感染病例，经用药、隔离和消毒等综合防治措施，有效控制了该病的传播。对兔病毒性出血症-多杀性巴氏杆菌病二联蜂胶灭活疫苗及其两种单苗进行免疫效力、免疫持续期及保存期的比较，结果显示二联苗中两组分的配比科学合理且两者之间无干扰作用，二联苗在免疫效力等方面，结果与单苗相当。对研制的兔病毒性出血症-多杀性巴氏杆菌二联蜂胶灭活苗进行了免疫剂量、免疫产生期、免疫保护期、保存期等试验，显示该二联苗在免疫后 6 个月可对兔出血症强毒攻击产生 100% 保护，对兔多杀性巴氏杆菌攻击保护率可达 80% 以上。

有报道显示，通过兔舍改造，并在繁殖种兔日粮中添加益生素，既有效地提高了母兔产能，又有效地降低了家兔死亡率，尤其在控制家兔呼吸道疾病的发生及减少致死率方面取得了极为显著的效果。对从患病死亡兔中分离的巴氏杆菌进行药敏试验，结果显示菌株对多种抗生素不敏感并推荐了敏感药物。

（四）兔波氏杆菌病（Rabbit Bordetellosis）

主要研究机构。浙江省农业科学院、江苏省农业科学院、山东农业大学、东北农业大学、四川农业大学、山东绿都生物科技有限公司、华中农业大学、青岛农业大学、甘肃农业大学、信阳市动物疫病预防控制中心、青岛易邦生物工程有限公司等单位。

流行病学。兔波氏杆菌病是由支气管败血波氏杆菌引起的一种以鼻炎和肺炎为特征的家兔常见呼吸道传染病。在山东、河南、内蒙古等地均有该病的报道，并有与巴氏杆菌混合感染的报道。发病动物包括家兔和实验兔。

病原学。通过菌种筛选和生物学特性鉴定等试验，从 6 株兔波氏杆菌分离株中筛选制苗用兔波氏杆菌 1 株，命名为 SD0612。该菌株在所有菌株中毒力最强且对其他几株菌株的交叉免疫保护率最高，总保护率达到 80%。通过 10 株浙江分离株致病力及基因组差异分析，明确了不同分离株致病力存在差异，基因同源性较高。对浙江部分兔场病兔鼻腔分泌物中分离鉴定出的 22 株兔波氏杆菌进行了药敏和耐药基因的检测，发现分离菌耐药率较高，呈现多重耐药，且检测到的耐药基因与耐药表型相符；对所有波氏杆菌进行了质粒提取及消除试验，结果发现 22 株分离菌均携带质粒，质粒消除后细菌的耐药性状发生变化，从而对氨苄青霉素、头孢唑林、四环素、多黏菌素 B 等药物的敏感性增强，证明质粒介导了兔波氏杆菌分离菌株的部分耐药性；质粒、整合子、转座子这三种转移因子的检出说明兔波氏杆菌存在多种耐药转播机制。基于兔波氏杆菌免疫蛋白质组学研究结果，通过生物信息学分析筛选到 5 个新的免疫原性外膜蛋白，通过对这 5 个蛋白的重组表达与免疫效果评估，筛选到 2 个新的免疫保护性蛋白，分别为 PPP 蛋白（外膜孔蛋白前体）和 PL 蛋白（可能的脂蛋白）。

研究出一种波氏杆菌培养基，该培养基包括动物肉粉、柠檬酸钠、氯化钠以及水，还包括抑菌剂以及指示剂。使用该波氏杆菌培养基可以保证波氏杆菌的良好生长，添加抑菌剂抑制了杂菌生长，添加指示剂可以有效地鉴别波氏杆菌，降低检测成本，提高检测速度。构建了支气管败血波氏杆菌Ⅵ型分泌系统（T6SS）溶血素共调节蛋白 hcp 基因缺失株。缺失株连续传 50 代，该缺失株遗传稳定性好，与亲本株生长无明显差异；缺失株的黏附能力与亲本株差异不显著，但入侵能力显著降低；与亲本株相比，缺失株半数致死量提高，同时对昆明鼠的感染能力也显著降低。

致病机理。构建了支气管败血波氏杆菌转 hfq 突变株，并对其生物学特性进行了分析。结果显示与亲本株相比，转 hfq 突变株对小鼠的致病性明显减弱，以 $2.0 \times 10^9 CFU$ 剂量免疫 2 次后，可耐受 $2.0 \times 10^9 CFU$ 剂量亲本菌株的攻击。初步明确 hfq 基因是与支气管败血波氏杆菌毒力相关的基因，且与 hfq 突变株具有良好的免疫原性。通过双向电泳比较了支气管败血波氏杆菌处于生物被膜态和浮游态下全菌蛋白的表达差异，结果发现在生物被膜态的全菌蛋白中，有 15 个蛋白点表达上调，9 个蛋白点表达下调。选取 7 个上调的蛋白点进行质谱鉴定，发现上调的蛋白点主要有延伸因子、超氧化物歧化酶和分子伴侣等，功能主要体现在应激、调控和代谢方面。

诊断技术。建立了准确、快速检测兔支气管败血波氏杆菌的 PCR 方法。根据 GenBank 中波氏杆菌 $ptxA$ 基因设计 1 对特异性引物，用建立的 PCR 方法扩增兔波氏杆菌，可扩增出 870bp 的目的片段，可用于临床鉴定。建立了兔支气管败血波氏杆菌的悬浮荧光免疫检测方法。将支气管败血波氏杆菌抗原蛋白 PPP 重组表达以后免疫小鼠制备支气管败血波氏杆菌的单因子抗血清，用该血清配合荧光抗体可以检测病料中的波氏杆菌。建立了兔多杀性巴氏杆菌和支气管败血波氏杆菌双重 PCR 方法，可用于对兔多杀性巴氏杆菌和支气管败血波氏杆菌的临床检测和鉴别诊断。建立了同时检测家兔肺炎克雷伯杆菌、兔病毒性出血症病毒、多杀性巴氏杆菌和支气管败血波氏杆菌的多重 PCR 方法。

疫苗研发。开展了兔支气管败血波氏杆菌高效疫苗研究，摸索出制备高含量波氏杆菌抗原的培养工艺，所制备的灭活疫苗免疫保护率可达到 85% 以上。以木鳖子提取物与白油共同作为兔支气管败血波氏杆菌灭活疫苗的佐剂所制备的疫苗能刺激兔体产生更强的免疫应答，改善兔支气管败血波氏杆菌灭活疫苗的免疫效果。对兔支气管败血波氏杆菌主要保护性抗原蛋白基因 PPP 进行重组表达，制备成基因工程亚单位疫苗，将该亚单位疫苗以每只 1.0mL 皮下注射体重 1.5kg 左右的家兔，保护率为 100%（10/10）。开发出兔支气管败血波氏杆菌亚单位疫苗，提取兔支气管败血波氏杆菌外膜蛋白（OMP）并纯化出蛋白相对分子质量大于 4 000 的抗原蛋白，加入氢氧化铝胶佐剂，制备亚单位疫苗（成品相当于 30μg/mL），以每只 1mL 剂量皮下注射体重 1.5kg 左右的家兔，保护率为 100%（10/10）。

防控技术。目前对兔波氏杆菌病的防控主要以药物控制为主，我国还未有商品化的疫苗。对内蒙古分离的一株波氏杆菌进行了药敏试验，结果显示该菌对环丙沙星、复方新诺明、四环素、阿米卡星高度敏感。对山东兔场分离的巴氏杆菌进行了药敏试验，结果表明该株分离菌对部分氟喹诺酮类、氨基糖苷类药物敏感。对从浙江、江苏、福建等地兔场分离的 53 株兔波氏杆菌菌株抗生素敏感性检测结果显示，复方新诺明、环丙沙星、四环素为高敏药物。对重庆、山东威海、辽宁辽阳等地发生的兔波氏杆菌病，通过药物治疗、卫生消毒等措施使病情得到有效控制。

（五）兔产气荚膜梭菌病（Clostridium Perfringens Disease）

主要研究机构。山东农业大学、江苏省农业科学院、东北农业大学、中国农业科学院兽医研究所、大连大学、华南农业大学、中国动物疫病预防控制中心、辽宁省动物疾病预防控制中心、黑龙江省兽医科学研究所、宁夏大学、河北师范大学、河南农业大学等单位。

流行病学。兔产气荚膜梭菌病主要由 A 型产气荚膜梭菌产生的 α 毒素所致，少数为 E 型菌引起。该病多呈地方性流行或散发，一年四季均可发生，无明显的季节性，但以冬春季节发病较多，发病率可达 90%，病死率几乎达 100%。病兔及带菌兔的排泄物，含有该病原菌的土壤和水源为其传染源，传染途径主要以消化道和伤口传染。该病对各品种的兔不分品种、年龄、性别，均有易感性，尤以毛用兔和獭兔最易感，以 1~3 月龄仔兔发病率最高（哺乳仔兔除外）。辽宁、福建等地报道了多起疫情。

病原学。将产气荚膜梭菌分离菌株和其培养物以不同处理和感染方式接种 2kg 健康家兔，摸索发病条件，初次建立 A 型产气荚膜梭菌家兔发病模型，为产气荚膜梭菌疫苗效力检验和致病机理研究提供模型参考。原核表达了 A 型产气荚膜梭菌 α 毒素氨基端的 PLC1-250 蛋白，该蛋白二级结构主要为 α 螺旋和无规则卷曲，三级结构与 α 毒素类似，与 α 毒素一样具有磷脂酶 C 活性。构建了抗产气荚膜梭菌 ι 毒素 Phage-ScFv 库，并筛选了 3 株单抗。

致病机理。研究 A 型产气荚膜梭菌 α 毒素（PLC）的致病性发现，α 毒素对 Hela 细胞有毒性作用。另外，重组 PLC 蛋白接种小鼠后，小鼠出现腹部膨大，肠道臌气等明显症状，组织学观察发现小鼠肠黏膜损伤、绒毛脱落。产气荚膜梭菌 Beta2 重组毒素作用于细胞模型和动物模型，推测 Beta2 毒素刺激动物肠黏膜上皮细胞引起损伤的机制可能是：Beta2 毒素产生后，会在短时间内结合到宿主细胞膜上，并迅速转运至胞浆，刺激靶细胞 TNF-α 等炎性细胞因子的表达并发生炎性反应，同时破坏了受刺激细胞线粒体膜的完整性，并积累过量的 ROS，启动了依赖 Caspase 的细胞凋亡途径，造成受刺激细胞的凋亡，进而造成动物肠道的损伤，引发动物肠炎的发生。

诊断技术。根据产气荚膜梭菌不同毒素基因设计合成特异性引物，建立快速鉴定产气荚膜梭菌毒素型的多重 PCR 方法，可有效进行产气荚膜梭菌的快速检测和分型。以抗产气荚膜梭菌 α 毒素单克隆抗体为检测抗体，建立了产气荚膜梭菌 α 毒素免疫组化检测方法，可以检测到人工感染兔各组织脏器中 α 毒素的分布，在自然感染产气荚膜梭菌病兔的心脏、脾脏、肺脏、盲肠、结肠、膀胱、蚓突、延脑等器官中检测到了 α 毒素的分布，其中，胃、肝脏、肾脏等组织中 α 毒素信号较强，该方法可以用于产气荚膜梭菌病的临床诊断，也为该毒素在动物机体内的分布规律及致病机理的研究提供了可靠手段。以抗 α 毒素单克隆抗体为捕获抗体建立了 DAS-ELISA 方法，该方法检测范围为 0.353～90.368 倍的小鼠 LD_{50} 的 α 毒素。

疫苗研发。在大肠杆菌表达系统中获得了高效表达的产气荚膜梭菌可溶性重组 α 蛋白，用该蛋白免疫的小鼠，针对 A 型、B 型、C 型、D 型产气荚膜梭菌的保护率分别为 100%、90%、85%、90%。构建了产气荚膜梭菌 NetB 毒素基因重组植物乳酸杆菌，可作为黏膜免疫的候选抗原。选用延迟裂解型沙门氏菌作为抗原递送载体，构建了表达 plc C、Net B 和 Fba 三种抗原的新型重组沙门氏菌，将该重组菌通过口服方式喂饲小鼠，可同时刺激小鼠产生特异性 IgG 和 sIgA 抗体，上调小鼠 IL-4 和 IFN-γ 细胞因子，为产气荚膜梭菌新型口服疫苗制剂的研制奠定基础。

防控技术。产气荚膜梭菌引起的疾病通常发病急、死亡快，因此疫苗免疫是预防该病的主要方法。研究认为栗木水解单宁具有很强的收敛、抗氧化、高效抑制和杀灭病毒、细菌的作用，体外试验中添加栗木单宁对产气荚膜梭菌有明显抑制作用，并且随着添加量的增加，菌株的生长速度和外部直径有明显降低和减小。黑胡椒精油、茴香精油、肉桂精油、姜精油和艾草精油对产气荚膜梭菌均有不同程度的抑制作用，其中肉桂精油的抑菌效果最佳。近年来，随着对 α、β、ε 等毒素功能研究的深入，研究毒素相关的基因工程亚单位疫苗成为研究热点，并且有望弥补传统类毒素疫苗的安全性不高、稳定性差等缺点。目前已原核表达了 A 型产气荚膜梭菌噬菌体裂解酶 Cp51 重组蛋白，该蛋白对 A 型产气荚膜梭菌有较强的体外杀菌活性和特异性。已成功研制了高效的 A 型产气荚膜梭菌类毒素疫苗，免疫家兔后获得较好的免疫保护效果，但仍需加快国内高效的兔产气荚膜梭菌毒素疫苗的研发和商品化，保障国内家兔养殖业健康发展。

（六）野兔热（Tularaemia）

主要研究机构。中国农业大学、上海交通大学、中华人民共和国阿拉山口出入境检验检疫局、上海出入境检验检疫局、广州金域医学检验中心等单位。

流行病学。野兔热是由土拉弗朗西斯菌引起的兔的一种高度接触性、致死性传染病。对中哈边境采集的游离蜱体内的共生弗朗西斯菌进行鉴定，发现阳性率 14.4％，这是中哈边境铁路线区域亚洲璃眼蜱中首次检测到弗朗西斯菌样核酸。

致病机制。土拉弗朗西斯菌胞浆蛋白 FTL0430 具有酯酶活性，该蛋白借助细菌外膜泡的分泌转运至胞外并与宿主细胞表面脂筏结合，介导细菌对宿主细胞的黏附与入侵，进而增强细菌的感染和致病力。

诊断技术。对基于高通量测序的平均核苷酸一致性（Average Nucleotide Identity，ANI）在弗朗西斯菌鉴定中的应用进行研究，发现实验菌株与西班牙弗朗西斯菌 FSC454 的 ANI 最高，为 97.8％，实验菌株可明确鉴定为西班牙弗朗西斯菌。ANI 分析是一种准确和有效的菌种鉴定方法。建立了 PCR 和实时 PCR 检测野兔热病原体的方法。依据土拉弗朗西斯菌保守基因序列分别设计 PCR 和实时 PCR 的引物，建立 PCR 和实时 PCR 方法。

八、陆生野生脊椎动物疫病

本节总结了野生动物禽流感、狂犬病、犬瘟热、布鲁氏菌病、山羊传染性胸膜肺炎等传染病的最新研究进展，野生动物狂犬病呈明显遗传多样性，狂犬病病毒感染和诱导细胞自噬中相关分子受体及调控机制研究日趋深入；野鸟是禽流感病毒天然的贮存库和基因库，目前引起野鸟疫情的仍以 H5 亚型为主，一些野生哺乳动物也存在禽流感病毒感染风险；Asia1 型犬瘟热病毒 H 蛋白的氨基酸替换，可能致其毒力增强并具备跨种感染大熊猫的能力，流浪犬与散养犬携带的犬瘟热病毒存在感染野生大熊猫的风险，近年藏羚羊山羊传染性胸膜肺炎疫病流行得到控制，序列进化分析显示2012—2014 年期间病原与我国分离株关系更近，且分为两个不同的流行基因群；野生动物布鲁氏菌病仍广泛存在，自然疫源现象应引起重视；南方多省蝙蝠携带全新基因型的 MSLH14 样 A 型轮状病毒，且具有种属特点，首次发现蝙蝠源轮状病毒造成人腹泻病例，建立了 A 型轮状病毒基因型检测方法。

（一）野生动物禽流感（Wild Animal Avian Influenza）

主要研究机构。中国农业科学院长春兽医研究所、哈尔滨兽医研究所，东北林业大学，中国科学院等单位。

流行病学。依托国家林业局野生动物疫源疫病监测体系，通过主动监测，已分离到 H1N1、H4N6、H5N6、H5N8、H7N7、H9N2 等 13 个亚型病毒。流行病学分析证明雁鸭类、鸻鹬类等鸟类携带病毒情况复杂。2015—2016 年期间，发生多起野鸟的禽流感疫情。野鸟，特别是迁徙候鸟疫情的发生增加了禽流感防控难度，提示有必要将野鸟监测预警列入禽流感防控战略。

血清学调查发现，野生哺乳动物也存在禽流感感染风险。新疆西部的调查表明，狼和盘羊血清样品 H7 亚型流感病毒抗体阳性率分别为 9.09% 和 4.55%；鹅喉羚、狼、岩羊和盘羊血清样品 H9 亚型流感病毒抗体阳性率分别为 2.27%、27.27%、23.08% 和 4.55%。

病原学。目前引起野鸟疫情的主要为 H5 亚型禽流感病毒，包括 2.3.2.1c 分支的 H5N1 亚型病毒、2.3.4.4 分支的 H5N6 和 H5N8 亚型病毒。序列进化分析发现，病毒在不断的重排与变异。从野鸟中分离到的流感病毒包括欧亚谱系和北美谱系。

防控技术。重点监测与及时预警仍是野生动物禽流感防控工作的重点，但目前监测尚未实现全国化与网络化。

（二）野生动物狂犬病（Wild Animal Rabies）

主要研究机构。军事医学研究院军事兽医研究所和中国疾病预防控制中心等单位。

流行病学。目前我国野生动物狂犬病的主要传染源是鼬獾、狐狸、貉和蝙蝠，分布具有明显地域特征。鼬獾狂犬病主要流行于浙江、江西、安徽和台湾；狐狸狂犬病主要流行于内蒙古和新疆；貉狂犬病主要集中在内蒙古和黑龙江，为散发流行；吉林在流行病学监测中发现一例蝙蝠狂犬病。

病原学。狂犬病毒属包括 12 个种、2 个暂定种和 1 个未定种。我国陆生野生动物和家养动物狂犬病均是由狂犬病毒属狂犬病病毒（RABV）引起的，呈明显遗传多样性，可分为 3 个进化群：亚洲群、北极相关群和世界群。鼬獾源狂犬病病毒属于亚洲群，和我国犬源毒株亲缘关系较近；狐狸源狂犬病病毒属于世界群，与蒙古、俄罗斯和哈萨克斯坦等国狐狸和狼源毒株亲缘关系较近；貉源狂犬病病毒属于北极相关群，与韩国、蒙古、俄罗斯等国的貉源毒株亲缘关系较近。此外，实验室确诊一例由狂犬病毒属伊尔库特病毒引起的蝙蝠狂犬病。

致病机理。RABV感染后中枢神经系统免疫反应受到抑制，进入中枢神经系统的 T 细胞在短期内凋亡，累积的病毒会导致神经元功能性紊乱。另外，RABV能够通过网格蛋白介导和 pH 依赖的内吞途径侵入神经细胞，经逆轴浆运输到达胞体。RABV感染初期入胞后的分选和定向运输过程，受定位于不同类型胞内体上 Rab5 与Rab7 蛋白的调控。高通量质谱测序分析发现 G 蛋白偶联受体相关分子可能是 RABV的细胞受体分子，在狂犬病的感染过程中发挥重要作用。RABV感染会引起细胞自噬，且强、弱毒株在诱导时相上存在差异，其 M 基因在自噬中发挥了重要作用，AMPK-mTOR通路为病毒自噬的主要信号通路，自噬同时还能抑制细胞的凋亡。狂犬病病毒的 P 基因可进行重排，并对病毒的致病性、免疫原性和对细胞的适应性产生影响，体外细胞实验证明狂犬病毒的 P 蛋白可以通过诱导细胞自噬以促进病毒增殖。通过建立狂犬病病毒街毒的反向遗传操作平台，发现强毒株的 P 基因可抑制小鼠血脑屏障的通透性，除了 G 蛋白的 333 位氨基酸影响病毒的致病性，还有 2 个位点也至关重要。

防控技术。我国已具备野生动物狂犬病的实验室诊断与检测能力，开展了口服狂犬病疫苗研究，包括重组载体疫苗构建及免疫评价、佐剂及诱饵制备与筛选等，但仍需进一步研制。

（三）大熊猫犬瘟热（Giant Panda Canine Distemper）

主要研究机构。中国农业科学院长春兽医研究所、中国科学院、中国农业大学、东北林业大学、吉林农业大学、西南民族大学、成都大熊猫繁殖研究基地等单位。

流行病学。研究发现感染并致死大熊猫的犬瘟热毒株与GP01株具有较高的同源性，同时根据GPS对犬和大熊猫活动区域的追踪结果，推断存在于野犬的犬瘟热病毒可跨种感染大熊猫。流浪犬与散养犬携带的犬瘟热病毒（CDV）对佛坪地区的野生大熊猫健康构成了严重的威胁。采用MaxEnt模型和未来环境因子数据运算，结合ArcGIS 10.2 软件分析我国大熊猫栖息地犬瘟热未来空间分布，发现 2050 年和 2070年栖息地内犬瘟热仍有很高风险，且在未来 30～50 年的时间里，犬瘟热对大熊猫的生境健康构成潜在的较高威胁，提示应加强疫情防范。

病原学。目前，已发现的大熊猫犬瘟热病毒均为 Asia1 型，但有 6 个氨基酸发生了变异。研究表明，病毒 H 蛋白 Y549H 替换可能致 CDV 毒力增强并获得跨种传播能力，导致大熊猫感染死亡。此外，研究发现犬瘟热的感染会影响大熊猫肠道菌群的组成。

防控技术。建立了大熊猫犬瘟热病毒的 RT-PCR 检测方法，并对大熊猫粪便样品进行了测试。评估了犬用金丝雀痘病毒重组犬瘟热疫苗对大熊猫的免疫效果，该疫苗可以诱导大熊猫产生中和抗体，但抗体水平较低，且免疫持续期长短不一，仍需要进一步筛选和研制大熊猫等野生动物用犬瘟热疫苗。

（四）藏羚羊山羊传染性胸膜肺炎 （Tibetan Antelope Contagious Caprine Pleuropneumonia）

主要研究机构。中国农业科学院长春兽医研究所和兰州兽医研究所等单位。

流行病学。自 2012—2013 年西藏那曲地区藏羚羊首次暴发由山羊支原体山羊肺炎亚种（Mccp）引起大规模藏羚羊山羊传染性胸膜肺炎（CCPP）疫情后，近年仍有类似肺炎疫情发生。

病原学。分离到藏羚羊 Mccp 分离株 6 株、藏山羊分离株 1 株。序列进化分析表明，2014 年日喀则地区昂仁县藏羚羊群中流行的 Mccp 与 2012 年分离自那曲地区双湖县的菌株位于同一进化分支，但与 2013 年引发阿里地区日土县家羊疫情的 MCCP 不在同一分支，提示那曲地区与日喀则地区的流行 Mccp 为两个不同的流行基因群。分离株 MLST 分析表明，2012—2014 年藏羚羊分离株同源性 100%，2013 年家羊分离株与藏羚羊分离株不同。2012—2014 年藏羚羊分离株与我国原疫苗株 C87001（20世纪 50 年代新疆株）和山东分离株 SD 株（2007）关系更近（比 2013 年西藏阿里地区藏山羊分离株关系近）；与国外菌株相比，藏羚羊分离株与我国 Mccp 分离株关系更近。

防控技术。正在开展野生动物 CCPP 流行病学调查、风险评估、疫苗与免疫评价等科研攻关。

（五）野生动物布鲁氏菌病 （Wild Animal Brucellosis）

主要研究机构。军事医学研究院军事兽医研究所、中国疾病预防控制中心、青海省动物疫病预防控制中心等单位。

流行病学。2015 年，青海省格尔木市调查表明，鼠兔、旱獭、田鼠和小家鼠布鲁氏菌血清阳性率分别为 3.27%、50%、2.50% 和 11.67%，表明野生动物的自然疫源现象应引起重视。

病原学。发现野生动物中存在牛种、羊种和犬种布鲁氏菌。

防控技术。目前，已建立全国布鲁氏菌的生物种型和 MLVA 分型数据库；分析了我国高流行区和散发区分离的布鲁氏菌对多西环素、利福平、链霉素等八种抗生素的药敏差异；开展了基因缺失疫苗、标记疫苗、菌壳疫苗和 DNA 疫苗的研究，并进行了小鼠等动物的免疫效果评估。

（六）其他野生动物疫病

主要研究机构。中国科学院、江苏大学、成都大熊猫繁育研究基地、中国农业科学院长春兽医研究所等单位。

流行病学。开展了蝙蝠携带病原的调查，特别是人兽共患病类似病毒，研究表明蝙蝠能携带和传播 A 型轮状病毒，有向人间传播并导致婴幼儿腹泻的可能。目前已从蝙蝠体内分离鉴定了 8 株 A 型轮状病毒。通过调查发现 10％的蝙蝠自然感染轮状病毒，且广西和云南地区感染率显著高于浙江和福建地区。2012—2016 年间从云南、广西、广东、福建、浙江等地采集蝙蝠样品，检测发现 4 株新型轮状病毒，证明了蝙蝠向人传播轮状病毒的可能性，并推测我国南方蝙蝠中存在 MLSH14 样 A 型轮状病毒。此外，2010—2015 年调查研究表明，云南省蝙蝠中广泛存在 SARS 样冠状病毒和其他多种类型冠状病毒自然感染，分离或检测到丝状病毒、呼肠孤病毒、细小病毒等多种人兽共患病相关病毒；2009—2016 年调查表明，云南省 10.63％的果蝠自然感染冠状病毒。

病原学。目前从我国蝙蝠体内分离鉴定到冠状病毒、弹状病毒、轮状病毒、丝状病毒、呼肠孤病毒等十余种人兽共患病相关病毒。发现蝙蝠携带新型 A 型轮状病毒，我国南方地区食虫蝙蝠携带的轮状病毒可归为 MSLH14 样轮状病毒，首次发现报道蝙蝠源轮状病毒造成人腹泻的案例。

诊断技术。建立了特异性的 A 型轮状病毒 RT-PCR 检测方法和血清学检测方法，可快速鉴定轮状病毒的基因型。

防控技术。鉴于蝙蝠在病毒进化和生态圈中的特殊位置，未来需加大监测和防范力度，首先明确蝙蝠携带 A 型轮状病毒的基因型多样性，同时提前采取干预措施避免蝙蝠源病毒向人跨种传播。

九、蜂病

本节总结了白垩病、大蜂螨、微孢子虫病、小蜂螨、美洲幼虫腐臭病等 5 种蜂病的研究进展。近年来，一些研究机构开展了蜂病流行病学调查，明晰了上述 5 种蜂病的分布现状及风险因素，并开展了诊断、免疫、药物防治方面的研究，取得了一些成绩。

（一）蜜蜂白垩病（Chalkbrood Disease）

主要研究机构。福建农林大学、山东农业大学、肇庆市食品药品检验所、延边大学、四川省米易县农牧局、广东省生物资源应用研究所、吉林农业大学、甘肃省蜂业技术推广总站等单位。

流行病学。蜜蜂白垩病的发病与食物储蜜量、外界湿度和幼虫脾温度有关，而蜂群的食物储备量不足是导致白垩病发生的关键诱发因素。

病原学。探讨了蜜蜂球囊菌（*Ascosphaera apis*）胞外蛋白酶活性（PU）与其毒力的关系，通过测定 9 个不同来源地的蜜蜂球囊菌菌株的胞外蛋白酶活性及接种后各日累积蜜蜂幼虫死亡率和致死中时（LT_{50}），将胞外蛋白酶活性与接种后各日累积死亡率及致死中时（LT_{50}）进行回归分析，表明各菌株胞外蛋白酶活性与其毒力间存在显著相关性。因此，蜜蜂球囊菌胞外蛋白酶活性可作为大量菌株筛选的参考毒力指标，但不能作为测定相关性的唯一指标。

致病机制。利用临床分离的一株蜜蜂白垩病病原真菌蜂球囊菌，通过饲喂蜂球囊菌孢子对西方蜜蜂进行人工感染，进行了基于高通量测序的蜜蜂幼虫应对蜂球囊菌感染的转录组学分析，从实验组和对照组中共获得 50 175 666、42 001 818 条 unigenes，从文库中筛选到 2 890 个差异表达的基因。显著性分析发现，在健康的蜜蜂幼虫和患白垩病幼虫中共有 2 214 个表达上调基因和 676 个表达下调基因。GO 富集分析及 Pathways 富集分析结果发现，蜜蜂幼虫机体中参与球囊菌反应的几个关键的免疫相关转录途径 JAK-STAT 信号通路、NF-κB 信号通路、Toll 样受体信号通路的显著差异表达及协同激活作用，可能导致抗微生物活性物质及抗菌肽的产生。根据转录组测序获得显著差异表达的基因数据，设计特异性引物对蜜蜂髓样分化因子（Myeloid differentiation factor 88，My D88）、蜜蜂抗菌肽基因家族 Abaecin、Hymenoptaecin、Defensin 1 基因 CDs 区序列全长进行扩增并构建克隆载体，对相关序列进行系统发育分析、氨基酸组成、抗原指数、抗原表位、二级结构及三级结构预测的相关生物信息学分析，为后续研究相关基因及蛋白功能提供一定的理论参考。

利用 RNA-seq 技术对健康及球囊菌胁迫的中蜂 4 日龄、5 日龄、6 日龄幼虫肠道进行深度测序，经趋势分析得到差异表达基因（DEGs）的显著表达模式。通过中蜂幼虫肠道在球囊菌胁迫过程中的差异表达基因（DEGs）分析和趋势分析，发现富集在细胞免疫通路的 DEGs 中表现为上调趋势的基因数远多于下调趋势，富集在体液免疫通路的 DEGs 均表现为上调趋势，表明宿主的细胞和体液免疫通路均被球囊菌显著激活，全面解析了中蜂幼虫肠道响应球囊菌胁迫的免疫应答。通过意蜂幼虫在球囊菌胁迫过程中的 DEGs 分析和趋势分析，发现富集在细胞免疫通路上的部分 DEGs 表现为上调趋势，而更多 DEGs 表现为下调趋势，富集在体液免疫通路上的绝大多数 DEGs 表现为上调趋势，表明宿主的细胞免疫通路被部分激活，而体液免疫通路被显著激活，全面解析了意蜂幼虫肠道响应球囊菌胁迫的免疫应答。

诊断技术。建立了以 PCR 为基础蜜蜂白垩病分子诊断技术，用以检测延边地区的蜜蜂白垩病。建立了一种特异检测蜜蜂球囊菌的方法，反应条件优化后的检测体系为 4mmol/L Mg^{2+}、1.2mmol/L dNTPs、1.6mmol/L FIP/BIP、0.4mol/L 甜菜碱，并在 63℃反应 60min 可完成检测。

防控技术。实验确定对添加半数致死浓度的蜂球囊菌孢子饲料的最低有效辐照剂量为 7.0kGy，为 ^{60}Co γ 射线辐照蜜蜂饲料（特别是蜂花粉）时的辐照剂量选择提供依据。研究发现，桧木中草药制剂对蜜蜂球囊菌的生长有一定抑制作用。不同研究者分别采用在越冬饲料中添加食用碱来防治白垩病，以及使用大蒜水治疗白垩病。制定了山东省蜜蜂白垩病防控技术建议规程。

（二）大蜂螨（Varroa Mite）

主要研究机构。浙江大学、山西省晋中种蜂场、金华市农业科学研究院、北京市蚕业蜂业管理站、中国农业科学院蜜蜂研究所、北京工商大学、甘肃省蜂业技术推广总站、福建农林大学等单位。

致病机理。蜜蜂幼虫血淋巴营养成分差异可能影响狄斯瓦螨的寄主选择，对狄斯瓦螨吸引力（繁殖力）最弱的中华蜜蜂工蜂幼虫血淋巴中，蛋白质含量显著低于意大利雄蜂幼虫、中华蜜蜂雄蜂幼虫和意大利工蜂幼虫，而游离氨基酸含量显著高于这 3 种幼虫；对狄斯瓦螨吸引力（繁殖力）最高的中华蜜蜂雄蜂幼虫血淋巴中，Cu 元素和维生素 E（生育酚）含量是 4 种幼虫中最高的，分别与其他三者具有显著性差异。证实了与螨繁殖相关的营养成分含量与螨寄生特性具有高度一致性。

防控技术。研究者用八角茴香精油防治大蜂螨，使用一个疗程后，大蜂螨的巢房寄生率由用药前的 7.17% 下降到 1.93%，蜂体寄生率由用药前的 4.13% 下降到 1%，与氟氯苯氰菊酯组差异不显著。采用杀螨 1 号加中草药对症治疗蜜蜂蜂螨病效果较好。还有研究者提出利用大蜂螨生活习性巧治大蜂螨，利用中、西蜂混合蜂群来治螨，以及采用物理方法防治蜂螨。

（三）蜜蜂微孢子虫病（Nosema Disease）

主要研究机构。中国农业科学院蜜蜂研究所、浙江大学等单位。

流行病学。采用多重 PCR 的方法对采自中国部分主要养蜂地区的 68 份蜜蜂样品中含有的微孢子虫进行种类鉴定。结果发现，所有样本中仅采自山东寿光的样品中检测出蜜蜂微孢子虫（*Nosema apis*），其他所有样品均只检测出东方蜜蜂微孢子虫（*Nosema ceranae*）。初步推断，我国主要养蜂区寄生危害西方蜜蜂的微孢子虫种类主要是东方蜜蜂微孢子虫。对 2014 年冬浙江多地意蜂群大量死亡事件进行调查，该突发事件的主要原因为多重病毒感染、残翅病毒（DWV）和以色列急性麻痹病毒

（IAPV）的高病毒滴度及东方蜜蜂微孢子虫的感染。

（四）小蜂螨（Tropilaelaps）

主要研究机构。北京林业大学、安徽农业大学、中国农业科学院农业质量标准与检测技术研究所、吉林省养蜂科学研究所、新疆维吾尔自治区蜂业技术管理总站、金华市农业科学研究院、浙江大学等单位。

流行病学。明确了梅氏热厉螨（*Tropilaclaps mercedesae*）在我国的时空分布规律，研究表明马氏距离较欧氏距离更优。小蜂螨在我国的适生性存在季节、地域性差异，从春季至冬季的适生性先增强后减弱，秋季的适生性最强；在南方地区的适生性高于北方地区，在东部地区的适生性高于西部地区，其中华南地区的适生性最高，东北地区的适生性最低。

防控技术。用八角茴香精油防治小蜂螨，使用一个疗程后，小蜂螨巢房寄生率由用药前的 7.65％下降到 3.4％，与升华硫组差异不显著；且八角茴香精油不会引起蜂群群势下降。

（五）美洲幼虫腐臭病（American Foulbrood）

主要研究机构。伊犁职业技术学院、伊犁出入境检验检疫局、新疆维吾尔自治区蜂业发展中心、满洲里出入境检验检疫局、伊犁职业技术学院等单位。

诊断技术。建立了蜂及蜂产品中美洲幼虫腐臭病二温式 PCR 诊断方法，具有特异、灵敏、准确等优点，可用于蜂及蜂产品中的快速诊断。根据 GenBank 中幼虫芽孢杆菌 16S rRNA 基因保守序列设计特异性引物和探针，经反应体系及条件优化，建立了检测蜜蜂幼虫芽孢杆菌（*Paenibacillus larvae*）Taq Man 荧光定量 PCR 方法。该方法与其他病原无交叉反应；最低可检出每微升 1.3×10 拷贝的阳性质粒。比普通 PCR 灵敏度高 100 倍；重复试验显示该方法的批内和批间变异系数均小于 3％，应用该方法对 50 份实验室模拟样品和 100 份临床样品进行了检测。

十、鱼类及其他水生脊椎动物病

本节总结了鲤春病毒血症、草鱼出血病等 14 种水生脊椎动物疫病的研究进展。近些年来，我国鱼病研究不断深入，开展了一系列鱼病调查监测活动，对鱼病病原学、流行病学和致病机理的认识日益丰富。我国鱼病实验室诊断技术和疫苗研究技术快速发展，传染性造血器官坏死病核酸疫苗、罗非鱼无乳链球菌灭活疫苗等研制工作取得重要进展，对促进水产养殖业健康发展，减少化学药品使用等具有重要意义。

（一）鲤春病毒血症（Spring Viremia of Carp，SVC）

主要研究机构。深圳出入境检验检疫局、上海市水产研究所、上海市水产技术推广站、黑龙江水产研究所、上海海洋大学、山东出入境检验检疫局、北京市水产技术推广站、华中农业大学等单位。

流行病学。监测显示，鲤春病毒血症病毒（SVCV）在我国鲤科鱼类主产区分布广泛，在新疆、安徽等地有小范围发病。国内分离株主要属于Ⅰa基因亚型，该亚型毒株致病力存在差异，SVCV毒株在中国不同的鲤养殖环境中，正在不断地进化，体现在对温度的适应性和毒力的变化。

病原学。对SVCV的糖蛋白空间结构及其B细胞抗原表位的预测，推导出了其509个氨基酸序列。空间结构预测显示，SVCV糖蛋白存在一定数量的α-螺旋、β-折叠、β-转角及大量无规则卷曲结构，空间构象较规则。抗原指数及抗原表位指数分析显示，糖蛋白中存在许多抗原指数较高的区域，该区域平均抗原指数为1.025，最大值达1.250，其中5个区域可能是B细胞抗原表位的主要分布区域。

致病机理。以鲤为研究对象，对与病毒先天性识别有关的TLRs及其下游信号通路中的干扰素相关免疫因子展开研究；建立了鲤-SVCV感染模型，从分子角度研究SVCV引起的宿主TLRs、非特异性免疫相关基因和炎症相关基因表达量的变化。Nrf2-ARE是机体对抗氧化应激最重要的内源性信号通路，由Nrf2介导的下游效应基因在细胞抗氧化、抗炎症、抗凋亡等过程中发挥着关键性作用，并参与到多种病毒的感染和复制过程中。系统探讨了Nrf2-ARE信号通路与SVCV之间的相互作用关系，发现SVCV作用于线粒体电子传递链复合物Ⅲ，导致胞内活性氧的蓄积和蛋白质等生物大分子的氧化损伤，证实氧化应激是SVCV重要的致病机理之一。同时发现机体内源性抗氧化轴ROS/Nrf2/HO-1可显著抑制SVCV的感染。

诊断技术。对病毒核蛋白、磷蛋白与基质蛋白进行了表达和抗体制备；建立了焦磷酸测序检测技术，分析灵敏度达到$10pg/\mu L$；确认草鱼细胞系对SVCV有稳定、高效的分离效果。

防控技术。采用指数富集配体系统进化技术（SELEX），首次筛选出针对SVCV的核酸适配体A2和A15，经过荧光PCR、凝胶阻滞和病毒中和试验，证明了其对SVCV具有结合力和抑制作用，对检测和防治该病打下良好基础。

（二）草鱼出血病（Grass Carp Hemorrhage Disease，GCHD）

主要研究机构。中国水产科学研究院珠江水产研究所、上海海洋大学、广东海洋大学、西北农林科技大学、中国科学院水生生物研究所等单位。

流行病学。基于S7基因节段构建的遗传进化树表明我国的草鱼呼肠孤病毒

（GCRV）总体上可以分为 3 个基因型，其中 GCRV Ⅱ型又可以分为不同的亚型，且 GCRV 不同分离株具有一定地域分布规律。采用三重 RT-PCR 分型检测技术，无临床症状草鱼样品中 GCRV 总阳性率为 2.9%；疑似 GCHD 样品中 GCRV 总阳性率为 40%，其中Ⅱ型占总阳性样品的 89.7%，表明 GCRV Ⅱ型是我国当前主要流行基因型。通过 RT-PCR 检测 GCRV *VP2* 基因，将对确诊的不同 GCRV 毒株主要结构蛋白基因进行同源性分析，表明同一基因型不同分离株的同源蛋白基因具有很高的同源性，不同基因型的分离株的同源蛋白基因之间差异极显著。研究发现，Ⅲ型 GCRV 感染草鱼多表现为"肠炎型"症状，表明草鱼出血病不同临床症状可能与其病原基因型不同有关。

病原学。通过不同细胞内吞抑制剂预处理感染 GCRV 的 CIK 细胞，结果表明 GCRV 进入宿主需要在低 pH 环境下，通过发动蛋白的辅助，依赖网络蛋白介导完成。GCRV 能够诱导 CIK 细胞凋亡，用 siRNA 基因沉默方法初步证明了 Trap1 在 GCRV 感染 CIK 过程中起到抗细胞凋亡的作用。通过酵母双杂交试验筛选出草鱼层粘连蛋白受体蛋白（Lam R），Lam R 抗体能够竞争性抑制 GCRV 感染，通过 RNAi 敲降 Lam R 的 CIK 细胞的 GCRV 吸附感染率显著下降。

致病机理。研究发现，草鱼黑色素瘤分化相关基因 5（MDA5）甲基化能够显著抑制 GCRV 在草鱼体组织器官内增殖；GCRV 基因组 S11 片段编码的 NS 26 非结构蛋白的 TLPK 部分是激活 NS16 蛋白膜融合活性的关键功能区，可能通过溶酶体作用暴露 TLPK 部分进而作用并激活 NS16 蛋白，从而完成病毒的膜融合过程；GCRV 可能是利用外层衣壳蛋白 VP5 来识别宿主细胞膜上的受体 Lam R，从而介导其吸附宿主细胞，并且证实 GCRV 病毒粒子进入宿主细胞需要在低 pH 环境下，通过发动蛋白（Dynamin）的辅助依赖于网格蛋白（Clathrin）介导的内吞途径完成。

诊断技术。制备了Ⅱ型草鱼呼肠孤病毒 VP4、VP35 蛋白多克隆抗体，使用该抗体捕获抗原可用于确诊草鱼是否感染 GCRV Ⅱ型病毒，初步建立了针对 GCRV Ⅱ型的血清学检测方法。

防控技术。研制的Ⅰ型草鱼呼肠孤病毒 VP7 衣壳蛋白 DNA 疫苗，免疫草鱼之后能诱导较强的细胞免疫和体液免疫应答，对强毒的免疫保护率可达到 67%。用 β-丙内酯灭活的Ⅱ型草鱼呼肠孤病毒 HuNan1307 株制备疫苗，注射免疫该灭活疫苗的草鱼都产生了较高的血清抗体滴度和针对 GCRV 的特异性中和抗体；脾和头肾中 6 个免疫相关的基因表达明显增强，免疫保护率达到 80%，保护效果可持续 12 个月。利用碳纳米管投递抗病毒药物，碳纳米管载抗病毒药物能通过药浴阻断草鱼体内病毒传播，获得无特定病原苗种。同时碳纳米管载基因工程疫苗能通过浸浴免疫达到注射免疫效果，实现草鱼有效免疫保护。利用枯草杆菌/大肠杆菌穿梭表达系统构建 GCRV 外衣壳蛋白 VP4 的口服芽孢疫苗，通过口服免疫后鱼体产生了较强的特异性免疫反应，对强毒攻击感染的免疫保护力达到 60% 以上，为下一步疫苗研发和推广提供了新思路。

（三）肿大细胞虹彩病毒病（Infection with Megalocytivirus）

主要研究机构。中国水产科学研究院黄海水产研究所、中国科学院海洋研究所、中国科学院南海海洋研究所、中国水产科学研究院珠江水产研究所、华中农业大学、中山大学、青岛农业大学、山东农业大学、烟台大学等单位。

流行病学。该病在尖吻鲈、鳜中流行，广东养殖的尖吻鲈在 6—9 月份高温期发病。珠海某池塘发病率约 50%，死亡率达 20%。病鱼在池塘中游动缓慢，体色发黑，反应迟钝，呼吸困难，最后全身衰竭死亡。剖检可见鳃充血发紫，空肠空胃，肠道微红，肝肿大，脾肾严重肿大、发黑，胆囊充盈。

病原学。对病毒致病基因进行研究，发现 RBIV-C1 的 ORF75 是病毒重要的转录调节因子。此外，抑制 ORF86 和 ORF107 的表达，可以显著降低病毒复制能力，并分别改变 41 个和 26 个病毒基因的表达谱。ISKNV ORF119L 编码的蛋白，拥有一个 3-ankyrin 重复（3ANK）结构域，该结构域与斑马鱼、小鼠和人的整合素连接激酶（Integrin-linked kinase，ILK）氨基端高度相似。研究结果表明，ISKNV ORF119L 可能具有 ILK 的显性负调控功能。

致病机理。研究了病毒导致宿主出现肿大细胞的机制。感染 ISKNV 的鱼体细胞，其病理特征为嗜碱性、细胞质肿大。研究发现，肿大细胞膜外形成一种与细胞基膜相似的结构——病毒类基膜或伪基底膜（Virus-mock basement membrane，VMBM）。感染了病毒的细胞形成伪基底膜后，募集宿主淋巴内皮细胞（LECs）贴附在伪基底膜外，包裹感染细胞从而逃避宿主的免疫攻击。伪基底膜的成分包括 VP23R、VP08R 和宿主蛋白 Nidogen-1。其中 VP23R 对指导伪基底膜的合成有重要意义。VP08R 蛋白通过与 VP23R 相互作用，锚定在细胞膜上。VP08R 通过分子间的二硫键聚合成多聚体，形成网状结构包裹感染细胞的膜，并功能性地代替细胞的骨架蛋白Ⅳ型胶原（Collagen Ⅳ），维持伪基底膜的稳定。鳜的紧密连接蛋白 Claudin2 定位在肿大细胞的外周，能与 VP08R 和 VP23R 相互作用，推测淋巴内皮细胞通过 Claudin2 与伪基底膜结合，进行贴附。ISKNV 的一个 miRNA（ISKNV-miR-1）对 VP08R 进行调控，进而控制伪基底膜的合成。

研究了 CPB 细胞被 ISKNV 感染后的转录组谱，发现 ISKNV 通过视黄酸诱导基因Ⅰ样受体（RLRs）途径，抑制了细胞 NF-kB 的活性。ISKNV 可能主要通过肿瘤坏死因子（TNF）介导的外源性途径诱导细胞凋亡。

发现 RBIV-C1 诱导的宿主 miRNA 可以同时抑制宿主的多个抗病毒途径，从而促进病毒的复制。利用高通量测序分析鉴定出 381 个牙鲆的 miRNAs，其中 121 个在

RBIV-C1 侵染过程中呈现出显著的表达差异。特别是牙鲆的 pol-miR-731 miRNA 可被病毒诱导表达，并在 RBIV-C1 感染早期促进病毒的复制。pol-miR-731 可以特异性地抑制牙鲆干扰素调节因子 7（IRF7）和细胞肿瘤抗原 p53 的表达，从而阻断 IRF7 介导的 I 型干扰素应答，抑制 p53 介导的脾细胞凋亡及细胞周期阻滞。

研究了宿主细胞抗病毒感染的机制。①ISKNV 感染鳜脑细胞系（CPB）及鳜后，鳜 p53 基因（Sc-p53）的 mRNA 和蛋白表达水平显著上调，表明 Sc-p53 在鱼体免疫防御和抗病毒应答中扮演着重要角色。②半滑舌鳎的胸腺素 α（Prothymosin alpha，ProTα）作为免疫调节素，通过 MyD88 依赖的信号通路可以促进鱼体的抗病毒免疫。③斑马鱼的 Daxx 基因在调控细胞凋亡及抗病毒免疫方面起着重要作用。④TFPIs 可以可逆地调控凝血反应，在鱼体的多个组织中表达。感染了 ISKNV 之后，半滑舌鳎头肾、肝、脾组织中 TFPI-1 和 TFPI-2 基因的表达水平显著升高，表明 TFPIs 在鱼体预防病原感染和非特异性免疫中起着重要作用。⑤首次证实鱼类黑色素瘤分化相关基因 5（Melanoma differentiation-associated gene 5，MDA5）可能主要通过调控促炎性细胞因子的途径，抑制虹彩病毒的复制。

诊断技术。建立并优化了一种扩增子拯救多重 PCR 检测方法，该方法结合基因芯片技术可以同步检测 7 种重要的鱼类病毒，包括多种肿大细胞虹彩病毒。该方法可以在 1 支反应管内对鱼类 7 种病毒的 9 个致病基因同步进行扩增，检测灵敏度分别为每微升 10^1 拷贝（RGNNV、VHSV、ISAV）、10^2 拷贝（LCDV、Mega、IHNV、IPNV）和 10^3 拷贝（TRBIV）。该方法具有高通量、高灵敏度、高准确性的优势，能有效提高鱼类病毒筛查效率，在鱼病调查领域具有应用潜力。

防控技术。建立了鳜脑细胞系 CPB，该细胞系对 ISKNV 感染高度敏感，接种 7d 后病毒滴度达 $6.58\sim6.62$ log $TCID_{50}$/mL，可用于体外扩增 ISKNV 和基因表达研究。成功制备了抗 ISKNV MCP 的 3 株单克隆抗体 5F1、3D9 和 5B4，均为 IgG1 亚型。这些单抗可特异性地识别 ISKNV 病毒粒子和 MCP 蛋白，为建立 ISKNV 疫苗抗原含量检测方法奠定了基础。

发现咪唑喹啉化合物 R848 具有防治硬骨鱼类肿大细胞虹彩病毒病的应用潜力。该药物是一种具有抗病毒活性的免疫增强剂，可以通过 TLR7/8 介导、MyD88 和 NF-κB 依赖的信号通路，激活鱼体免疫细胞，从而抑制肿大细胞虹彩病毒的复制。

在病毒基因工程疫苗研究方面有新突破。①基于 ISKNV 的 ORF086 和 ORF093 基因，研制了 DNA 疫苗 pcDNA086 和 pcDNA-093，这两种疫苗的 RPS 分别为 63% 和 50%，可以作为有效的候选疫苗用于控制鳜的传染性脾肾坏死病。②将 ISKNV 的 ORF086 基因插入到嗜水气单胞菌（A. hydrophila）GYK1 株的 ompA 基因盒中，构建出融合了 ompA-orf086 的嗜水气单胞菌突变株 K28。研究证明 ISKNV 的 ORF086 在 K28 细胞表面得到了展示表达。将该疫苗免疫接种鳜后用 ISKNV 进行攻毒，疫苗的相对保护率为 73.3%。③基于 RBIV-C1 的 ORF75、ORF86 和 ORF107 制备的 DNA 疫苗 pCN444、pCN523 和 pCN247，均可以上调大菱鲆先天和获得性免疫相关基因的表达以及诱导特异性的细胞免疫和体液免疫应答，pCN444 诱导的大菱鲆血清抗体还具有中和病毒的能力。上述 DNA 疫苗对 RBIV-C1 感染表现出了较高的保护效力，其相对免疫保护率（RPS）均达 60% 以上，有望在养殖业中应用。④基于 TRBIV 的主要衣壳蛋白（MCP）基因片段，研制了 DNA 疫苗 pVAX1-TRBIV-MCP。免疫试验表明，与对照组大菱鲆高达 88% 的累积死亡率相比，疫苗接种组的累积死亡率仅为 30%，具有良好的应用前景。

（四）锦鲤疱疹病毒病（Koi Herpesvirus Disease，KHVD）

主要研究机构。吉林农业大学、吉林省水产科学研究院、四川农业大学、成都市动物疫病预防控制中心、上海海洋大学、中国水产科学研究院长江水产研究所、黑龙江水产研究所、珠江水产研究所、湖南农业大学、北京出入境检验检疫局、中山大学等单位。

流行病学。KHV 病毒株基因型与地理分布存在密切联系。亚洲的流行株主要是以 CyHV3-J 为代表的 A 型，但不同基因型病毒株在不同地区之间存在相互输入的现象，亚洲和欧洲都相互分离到欧洲株和亚洲株。中国流行株多是亚洲型，欧洲型较少。

病原学。对 ORF136、ORF108、ORF146、ORF72 基因进行生物信息学分析，并对 ORF27 基因的原核表达及免疫原性进行研究，发现其具有较好的免疫原性，是潜在的基因疫苗位点。

致病机理。锦鲤疱疹病毒可以潜伏在鱼体内，当恢复至适宜温度时，病鱼可重新出现疾病的临床症状，并导致感染鱼死亡。对锦鲤疱疹病毒转录组进行分析，发现 MAPK 信号通路相关基因、细胞因子介导信号通路中相关基因与该病的感染与发病相关。

诊断技术。建立了针对锦鲤疱疹病毒的环介导等温扩增方法（LAMP）、单交叉引物等温扩增检测方法，以及 TaqMan 荧光定量 PCR 快速检测方法。

防控技术。目前主要致力于 DNA 疫苗的研究。研究发现，鲤 I-IFN-γ 作为锦鲤疱疹病毒的免疫佐剂具有一定的免疫效果，于第三次免疫鲤 I-IFN-γ 与 pIRES-ORF81 后 2 周，抗体水平达到最高，联合免疫与单独免疫核酸疫苗 pIRES-ORF81 相比，抗体水平明显升高，但差异不显著（$p > 0.05$）。

（五）鲫造血器官坏死症（Crucian Carp Haematopoietic Necrosis，CCHN）

主要研究机构。中国水产科学研究院长江水产研究所、上海海洋大学、深圳出入境检验检疫局、浙江淡水水产研究所、华中农业大学等单位。

流行病学。在基因组水平上比较了从中国射阳市分离的鲤疱疹病毒Ⅱ型（CyHV-2）与从日本金鱼体内分离的 CyHV-2 分子流行特征。结果显示，中国 CyHV-2 毒株与日本毒株的相似性为 98.8%，代表一个新的毒株类型。

病原学。首次建立了来源于异育银鲫脑组织且对 CyHV-2 高度敏感的细胞系 GiCB，并研究了该细胞系的生物学特性和病毒在该细胞系上增殖的超微形态发生过程。血细胞病理学分析显示，感染 CyHV-2 的患病鱼血液中大约有 78% 的红细胞和 94% 的白细胞受到不同程度的变性和坏死损伤。

致病机理。进行了病毒感染机制相关研究，主要集中在对鱼体先天性抗病毒免疫相关基因的克隆和表达。研究了 CyHV-2 ORF104 基因编码的激酶样蛋白功能，亚细胞定位研究结果显示，在 HEK293T 细胞和 EPC 中，该蛋白在细胞核内表达。敲除 ORF104 典型的细胞核定位信号序列后，该蛋白则在细胞质中广泛分布。ORF104 基因的过表达可上调 p38 磷酸化蛋白的表达。

诊断技术。建立了基于 PCR、环介导的等温扩增（LAMP）技术检测 CyHV-2 的方法。针对 CyHV-2 主要衣壳蛋白基因，设计了特异性引物和 Taqman 探针，建立了实时荧光 PCR 方法，其检测下限为 83 拷贝。建立了免疫学检测方法，利用 CyHV-2 ORF72 基因所编码的衣壳蛋白作为捕获抗原，识别感染鱼体的相应抗体，从而对样本进行临床免疫学检测。利用原位杂交技术从人工感染急性或慢性期异育银鲫外周血淋巴细胞中检测出 CyHV-2，证实宿主血清中病毒基因组数量在感染后呈典型的"一步生长"特征，并保持稳定状态。表明 CyHV-2 存在于患病鲫鱼的血液中，对该病的采样检测诊断方法建立提供了新思路。

防控技术。利用 GiCB 细胞系对 CyHV-2 进行细胞培养，制备细胞培养灭活疫苗免疫鲫鱼，显示该细胞灭活疫苗能够有效引起免疫鱼体的非特异性免疫和特异性免疫，免疫保护率可达到 71.4%。通过在酵母表达系统内截短表达 CyHV-2 ORF25 基因，纯化表达蛋白，进行免疫保护试验，证实其可诱导鱼体细胞免疫和特异性免疫应答，免疫保护效果可达 75% 左右。利用聚六亚甲基胍对人工感染鲤疱疹病毒Ⅱ型的鲫鱼进行治疗，效果较好。

（六）传染性造血器官坏死病（Infectious Haematopoietic Necrosis，IHN）

主要研究机构。中国水产科学研究院黑龙江水产研究所、深圳出入境检验检疫局、东北农业大学、四川农业大学、北京市水产科学研究所、北京市水产技术推广站、山东出入境检验检疫局、吉林农业大学等单位。

流行病学。监测结果显示，传染性造血器官坏死病毒（IHNV）在我国鲑鳟养殖场分布广泛，黑龙江、辽宁、吉林、山东、青海、新疆、甘肃、山西、云南、四川等各省（自治区）均有检出。国内分离株仍为 J 基因型。同时发现了虹鳟混合感染 IHNV 与传染性胰脏坏死病毒（IPNV）的病例。

病原学。对收集于我国不同地区 IHNV 分离株开展聚类分析，表明目前有参考序列的中国 IHNV 毒株均为 J 基因型，同时发现我国毒株逐渐区别于日本及韩国的 IHNV 分离株，已形成独立的基因亚型（命名为 JCh 基因亚型）。

致病机理。利用上皮细胞（EPC）研究了 IHNV 与细胞自噬的关系，表明 IHNV 能够诱导 EPC 细胞自噬，且该自噬作用能够抑制 IHNV 在细胞中的复制及释放。利用敏感细胞系研究了 IHNV 各个蛋白在 NF-κB 信号通路中的作用，结果显示 IHNV 的聚合酶蛋白是 NF-κB 信号通路的激活蛋白，而 NV 蛋白却是 NF-κB 激活的抑制剂。

诊断技术。以 IHNV 核蛋白基因为靶基因建立了 IHNV 液体芯片检测技术，最低检测限为 100pg/μL。该方法能够同时检测同一体系中的 SVCV 和病毒性出血性败血症病毒（VHSV）。以 IHNV 核蛋白基因为靶基因建立了 IHNV 微滴数字 PCR 检测技术，最低检测限为每微升 2.2PFU。根据 IHNV 基因序列设计了保守的指纹序列，建立了 IHNV 焦磷酸测序检测方法，最低检出限为 10pg/μL。该方法能够从 8 种鱼类病毒中特异性地检测出 IHNV。

防控技术。以流行于我国的 J 基因型的 IHNV 分离株构建了核酸疫苗（pIHN-Ch），效力分析发现该疫苗在免疫后第 4 天即可为免疫虹鳟提供 90% 以上的相对保护率，且在免疫后 6 个月仍然能够提供很强的特异性保护（70% 以上）。交叉保护试验表明，pIHN-Ch 对我国不同地区 IHNV 分离株具有一致的保护效果。目前该疫苗已获得农业农村部转基因生物安全管理办公室批准，在黑龙江省开展疫苗中间试验。在单价 IHN 核酸疫苗的基础上开展了抗 IHN 和 IPN 的二联核酸疫苗（pIHN/IPN-Ch）研究。效力分析结果显示，pIHN/IPN-Ch 不但能够抵挡 IHNV 强毒株攻击，还为免疫虹鳟提供了 90% 以上的相对保护率，而且能够显著降低虹鳟体内 IPNV 载量。尝试利用酵母展示技术结合蛋白额外锚定策略，提高了展示于酵母表面的 IHNV 糖蛋白数量，初步构建了口服抗 IHN 酵母疫苗，效力分析结果显示该疫苗能够为口服免疫虹鳟提供近 50% 的相对保护率。建立了 IHNV 反向遗传操作系统，体外成功拯救了重组 IHN 病毒，并且利用该病毒作为活载体进行了外源蛋白表达研究；构建了转 IHNV 糖蛋白基因（Glycoprotein，G）的莱茵衣藻。口服免疫小鼠后进行攻毒试验，显示转 G 基因莱茵衣藻能够刺激小鼠 T 淋巴细胞增殖。利用大肠杆菌表达了虹鳟 IFN-γ2，攻毒试验结果显示，免疫后 1d 进行 IHNV 攻击，鱼死亡率为 40%；而免疫后 2d 进行 IHNV 攻击，鱼死亡率达到 80%。在细胞水平上开展了 IHNV 微型基因组表达干扰素对病毒细胞内复制的抑制作用研究。

（七）病毒性神经坏死病（Viral Nervous Necrosis，VNN）

主要研究机构。中国水产科学研究院长江水产研究所、黄海水产研究所、南海水产研究所，上海海洋大学，中国科学院南海海洋研究所，中国热带农业科学院，中山大学，东北林业大学，大连海洋大学，华中农业大学，华南农业大学，广东海洋大学，海南大学，福建省水产研究所等单位。

流行病学。易感宿主范围广泛，2015 年报道发病鱼种有半滑舌鳎、罗非鱼、珍珠龙胆石斑鱼、褐篮子鱼、花鲈、尖吻鲈、金线鱼、太平洋鳕、鳜等。首次证实半滑舌鳎也是该病的敏感宿主。在山东，半滑舌鳎鱼苗被 RGNNV 自然感染并出现大规模死亡。15～20 日龄的半滑舌鳎鱼苗最易发病，发病水温 22～24℃，7d 内死亡率高达 90%～100%。在辽宁，养殖的太平洋鳕鱼苗因感染了太平洋鳕神经坏死病毒（PCNNV）而大量死亡，死亡率高达 90% 以上。经鉴定该病毒属于 BFNNV 基因型。2015 年 8 月，湖北荆门网箱养殖的罗非鱼出现暴发性死亡，发病水温 29～30℃，发病率约 40%，死亡率高达 80%。在患病罗非鱼脾脏、心脏及鳃组织的细胞质中观察到大量呈球形、无囊膜、直径 30～40nm 的病毒颗粒，疑似鱼类神经坏死病毒，但未进行病毒鉴定。

用套式 PCR 方法调查了神经坏死病毒在中国南海鱼类中的流行情况。结果发现，在 381 个养殖鱼类样品和 892 个野生鱼类样品中，病毒检出率分别为 63.0% 和 42.3%，全部为 RGNNV 基因型。调查的 11 种养殖鱼类全部可以被 RGNNV 感染；69 种野生鱼类中，65.2% 的品种可以被 RGNNV 感染。35 种海水鱼类是新发现的神经坏死病毒宿主。用套式 PCR 方法调查了神经坏死病毒在海南岛养殖和野生鱼类中的流行情况。在未发病的鱼类样品中，NNV 的阳性检出率分别为 64.1% 和 34.2%，显示神经坏死病毒的流行率很高，潜伏感染相当普遍。其中感染养殖鱼类的 52 个分离株全部为 RGNNV 基因型；感染野生鱼类的 48 个分离株中，有 2 株为 SJNNV 基因型，其余为 RGNNV 基因型。这是首次确认在中国存在 SJNNV 基因型。

病原学。鱼类神经坏死病毒（乙型野田村病毒）经过长期演化，形成了 4 种主要的基因型，即 RGNNV、SJNNV、TPNNV 和 BFNNV。选取了 1991—2012 年报道的 49 个病毒的 RNA 聚合酶（RdRp）和 73 个病毒的衣壳蛋白（Cp）基因全长编码序列，进行了贝叶斯溯祖分析（Bayesian coalescent analyses）。发现在大约 700 年前，这两个基因几乎同时分化出上述 4 种基因型。此外，还推测在 20 世纪 80 年代早期欧洲南部发生了一次神经坏死病毒的遗传重组事件，产生了 7 株 RG/SJ 型嵌合体病毒。

乙型野田村病毒与其鱼类宿主在密码子使用偏好方面不完全一致，推测与精细调控病毒蛋白的翻译速率以及蛋白正确折叠相关。神经坏死病毒的 RdRp 在 335～445 位氨基酸区域的二级结构决定了病毒的温度嗜性。测定了感染花鲈的一株 RGNNV

的基因组序列，其 RNA1 长度 3 103nt，RNA2 长度 1 433nt。

致病机理。研究了 RGNNV 感染早期病毒在卵形鲳鲹幼鱼体内的动态分布和组织嗜性。腹腔注射病毒悬液 4h 后，在幼鱼的脑、肾、脾、鳃、心脏和肌肉中即可检测到病毒，说明这些器官是首先被病毒感染的器官。注射后 96h，肝、肠中才可以检测到病毒，但病毒载量不高。在检测的鱼体组织中，脑中病毒载量最高。

研究了鱼类抗 RGNNV 感染的非特异性免疫机制。克隆了鱼体相关免疫基因，包括斜带石斑鱼 *TRIM8*、*TRIM13*、*TRIM25*、*TRIM39*、*MKK7*、*IRF3*、*STAT3*、*MDA5* 基因和花鲈 *LGP2*、*MAVS*、*MDA5* 基因，分析了其结构和功能域，表达谱分析显示这些基因在鱼体各组织中存在不同的优势表达特征。在细胞中过表达 *TRIM8*、*TRIM25*、*TRIM39* 等基因，可显著增加细胞 IRF3、IRF7 的转录水平，调控细胞周期，抑制病毒基因的转录水平，显著降低病毒增殖速率。在细胞中过表达 *IRF3*、*MDA5* 基因，细胞的 I 型干扰素基因、干扰素诱导基因、促炎性细胞因子等转录水平增高，病毒基因的转录水平和病毒增殖速率显著降低。在体外试验中，异位表达 *TRIM8*、*MDA5* 可显著延迟 RGNNV 和 SGIV 感染导致的 CPE 进程，并显著抑制病毒基因的转录和蛋白质合成。然而，*TRIM13* 在鱼体抗 RGNNV 应答中却起着负调控作用。在细胞中过表达 *TRIM13*，可以明显促进 RGNNV 的复制；*TRIM13* 的异位表达不仅负调控 *IRF3*、*IRF7* 和 *MDA5* 诱导的干扰素启动子活性，而且会降低多个干扰素相关因子的表达。以上研究表明，这些基因在鱼体非特异性抗病毒免疫中扮演重要角色。

研究了鲨素 I 抗病毒感染的作用机制。发现其可以大幅度降低 SGIV 和 RGNNV 的滴度，抑制病毒基因的表达。在培养细胞 GS 和 GB 中，鲨素 I 过表达可以显著抑制病毒的感染。在体外试验中，鲨素 I 可以显著上调 SGIV 和 RGNNV 感染细胞的 I 型干扰素和干扰素刺激应答元件（ISRE）的启动子活性。

诊断技术。建立了鱼类神经坏死病毒的多种检测方法。如 CPA-LFD、Taqman 实时荧光定量 PCR、基因芯片、LR RT-PCR、RT-LAMP、扩增子拯救多重 PCR（Arm-PCR）、纳米探针（Ag-NNV）等检测方法。CPA-LFD 是一种简单、快速、高度灵敏、高特异性的快速检测 RGNNV 方法，2h 内即可得到检测结果，检测灵敏度高达每微升 10 个病毒拷贝，可广泛应用于该病毒的现场快速检测。Arm-PCR 方法可以在 1 支反应管内对 7 种重要水产病毒的 9 个致病基因同步进行扩增和检测，对 RGNNV 的检测灵敏度为每微升 10 拷贝。Arm-PCR 方法结合基因芯片技术，可以实现多种鱼类病毒性病原的高通量、高灵敏、高准确的检测，具有良好的应用前景。

防控技术。建立了卵形鲳鲹脑细胞系（TOGB），该细胞系与此前建立的鳜脑细胞系（CPB）都对石斑鱼神经坏死病毒高度敏感，可以作为增殖病毒的有效手段，对致病性研究和疫苗研制具有重要意义。通过 SELEX 技术，筛选到以 NNV 衣壳蛋白为特异性靶标且亲和力高的 3 个 DNA 适配体（DNA aptamers）。无论在体外还是在活体内，这 3 个适配体均没有细胞毒性，并且可以抑制 NNV 的感染。这些核酸适配体还可以用于 NNV 的示踪研究和靶向治疗。构建了具有疫苗潜力的 OGNNV 病毒样颗粒（VLPs）。该 VLPs 在结构与大小方面与天然病毒相似。将 VLPs 作为疫苗注射石斑鱼，可以提高鱼体的 *MHCIa*、*MyD*88、*TLR*3、*TLR*9 和 *TLR*22 等免疫基因的表达水平。VLPs 添加 CpG ODN 佐剂后注射鱼体，上述免疫基因表达水平显著升高。此外，OGNNV 衣壳蛋白的 C-末端是结合外源多肽的合适位点，适宜疫苗设计和开发病毒载体。

（八）鳜弹状病毒病（Mandarin Rhabdovirus Disease，MRD）

主要研究机构。中国水产科学研究院珠江水产研究所、华中农业大学、四川农业大学、吉林大学、大连海洋大学、广州利洋水产科技股份有限公司等单位。

流行病学。2015 年从杂交鳢、大口黑鲈和鳜中共检出 74 例鳜弹状病毒（SCRV）阳性，总检出率为 12.29%，4 月份和 12 月份检出率较高。其中杂交鳢 218 例，SCRV 检出率 27.98%；大口黑鲈 194 例，SCRV 检出率 6.19%；鳜 185 例，SCRV 检出率 0.54%。通过浸泡和注射感染发现，从杂交鳢分离的乌鳢弹状病毒（SHVV）可感染鳜，证实了 SHVV 的跨种传播感染。

病原学。研究了谷氨酰胺在 SHVV 增殖复制中的作用，发现谷氨酰胺缺乏明显减少病毒 mRNA 表达、蛋白合成和病毒颗粒的增殖，添加 α-酮戊二酸，草酰乙酸和丙酮酸等 TCA 循环的中间产物可明显恢复 SHVV 的增殖。

致病机理。对鳜的 *IRAK*4 基因进行了克隆，发现 SCRV 感染鳜后 Sc IRAK4 的表达量呈现上调趋势，12h 时脾脏中 Sc IRAK4 的表达量为对照组的 8.17 倍。用 SHVV 感染斑马鱼胚胎成纤维细胞 ZF4，研究了病毒感染与视黄酸诱导基因蛋白受体（RLRs）途径的关系，结果表明 SHVV 感染 ZF4 细胞可能激活了 RLRs 介导的干扰素表达途径。

诊断技术。通过优选上、下游引物，克服了现有鳜弹状病毒检测方法的不足，建立了一种新型 RT-PCR 快速检测试剂盒及检测方法。该方法具有快速、准确、特异的优点，满足了临床诊断的要求，为检测鳜弹状病毒提供了便利条件。

防控技术。弹状病毒病是近些年来危害鳜、乌鳢、加州鲈养殖的主要病害之一，治疗效果难尽如人意。因此，在养殖过程中应该严格消毒，杜绝传染源的扩散。

（九）大鲵虹彩病毒病（Giant Salamander Iridoviral Disease，GSIVD）

主要研究机构。中国水产科学研究院长江水产研究所、西北农林科技大学、中国科学院水生生物研究所、四川农业大学等单位。

流行病学。近年来从浙江、陕西、江西、湖南等大鲵主要养殖区域共检测出 50 例虹彩病毒（GSIV）阳性，检出率为 30%。流行病学调查显示，GSIV 高发季节主要是 7—9 月份。

病原学。大鲵虹彩病毒为虹彩病毒科蛙病毒属（*Ranavirus*）成员。针对来源于不同大鲵主要养殖区域分离的大鲵虹彩病毒主衣壳蛋白（MCP）的序列比对分析结果显示，其序列相似性在 98% 以上。

致病机理。在免疫机制研究方面，首次得到大鲵的转录组信息，为以后研究大鲵相关免疫基因奠定基础。在此基础上利用大鲵转录组信息克隆了大鲵的干扰素基因 IFN-1，通过体内与体外研究结果显示，大鲵 IFN-1 可以有效地抗 GSIV。克隆了大鲵 TLR-7 基因，通过组织分布和过表达结果说明 TLR-7 在大鲵的先天性免疫中发挥重要作用。

诊断技术。已建立了大鲵虹彩病毒的多种检测方法。如 PCR、Taqman 实时荧光定量 PCR、LAMP 等检测方法。

防控技术。成功研制出大鲵虹彩病毒细胞培养灭活疫苗，免疫保护率达到 80% 以上。利用 GSIV 的衣壳蛋白 MCP 基因构建 DNA 疫苗，通过研究非特异性免疫、特异性免疫和免疫保护效果，证实大鲵虹彩病毒 DNA 疫苗可以有效地保护大鲵。通过毕赤酵母表达系统表达 GSIC-MCP，制备疫苗免疫大鲵，通过电镜观察、SDS-PAGE、Western blotting 及免疫指标的检测，结果显示 O-MCP 酵母表达疫苗对大鲵的免疫保护率为 78%。

（十）淡水鱼细菌性败血症（Freshwater Fish Bacterial Septicemia，FFBS）

主要研究机构。南京农业大学、中国水产科学研究院黑龙江水产研究所、浙江省淡水水产研究所、宁波大学、天津农学院、广西大学、西北农林科技大学、中国水产科学研究院珠江水产研究所、福建省淡水水产研究所等单位。

流行病学。我国鱼源嗜水气单胞菌多为 O9 和 O5 血清型。MLST 分型显示 ST251 型为中国和美国的主要流行株，且该序列型菌株具有肌醇、唾液酸和 L-岩藻糖 3 条代谢途径。对豫北地区嗜水气单胞菌引起的细菌性败血病的流行病学调查显示，致病性嗜水气单胞菌主要流行于 7—9 月份。我国致病性嗜水气单胞菌毒力基因的检出率为：*astA* 基因 91.3%、*altA* 基因 80.4%、*aerA* 基因 72.8%、*hlyA* 基因 66.9%、*actA* 基因 62.1%、*ahpA* 基因 56.2%。淮河以北地区主要以 *hlyA* 基因为主，淮河以南地区主要以 *actA* 基因为主。

病原学。药敏试验表明，致病性菌株对青霉素类药物表现为高度耐药性。70% 以上菌株的对头孢哌酮、氟苯尼考、菌必治、阿米卡星等抗菌药物表现为高度敏感，对氨基糖苷类（不包括阿米卡星）、磺胺类、四环素等药物呈现不同程度的耐药性，具有多重耐药性。嗜水气单胞菌对四环素类药物耐药存在主动外排作用等多种耐药机制，四环素耐药基因中的 *tetE* 基因可能是介导嗜水气单胞菌分离株对四环素类药物耐药的优势基因。目前我国耐喹诺酮类嗜水气单胞菌的基因突变位点主要是 gyrA83 单位点突变和 gyrA83、parC87 双位点突变。研究发现四膜虫与嗜水气单胞菌共培养后，菌株的相对存活率与该菌株对斑马鱼的半数致死量 LD_{50} 呈负相关，四膜虫的相对存活率与该菌株对斑马鱼的 LD_{50} 呈正相关，已建立以四膜虫为模型评估气单胞菌毒力的方法。

致病机理。ST251 型嗜水气单胞菌与其他 ST 型菌株在生物被膜形成能力、运动能力、胞外产物的溶血活性及蛋白酶活性等方面并不存在规律性差异。但是 ST251 型可利用肌醇、唾液酸和 L-岩藻糖生长，并且在小鼠体内的存活能力更强，表明其所含有的肌醇、唾液酸和 L-岩藻糖代谢途径可能有助于细菌在宿主体内获得营养物质，增强细菌在宿主体内的生存和增殖能力，从而使得该序列型菌株成为强毒力菌株。

诊断技术。以嗜水气单胞菌促旋酶 B 亚单位基因（*gyrB*）为检测靶标，设计 6 条特异性引物和 1 条异硫氰酸荧光素（FITC）标记探针，建立了嗜水气单胞菌的 LAMP-LFD 快速检测方法，可特异性检出嗜水气单胞菌，比常规 PCR 检测缩短近 2h。针对嗜水气单胞菌的 16S rDNA 和气溶素基因 *aerA* 的序列设计特异性引物及 TaqMan 探针，建立了致病性嗜水气单胞菌的双重荧光定量 PCR 检测技术，检测灵敏度是常规 PCR 检测方法的 100 倍。

防控技术。构建的嗜水气单胞菌菌蜕疫苗，能明显提高鲤鱼的血清抗体水平，在免疫后 5～6 周血清抗体凝集效价达到 1∶256，注射免疫的相对保护率达到 77.8%，显著高于甲醛灭活疫苗的 55.6%。以嗜水气单胞菌气溶素基因为模板，通过原核重组技术构建重组 *aerA* 亚单位疫苗，与功能化修饰的单壁碳纳米管进行连接，制备碳纳米管载 *aerA* 蛋白疫苗系统，通过浸浴免疫的方式可以诱导幼龄草鱼对嗜水气单胞菌产生保护性免疫，浸浴和注射免疫最高浓度或剂量组的免疫保护率分别为 84.9% 和 79.6%。败血症灭活疫苗（J-1 株）获得生产批文，在全国范围推广应用，显著减少了细菌性败血症发生，大幅度减少了化学药物使用，环境和生态效益明显。

（十一）链球菌病（Streptococcosis）

主要研究机构。广东海洋大学、南京农业大学、中国水产科学研究院珠江水产研究所、广西水产科学院、海南大学、中山大学和四川农业大学等单位。

流行病学。本病的主要病原有无乳链球菌、海豚链球菌和停乳链球菌等，对我国鱼类危害较为严重的主要是无乳链球菌和海豚链球菌。无乳链球菌可以感染罗非鱼、牛蛙、大菱鲆、鲮、宝石鲈、卵形鲳鲹、齐口裂腹鱼、红尾皇冠鱼和黄河裸裂尻鱼等。海豚链球菌可感染鲟鱼、卵形鲳鲹、罗非鱼、斑点叉尾鲴、杂交鳢和黄鳍鲷等。鱼类链球菌病主要暴发于6—10月份高温季节。尤其是罗非鱼链球菌病，当水温高于28℃时易暴发，当水温高于32℃时极易暴发。流行病学监测表明，我国养殖的罗非鱼最易暴发链球菌病，其主要病原是无乳链球菌，其流行株的分子血清型主要是Ⅰa型，其次是Ⅰb型。

病原学。目前已发现的鱼源无乳链球菌主要是β溶血，少数为γ溶血，温度能够显著影响无乳链球菌的溶血效价，大多数无乳链球菌在37℃时的溶血活性比低温时的高。无乳链球菌对罗非鱼不同部位（如肠道、表皮和鳃）黏液的黏附能力受温度、时间和pH的影响较大，受盐度的影响较小。透明质酸酶在鱼源无乳链球菌引起肺炎和脑膜炎过程中发挥重要作用。鱼源无乳链球菌GD201008-001株的一段10kb基因序列对其毒力有显著影响，该区域基因可能调控毒力基因的转录表达。罗非鱼无乳链球菌减毒株和野生株的比较基因组测序发现，减毒株的生长和代谢相关基因缺失，显著降低了无乳链球菌的致病性。研究表明，随着抗生素的大量使用，罗非鱼无乳链球菌对磺胺类药物已经普遍耐药。

致病机理。无乳链球菌主要通过胃肠道入侵鱼体，其表面的菌毛样结构与该菌的定殖、黏附和侵袭密切相关。无乳链球菌能够逃逸宿主的免疫吞噬和清除，进而在体内繁殖、扩展，造成组织器官的病理损伤。无乳链球菌可以穿透血脑屏障，感染并破坏脑组织，引起病鱼出现游动失衡、打转、狂游等症状。研究发现，无乳链球菌的荚膜与其致病性显著相关，荚膜的缺失能够显著降低无乳链球菌的致病力。构建了海豚链球菌荚膜基因缺失株ΔcpsJ，并发现$cpsJ$基因的缺失能够影响海豚链球菌的荚膜合成及其毒力。

诊断技术。建立了LAMP技术、地高辛探针DIG-cfb原位杂交技术等用于快速检测。建立了一种检测罗非鱼无乳链球菌特异性IgM抗体的ELISA方法，用于罗非鱼链球菌病的快速检测。建立了一种定量PCR方法，可快速检测和定量分析罗非鱼各组织中的无乳链球菌。开发了一种胶体金免疫层析试剂条，可实现15min内快速检测。建立了一种可应用于海豚链球菌快速检测的LAMP-LFD技术，可在40min左右完成检测，对纯培养物的检测灵敏度为87CFU/mL。

疫苗研发。原核表达无乳链球菌Sip蛋白并制备成微胶囊，通过口服可以使罗非鱼获得良好的免疫保护。无乳链球菌的细胞壁表面锚定蛋白（CWSAP465和WSAP1035）免疫罗非鱼后可以使罗非鱼获得较高的免疫保护。海豚链球菌α-烯醇酶蛋白，对鼠抵抗海豚链球菌的感染具有免疫保护，可作为疫苗候选抗原。此外，罗非鱼无乳链球菌灭活疫苗已完成临床试验和新兽药评审工作。

防控技术。研究发现，大黄、五倍子和黄连对无乳链球菌的体外抑菌效果较好，可用于该病防控；在养殖水体中添加枯草芽孢杆菌能够提高罗非鱼免疫相关酶的活性以及促进生长，添加浓度为 10 000CFU/mL 时效果最明显；添加香樟提取物饲喂罗非鱼，对预防感染有效。此外，"鱼菜共生"和"鱼-虾/蟹混养"等养殖模式，不仅能够预防链球菌病，还可以增加经济效益。

（十二）鱼类弧菌病（Vibriosis）

主要研究机构。中国水产科学研究院南海水产研究所、黄海水产研究所，中国科学院南海海洋研究所、海洋研究所，广东海洋大学，青岛农业大学，集美大学，大连工业大学，扬州大学等单位。

流行病学。近年来分离获得的危害海南省海水鱼主要病原菌 69 株，其中已鉴定的弧菌 27 株。南海主要养殖鱼类的弧菌病病原主要以哈维弧菌为主。

病原学。在海南省 6 个主要海水鱼养殖区进行了季度性耐药菌和耐药基因分析，同时进行了病原菌的耐药性分析。发现不同地区的耐药基因有一定的相关性，耐药主要通过养殖过程传播。弧菌耐药性的流行同鱼体环境及养殖生产相关。海南的主要病原弧菌，耐药性以耐呋喃类药物为主。

致病机理。溶藻弧菌：三个端生鞭毛基因 $flgD$、$flgA$ 和 $motX$ 调控溶藻弧菌运动性。$flgD$ 调控溶藻弧菌胞外多糖的合成，进而影响生物膜形成和褶皱菌株的菌落形态。溶藻弧菌致病及基因表达调控机制十分复杂，其合成的胞外多糖可能是菌落形态转变以及其他相关表现变化的关键因素。溶藻弧菌 T3SS 效应蛋白 HopPmaJ、Hy322、Val1686 和 Val1680 是致细胞死亡的关键因子。溶藻弧菌 T3SS 效应蛋白 HY9901 和 HopPmaJ 调控其泳动以及黏附活性。寡肽透性酶（Oligopeptide permeases，Opp）编码基因簇与溶藻弧菌黏附、生物膜形成、溶血性和毒性相关。溶藻弧菌附属定殖因子 $acfA$ 基因对溶藻弧菌的生物膜起负调控作用，对极生鞭毛和胞外蛋白酶起正调控作用。筛选得到数十个参与溶藻弧菌黏附作用的功能基因和小 RNA。

副溶血弧菌：T3SS2 效应蛋白分子 VopI 有助于副溶血弧菌在肠道内定殖。

哈维弧菌和坎氏弧菌：在 T3SS 效应蛋白编码区均发现存在新的效应蛋白分子 Afp17，具有 ADP 核糖基化因子（ADP-ribosylation factor，ARF）功能结构域。T3SS 在编码结构蛋白基因上非常保守，但对于负责分泌的效应蛋白来说，不同细菌之间存在着相当大的差别，甚至在同一属细菌不同成员、同一种细菌不同分离株之间也存在不同，具有丰富的多样性。

诊断技术。建立了欧文氏弧菌、鱼肠道弧菌和大菱鲆弧菌的单一 LAMP 检测技术，同时针对大菱鲆弧菌、创伤弧菌、副溶血弧菌和鱼肠道弧菌建立了多重 LAMP

方法。建立了副溶血弧菌的 PCR-ELISA 检测方法并发明了一种快速检测试剂条。建立了溶藻弧菌、河流弧菌、哈维氏弧菌等致病弧菌的 ELISA、PCR 检测技术。

防控技术。筛选得到鳗弧菌免疫原性蛋白转录调节因子（VAA）、外膜蛋白 U（ompU）、分子伴侣蛋白（Groel）和丝氨酸蛋白激酶（SpK），并且其重组蛋白（rVAA、rompU、rGroel 和 rSpK）可作为牙鲆抗鳗弧菌的潜在疫苗。鳗弧菌 O1、O2、O3 血清型三价灭活疫苗对鲆鲽类弧菌病有预防作用。采用免疫蛋白质组学方法，发现了溶藻弧菌、哈氏弧菌、副溶血弧菌的 6 个共同抗原，分别为外膜蛋白 W（OMPW）、周质肽结合蛋白（ABC）、硫化氢辛酰胺脱氢酶（DLD）、磷酸烯醇丙酮酸羧激酶（PEPCK）、琥珀酸脱氢酶黄素蛋白亚基（SDHA）、延伸因子 Ts（EF-Ts）。其中 DLD 亚单位疫苗对溶藻弧菌、哈氏弧菌、副溶血弧菌的免疫保护率分别为 90%、86%、80%。研制了溶藻弧菌微胶囊口服灭活疫苗，在实验室有较好的免疫保护效果。

（十三）柱状黄杆菌病（Columnaris）

研究机构。中国科学院水生生物研究所、华中农业大学、中国水产科学研究院珠江水产研究所等单位。

流行病学。对细菌性烂鳃病病原及流行情况开展了一系列跟踪调查研究，青鱼、草鱼、鲢、鳙、黄颡鱼、中华鲟幼鱼、哲罗鱼等有细菌性烂鳃病的报道。对沿黄渔区"鲤急性烂鳃病"的流行病学调查中，除检测到锦鲤疱疹病毒（KHV）外，在多批次不同病例中分离到柱状黄杆菌、嗜水气单胞菌、阴沟肠杆菌、霍乱弧菌、维氏气单胞菌、温和气单胞菌等。

病原学。从患病黄颡鱼上分离的柱状黄杆菌 Pf1 株，人工感染发现其对黄颡鱼和翘嘴鳜均有致病性，可导致翘嘴鳜多个组织细胞坏死和炎症反应，严重损伤肝、肾和鳃。鳃部病变导致感染鳜呼吸频率加快、游动缓慢，最后大量死亡。翘嘴鳜在感染柱状黄杆菌的过程中，通过高水平表达铁调素和低水平表达血红蛋白降低机体的铁水平，抑制细菌生长，达到抗感染目的。

致病机理。检测分析发现，患病黄颡鱼血清皮质醇浓度和 LDH、AST 活性均极显著高于健康鱼，血清葡萄糖含量极显著低于健康鱼，LD 含量和 ALT 活性显著高于健康鱼。患病鱼肝细胞出现局部坏死、空泡化，形成坏死灶，伴有大量中性粒细胞、淋巴细胞浸润。柱状黄杆菌感染可引起黄颡鱼显著的应激反应，并引起鱼体肝脏损伤。通过对柱状黄杆菌的溶血素蛋白的研究发现，柱状黄杆菌溶血素蛋白分泌至胞外后无法单独发挥溶血功能，可能还需要细菌及其凝集素的参与。

诊断技术。以纯化的柱状黄杆菌单克隆抗体为捕获抗体，以多克隆抗体为检测抗体，建立了双抗体夹心 ELISA 检测法（DAS-ELISA）。还制备了适合基层应用及大量样本快速筛查的柱状黄杆菌胶体金免疫层析试纸条。

防控技术。通过柱状黄杆菌外膜上的 5 个可能的毒力基因（硫酸软骨素裂解酶、胶原酶、嗜热蛋白酶、锌蛋白酶、脯氨酸寡肽酶）的抗原区域进行融合表达并免疫草鱼，取得了部分的免疫效果，为柱状黄杆菌基因工程疫苗研究奠定了基础。通过药物筛选和连续传代培养的方式，获得约氏黄杆菌减毒株，具有良好的免疫原性，并开展了淡水鱼类细菌性烂鳃病活疫苗的研制工作。

（十四）鲁氏耶尔森氏菌病（Infection with *Yersinia ruckeri*）

主要研究机构。中国水产科学研究院长江水产研究所、四川农业大学等单位。

流行病学。鲁氏耶尔森氏菌血清分群的表型是同源的，流行时间为 10 月份至次年 5 月份，流行水温 10～20℃。分慢性溃烂及急性出血死亡两种类型，危害较大。流行无区域限制，目前已经在德国、法国、英国等欧洲各国，以及澳大利亚、中国均有所发现。感染对象包括鲟、斑点叉尾鮰、鲢、鳙、虹鳟、褐鳟、溪红点鲑、太平洋鲑、大西洋鲑、银大马哈鱼、克氏鲑和大鳞大马哈鱼等，无规格限制。以病鱼头部、下颌、腹壁、体侧有大量针尖状出血点为特征症状。

病原学。完成了鲁氏耶尔森氏菌 SC09 和 YZ 的全基因组测序。

致病机理。通过鲁氏耶尔森氏菌三种鞭毛体内外刺激斑点叉尾鮰，探讨了斑点叉尾鮰对鲁氏耶尔森氏菌的免疫反应。通过鱼菌互作测序，正在探究致病机理。

诊断技术。主要基于特征症状观察、病原分离鉴定及回归感染等技术手段构建准确诊断技术。

防控技术。针对鲁氏耶尔森氏菌开展了疫苗研制工作。构建了鲁氏耶尔森氏菌外膜蛋白 *ompF* 基因与溶血素 *p*1 基因核酸疫苗，证明这两种疫苗均可提供较好免疫保护。构建了 *invF* 基因无痕缺失突变株，以期制备 *invF* 基因缺失减毒活疫苗。

十一、水生无脊椎动物病

本节总结了白斑综合征、传染性皮下及造血组织坏死病、黄头病等 11 种水生无脊椎动物疫病的研究进展。近年来，中国水产科学院等科研团队持续开展了虾、蟹、贝类等水生无脊椎动物疫病调查和病原学研究，以及实验室诊断、药物防治和健康养殖技术研究，取得了重要进展。

（一）白斑综合征（White Spot Disease，WSD）

主要研究机构。中国水产科学研究院黄海水产研究所、国家海洋局第三海洋研究所、中山大学、浙江大学、中国科学院海洋研究所、中国海洋大学、厦门大学和全国水产技术推广总站等单位。

流行病学。至 2017 年，我国已开展了 11 年的白斑综合征专项监测，覆盖天津、河北、辽宁、江苏、浙江、福建、山东、上海、安徽、湖北、广东和广西等省份。数据显示，白斑综合征病毒（WSSV）的监测点阳性率为 19.2%（233/1 215），其中国家级原良种场检出率约 22%（2/9），省级原良种场检出率 9.4%（3/32），重点苗种场检出率 11.5%（43/375），对虾养殖场 23.2%（185/799）。各省份均检出了阳性：凡纳滨对虾阳性检出率 9.0%（136/1 507），中国对虾检出率 24.4%（29/119），日本对虾检出率 24.2%（8/33），克氏原螯虾检出率 43.3%（77/178），中华绒螯蟹检出率 13.6%（15/110），罗氏沼虾检出率 4.0%（1/25）。此外，日本沼虾、脊尾白虾、梭子蟹等也均检出了阳性。其中罗氏沼虾和中华绒螯蟹不是 WSSV 的易感宿主，说明 WSSV 发生变异并有导致新发病的风险。分子流行病学研究表明，WSSV 在部分开放型阅读框上表现出明显的变异差异，而在某些开放型阅读框上的缺失情况则有显著的稳定性。不同地区 WSSV ORF14/15 出现三种缺失 6 630bp、5 950bp 和 5 600bp 缺失，ORF23/24 扩增中均有 12 070bp 大片段的缺失，而 ORF75、ORF94 及 ORF125 的重复单元数目在各年份有明显不同。WSSV 最为特殊之处在于它自身存在一个完整的胶原蛋白基因（wsv001），分析表明 wsv001 共存在两种变异情况，一是 235～252aa 的 18 个氨基酸缺失，二是 164～181aa 的 18 个氨基酸及 191～193aa 的 3 个氨基酸缺失。

病原学。从不同毒力 WSSV 中筛选到表达差异蛋白 161 个，其中弱毒株组中上调蛋白有 38 个，下调蛋白有 123 个，GO 分析显示差异表达蛋白与生物过程、分子功能及细胞组成相关，亚细胞分类表明在下调和上调的蛋白中细胞质类蛋白为主要成分。KEGG 通路分析显示，差异蛋白主要参与碳代谢，其中三个代谢通路即碳代谢、磷酸肌醇代谢及果糖和甘露糖代谢受到显著影响。

致病机理。WSSV 内吞途径研究表明，WSSV 借助不同的内吞途径进入不同的细胞，分析确定对虾 Coat-ε 蛋白、网格蛋白外套（Clathrin coat）AP17、对虾网格蛋白重链等通过与 WSSV 结构蛋白的作用参与 WSSV 感染过程。确定凡纳滨对虾 c-Jun、c-Fos、三磷酸异位酶（TPI）、C-型凝集素等分子在 WSSV 感染过程中具有促进 WSSV 复制的作用。明确 Wnt/β-连环蛋白信号通路在 WSSV 感染中的作用，凡纳滨对虾 β-连环蛋白与 wsv069 有互作。

诊断技术。依据 OIE 标准，对基于 LAMP 技术的对虾 WSSV 现场快速高灵敏度检测试剂盒进行了验证，结果表明，该试剂盒的分析灵敏度为每微升 10^2 拷贝，与 OIE 标准中 WSSV 的套式 PCR 方法相比，对 374 份临床样品测试的诊断特异性为 95.8%，诊断灵敏度为 94.6%；对阴性样品及强阳性样品的检测重复率为 100%，弱阳性样品的检测重复率为 88.9%；试剂盒可在 −20℃ 保存 6 个月以上。与 OIE 标准套式 PCR 方法检测结果符合率高，表明该试剂盒具有操作简便、快速、灵敏度高、特异性强、重复性好、稳定性强等优点，能满足实际应用中的 WSSV 高灵敏度检测需求。

防控技术。生物安保技术体系是防控 WSSV 的根本，鱼虾混养是白斑综合征的有效防控技术，此外微生物防控技术也得到广泛重视，饲料中补充蜡样芽孢杆菌（*Bacillus cereus*）生物膜可改变对虾肠道的微生物组成，提高凡纳滨对虾生长速度，增强抗病能力。

（二）传染性皮下及造血组织坏死病（Infectious Hypodermal and Haematopoietic Necrosis，IHHN）

主要研究机构。中国水产科学研究院黄海水产研究所、全国水产技术推广总站、鲁东大学等单位。

流行病学。IHHN 是由传染性皮下及造血组织坏死病毒（IHHNV）感染所致的对虾疾病，主要在凡纳滨对虾幼苗期引起严重的发病。2015 年我国首次对 IHHNV 实施了专项监测，涉及天津、河北、辽宁、江苏、浙江、福建、山东、广东和广西 9 个省份，2016 年的检测范围增加了上海市。2015 年设置监测点 412 个，2016 年设置监测点 494 个，监测点样品总体阳性率 15.9%（144/906）。其中国家级原良种场检出率 10%（1/10），省级原良种场检出率 15.6%（5/32），重点苗种场检出率 17.1%（68/398），对虾养殖场检出率 15.0%（70/466）。各省份在不同年份均检出了阳性。凡纳滨对虾阳性检出率 16.2%（213/1 311），中国对虾检出率 4.9%（5/102），日本对虾检出率 15.2%（5/33），日本沼虾检出率 14.3%（1/7），脊尾白虾检出率 22.2%（2/9），5 份克氏原螯虾样品中未检出阳性。河北 2012 年发生过因 IHHNV 感染引起的凡纳滨对虾在无节幼体到仔虾期的严重死亡，其中溞状幼体 II 期和 III 期的死亡率最高。采用 OIE 标准中不同的引物，对我国 IHHNV 感染进行检测，表明存在 4 种 PCR 检出类型。国内分离株与夏威夷地理株（AF218266）的同源性为 99%。

病原学。IHHNV 属细小病毒科（Parvoviridae），细角对虾浓核病毒属（Penstyldensovirus），十足目细角对虾浓核病毒 1（Decapod penstyldensovirus 1）。病毒是无囊膜二十面体，颗粒大小 20~22nm，氯化铯浮密度为 1.40g/mL，含线状单链 DNA，长度为 3.9kb，衣壳由一个 39 kD 的多肽组成。至少有三个基因型。基因 1 型和 2 型为感染类型，基因 3A 和 3B 型为非感染类型。

致病机理。通过投喂的方式对健康凡纳滨对虾仔虾进行人工感染显示，感染 24d 后开始出现明显死亡，死亡率在 20.3%~44.3%，40d 后趋于稳定，感染 16~44d 后凡纳滨对虾仔虾生长速度较正常组缓慢。在斑节对虾中广泛存在 IHHNV 基因的插入现象，这种插入可能是一种对虾的保护机制。结合分析表明，IHHNV 与 WSSV

能与细胞发生竞争性结合作用，表明 IHHNV 对 WSSV 感染的抑制作用可能是通过竞争性地与细胞受体结合而引起的。

诊断技术。IHHN 难以通过症状进行诊断，IHHNV 检测的国家标准和 OIE 手册的标准得以广泛应用，但非洲引进的斑节对虾在采用 IHHNV 的 389 引物进行检测时总会出现阳性结果，这是因为这些斑节对虾基因组中存在 IHHNV 基因部分片断的插入。

防控技术。我国多种甲壳类养殖品种已面临 IHHNV 感染和传播的威胁。国家级和省级原良种场及重点苗种场检出阳性，表明对虾种苗是病原传播的隐患，需对原良种场和重点苗种场优先实施生物安保，并实施苗种产地检疫，将种苗传播病原风险降到最低。通过昆虫杆状病毒表达系统表达的 IHHNV 衣壳蛋白 VP32 能自组装成假病毒粒子，并能包裹携带绿色荧光蛋白基因进行细胞内的表达，这为抗病毒基因导入提供了一条可能的途径。

（三）黄头病（Yellow Head Disease，YHD）

主要研究机构。中国水产科学研究院黄海水产研究所等单位。

流行病学。YHD 已经呈现全国性分布，先后在河北、海南、山东、天津、广西、浙江、江苏、新疆、广东、辽宁等地检出，感染宿主包括中国明对虾、凡纳滨对虾、日本囊对虾、罗氏沼虾和斑节对虾，其中中国明对虾和罗氏沼虾均为新发现的 YHV 自然宿主。近年来主要从养殖对虾中检出黄头病毒基因 8 型（YHV-8）和黄头病毒基因 3 型（YHV-3），从进口斑节对虾中检出 YHV，但未确定其基因型。

病原学。全球已报道了 YHV 的 8 个基因型，我国养殖对虾中主要检出 YHV-3 和 YHV-8。首次从养殖斑节对虾中检出 YHV-3，并经电镜和 ORF1b 基因的进化树进行了确认；首次获得了 YHV-8 分离株 20120706 的全基因组序列，该病毒株全长 26 769nt，包括 20 060nt 的 ORF1（Open reading frame 1），435nt 的 ORF2 和 4 971nt 的 ORF3。20120706 株 YHV-8 的全基因组序列与所有报道的 7 株 YHV 序列的同源性为 79.7%～83.9%。

致病机理。YHV-8 感染的中国明对虾，可以观察到淋巴器官的细胞质内嗜碱性包涵体、淋巴管断裂和细胞核固缩的特征，进一步通过透射电镜可观察到淋巴器官的血细胞内存在大量的 YHV-8 病毒粒子和 YHV-8 的包涵体。此外，无论是 YHV-8 人工感染试验的病例还是流行病学调查的病例，都存在细菌性继发感染情况。

诊断技术。建立了 YHV-8 的实时环介导等温扩增方法（Real-time LAMP），可检测出 7×10^0 拷贝的 YHV 核酸；建立了 YHV 超分支滚环扩增试纸（Hyper-branched rolling circle amplification，HRCA），可检测出 10^1 拷贝的 YHV 核酸，操作简便，结果直观。

防控技术。建立生物安保体系是防控该病的根本措施。应加强种苗和冰冻虾产品的境外检疫，避免引入 YHV 新基因型；对苗种场、良种场落实产地检疫，严禁带毒虾苗的流通；加强饲养管理，投喂免疫增强剂和有益微生物制剂，提高对虾免疫力。

（四）罗氏沼虾白尾病（White Tail Disease，WTD）

主要研究机构。浙江省淡水水产研究所、中国水产科学研究院黄海研究所、广西水产研究所等单位。

流行病学。研究进一步证明，克氏原螯虾对罗氏沼虾野田村病毒具有较低的敏感性，对于病毒的传播具有限制性，但是试验中病毒感染后的最高致死率也能达到 35%；而凡纳滨对虾在一定压力条件下，也对该病毒敏感，已证明对虾在感染 IMNV 情况下对 MrNV 敏感。

病原学。监测发现，MrNV 能在无症状的罗氏沼虾中检测到，而 XSV 仅在有明显阳性症状的样品中被检测到。目前，罗氏沼虾白尾病病原在全球多个国家分离到，但法国、印度、澳大利亚、中国分离株均为不同的基因型。

致病机理。罗氏沼虾野田村病毒在虾苗中有较强的感染能力；监测结果和攻毒试验表明罗氏沼虾野田村病毒对成虾、种虾也具有感染性，但发病率和死亡率较低。研究表明，该病毒由两个 RNA 片段组成，而在病毒感染细胞内则含有 3 种正链 RNA，即 RNA1、RNA2 和一个亚基因 RNA3。RNA1 编码 A 蛋白，是病毒 RNA 聚合酶；RNA2 编码外壳蛋白 CP43，而 RNA3 则编码 B 蛋白，RNA3 不被包被进病毒粒子。用 RNA1 转染细胞，能在细胞内合成 RNA1 与 RNA3，但不能合成 RNA2。但要产生成熟的病毒粒子必须有 RNA1 和 RNA2，二者缺一不可。目前分析认为，RNA3 可能由 RNA1 的部分基因组形成。MrNV 伴生病毒 XSV，拟为卫星病毒或辅助病毒，仅含有一段大小为 0.9kb 的单链 RNA，编码外壳蛋白 CP17 和 CP16，CP16 疑为 XSV 外壳蛋白降解或成熟所形成。最新研究表明，利用家蚕杆状病毒表达系统构建的 MrNV 重组衣壳蛋白能够在昆虫 sf9 细胞中自组装配成类似病毒样颗粒（VLPs），大小均匀，约 40nm。组织病理学研究表明，感染病毒的虾尾部肌肉的肌纤维发生变性和液化肌病变现象。此外，该病毒在印度、澳大利亚、中国发现的分离株在核酸和氨基酸序列上既有保守性又有差异性，可以确定为该病毒的不同基因型；罗氏沼虾极小病毒 XSV 的 3′UTR 序列在病毒 RNA 包装过程中发挥重要作用。罗氏沼虾野田村病毒内化辅助微囊蛋白介导途径可以被木黄酮和冈田软海绵酸暂停和重新激活，在病毒感染 sf9 细胞 72h 后能够导致空斑出现并有病毒粒子大量增殖现象；罗氏沼虾野田村病毒澳大利亚分离株已证明能够在伊蚊白纹细胞株（C6/36）上成功复制。

防控技术。通过昆虫杆状病毒表达系统表达的 MrNV 衣壳蛋白能自组装成假病毒粒子，并能包裹携带绿色荧光蛋白基因进行细胞内的表达，这为抗病毒基因导入提供了一条可能的途径。利用 MrNV 和 XSV 体外克隆的单链 RNA 进行口服免疫均能起到诱导罗氏沼虾抵抗病毒感染效果，但是协同使用两种单链 RNA 能够发挥更高的保护效率。犬牙根提取物被证明对于罗氏沼虾野田村病毒具有免疫保护效果。通过在克氏原螯虾中对罗氏沼虾野田村病毒衣壳蛋白基因 B2 进行干涉，可以有效地降低病毒的复制率；通过注射重组罗氏沼虾野田村病毒衣壳蛋白，可以有效刺激罗氏沼虾机体对于病毒的防护，显著地提高罗氏沼虾的存活率。

（五）病毒性偷死病（Viral Covert Mortality Disease，VCMD）

主要研究机构。中国水产科学研究院黄海水产研究所等单位。

流行病学。对近年采集自沿海 11 省份的虾类样品进行了系统检测分析，表明我国养殖凡纳滨对虾、中国对虾、日本对虾、斑节对虾和罗氏沼虾中均可检测到 CMNV 阳性，其中日本对虾中 CMNV 检出率高达 60%，中国对虾和罗氏沼虾检出率较低，分别为 22% 和 24%；2013 年、2014 年和 2015 年度样品中 CMNV 的阳性检出率分别为 45.9%、27.9% 和 20.9%；来自辽宁、河北、天津、山东、江苏、浙江、福建、广东、广西和海南的虾类样品中均可检测到 CMNV 阳性，其中以广东和海南的检出率最高，达 52.6% 和 50.8%，而辽宁、天津等地的检出率最低，为 10% 和 9.9%；CMNV 的检出率基本呈现华南高于华东和华北的情况。CMNV 可经摄食途径感染传播，还可经脊尾白虾的雄性生殖细胞或雌性生殖细胞传递至子代。发病对虾养殖池塘中混养的脊尾白虾和三疣梭子蟹也可能出现死亡，混养池塘中发病脊尾白虾和三疣梭子蟹的死亡率分别为 20%～30% 和 30%～40%，且病害多发生在温度较高的 7、8 月份，发病脊尾白虾和三疣梭子蟹均呈现 RT-LAMP 检测阳性。池塘内包括轮虫、卤虫、桡足类、枝角类、蜾蠃蜚、牡蛎、寄居蟹、招潮蟹、沙蟹和野生鱼类等在内共生生物均可能携带或感染 CMNV，具有导致 CMNV 传播扩散的潜在风险；CMNV 可感染桡足类、蜾蠃蜚、寄居蟹、猛子虾等池塘共生生物，这 4 类共生生物在 CMNV 留存、扩散中可能也同时起到了中间宿主的作用，在对虾育苗、养殖生产环节尤其值得重点关注。

致病机理。CMNV 可侵染多种脊尾白虾和三疣梭子蟹的肝胰腺和肌肉组织，在肝胰腺小管和淋巴器官上皮细胞和肌肉细胞内形成早期嗜酸性、后期嗜碱性的球形包涵体，导致肝胰腺小管萎缩及肌肉纤维的凝固状坏死，肝胰腺小管上皮细胞和肌细胞内存在核固缩现象；原位杂交和 TEM 分析结果证实，患病脊尾白虾和三疣梭子蟹的肌肉和肝胰腺组织中均有大量 CMNV 包涵体及病毒颗粒。

诊断技术。建立并优化了基于 TaqMan 探针的 CMNV 实时荧光定量逆转录 PCR（RT-PCR）检测方法。该方法能够从低至 9.6pg 的患病对虾总 RNA 检出 CMNV 阳性，对 CMNV 阳性质粒的最低检测极限为 5.7 拷贝。该方法对每微升 10^1～10^7 拷贝的 CMNV RdRp 片段的检测具有良好的线性关系。与此前报道的 TaqMan 实时荧光定量 RT-PCR 方法相比，该方法的诊断灵敏度为 96.2%，诊断特异性为 98%。此外，该方法高度特异，与其他对虾病毒 MBV、WSSV、TSV 、IHHNV、HPV 和 YHV 无交叉反应。

防控技术。研究显示室内工厂化养殖、生物絮团养殖有助于提高 VCMD 防控效果。

（六）虾虹彩病毒病（Xiairidoviral Disease，XIVD）

主要研究机构。中国水产科学研究院黄海水产研究所、国家海洋局第三海洋研究所等单位。

流行病学。虾虹彩病毒病是由虾血细胞虹彩病毒（Shrimp hemocyte iridescent virus，SHIV）感染引起的虾类病害，通过套式 PCR 检测，表明我国河北、山东、浙江、广东等省份发病的凡纳滨对虾、中国对虾和罗氏沼虾中均可检测到 SHIV 阳性；对 625 份对虾样品中 SHIV 的阳性检出率为 15.8%。SHIV 可经摄食、反向灌肠和肌内注射途径感染传播。

病原学。多基因序列进化分析表明，SHIV 属于虹彩病毒科中的一个新属，被暂命名为虾虹彩病毒属（Xiairidovirus）。病毒粒子为典型的二十面体结构，直径约 158.6nm（角-角）、143.6nm（边-边），具有一个直径约 85.8nm 的内核。SHIV 为双链 DNA 病毒，基因组大小为 165 809bp，与此前从红螯螯虾中分离到的红螯螯虾虹彩病毒（Cherax quadricarinatus iridovirus，CQIV）基因组序列的同源性为 99%。CQIV 具有典型二十面体结构，大小约为 150nm，可通过肌内注射的方式感染健康的凡纳滨对虾并致其死亡。因此，SHIV 与 CQIV 具有非常近的亲缘关系，或为同一种病毒的不同株型。

致病机理。SHIV 可侵染凡纳滨对虾的造血组织以及肝胰腺、鳃丝等组织中的血细胞。在侵染细胞的胞质内形成嗜碱性包涵体，并可导致细胞核固缩。在透射电子显微镜下可观察到被侵染血细胞的细胞质内存在有大量密集排列的 SHIV 粒子；实时定量 PCR 检测表明，感染 SHIV 的凡纳滨对虾血淋巴中的病毒载量比其他组织要高得多；原位杂交显示，肝胰腺血窦等血淋巴内存在大量散在的杂交信号，说明感染 SHIV 后会有大量的病毒粒子释放到血淋巴中。

诊断技术。基于 SHIV 的 ATPase 基因序列，建立了 SHIV 的套式 PCR 和荧光定量 PCR 检测技术；基于现场快速高灵敏检测技术平台，研制了 SHIV 的现场快速检测试剂盒，正在沿海各省份推广使用。

防控技术。建立包含疫病监测、风险评估、综合养殖健康管理、可追溯体系等技术在内的生物安保技术体系，是实现疫病彻底防控的根本措施。

（七）传染性肌坏死病（Infectious Myonecrosis，IMN）

主要研究机构。中国水产科学研究院黄海水产研究所等单位。

流行病学。对 2014 年检出的 IMNV 阳性进行验证，对 IMNV 的其他基因或全基因组的扩增或测序的尝试均告失败，表明 2014 年在广西钦州、防城港及广东江门采集的凡纳滨对虾和沼虾中检出的 IMNV 阳性为假阳性。更多的流行病学监测未能检出 IMNV 阳性，表明我国尚无 IMNV 的感染。

防治技术。IMNV 尚未在我国检出。在 FAO 的 TCP/INT/3501 实施中，对我国应对新发病的应急计划进行了梳理，建议加强对进口亲虾和种苗中 IMNV 的严格检疫，特别要高度关注南美洲和印度尼西亚的进口活虾的病原检疫。原良种场、育苗场和养殖场如果有外来种苗，应加强对场内外来对虾种苗的 IMNV 监测，并对阳性群体采取扑灭或隔离措施。

（八）急性肝胰腺坏死病（Acute Hepatopancreatic Necrosis Disease，AHPND）

主要研究机构。中国水产科学研究院黄海水产研究所、上海海洋大学、中国科学院南海海洋研究所、台湾成功大学和山东农业大学等单位。

流行病学。流行病学监测表明，对虾 AHPND 在我国广东、浙江、江苏、山东、天津和河北等对虾主养区均有检出，海水养殖区较淡水养殖区发病严重。感染宿主包括凡纳滨对虾、中国对虾和日本对虾。

病原学。除致急性肝胰腺坏死病副溶血弧菌（AHPND-causing *Vibrio parahaemolyticus*，VP_{AHPND}）外，新鉴定并确认携带 *pirAB*^{VP} 基因的坎贝氏弧菌（*Vibrio campbellii*）和欧文斯弧菌（*Vibrio owensii*）经实验证实也可引起凡纳滨对虾的 AHPND，并且具有与 VP_{AHPND} 相似的 pVA1-like 质粒。在同一个发生 AHPND 的池塘中分离到的两株副溶血弧菌和坎贝氏弧菌携带的这个质粒具有极高的同源性，提示两个毒株之间可能新近发生了质粒的传递。

诊断技术。研发并推广了 VP_{AHPND} 现场快速高灵敏检测试剂盒；建立了致急性肝胰腺坏死病欧文斯弧菌（AHPND-causing *V. owensii*，VO_{AHPND}）等温重组聚合酶扩增试验方法。因 VO_{AHPND} 能利用蔗糖发酵，用 TCBS（Thiosulfate-citrate-bile salt-sucrose agar，硫代硫酸盐、柠檬酸盐、胆盐、蔗糖琼脂培养基）平板预测 AHPND 风险的方法变得更加不准确，不携带 pVA1 质粒的副溶血弧菌或不能利用蔗糖的非副溶血弧菌能形成绿色菌落但不会导致 AHPND，而携带 pVA1 的能利用蔗糖的弧菌。

防控技术。开发高效生物絮团对虾养殖用益生菌的使用技术及对虾 AHPND 的微生物防控技术，筛选到 2 株 VP_{AHPND} 的颉颃菌，并根据菌株生理生化特征、16S rDNA 同源性和系统进化树分析，确认 2 株菌均为假交替单胞菌属细菌（*Pseudoalteromonas* sp.），并采用对虾养殖试验和 VP_{AHPND} 感染试验验证颉颃菌的抗病效果；研发了可用于防治副溶血弧菌引发的对虾急性肝胰腺坏死症的消毒剂，该消毒剂主要成分为 $0.2\sim2mg/L$ 的聚六亚甲基胍盐酸盐。

（九）肝胰腺微孢子虫病或虾肝肠胞虫感染（Hepatopancreatic Microsporidiosis，HPM；Infection with *Entercytozoon hepatopaneai*，IEHP）

主要研究机构。中国水产科学研究院黄海水产研究所、东海水产研究所等单位。

流行病学。流行病学调查表明，该病原的阳性率在 $26.4\%\sim35.6\%$。该病覆盖所有对虾养殖省份，其中生长缓慢的对虾中有着更高的检出率和阳性强度。在中华绒螯蟹（*Eriocheir sinensis*）、台湾米虾（*Caridina formosae*）、日本沼虾（*Macrobrachium nipponense*）中有该病原检出的报道。

病原学。EHP 成熟孢子呈椭圆形，大小为 $0.7\sim1.1\mu m$。EHP 的体外培养不成功，尝试采用卤虫幼体进行 EHP 的繁殖，也还只能得到非常低水平的疑似感染，采用染病对虾肝胰腺投喂健康对虾实现了成功感染。泰国的研究表明，通过健康对虾和患病对虾的共居养殖能更容易实现感染。

致病机理。EHP 在对虾肝胰腺细胞质中繁殖，在感染细胞内成团聚集形成包囊，可达到很高的肝胰腺细胞感染率。经 qPCR 检测表明，对虾肝胰腺中的 EHP 载量每纳克肝胰腺 DNA 可高达 10^7 拷贝 SSU rDNA 的水平。当 EHP 载量每纳克肝胰脉 DNA 达到 10^3 拷贝 SSU rDNA 时代表了较高的风险水平，超过该水平 EHP 载量与对虾的生长速度表现出一定的负相关性。同等体长凡纳滨对虾 EHP 阳性群体的体重指数（PI）值为阴性群体的 70.5%；EHP 阳性群体中凡纳滨对虾体长和体重的变异系数是 EHP 阴性群体的 2.39 倍和 2.05 倍，表现为对虾 EHP 阳性群体个体大小不均匀；EHP 阳性群体体重偏差率是 EHP 阴性群体的 $2.34\sim3.45$ 倍，体长相同时，EHP 阳性的体重波动变大。目前 EHP 的致病机理并不清楚，有研究表明感染 EHP 对虾的生化参数，如总蛋白、血淋巴中的天冬氨酸转氨酶（AST）丙氨酸氨基转移酶（ALT）和碱性磷酸酶等均要明显高于正常对虾。血淋巴 ATP 含量与 EHP 载量呈显著负相关性，说明 EHP 通过截取宿主 ATP 而影响对虾的生长，影响对虾肌肉蛋白的积累。

诊断技术。EHP 虫体微小，苏木精-伊红染色法着色不明显，组织病理学观察不容易分辨。利用微孢子虫孢子壁中的几丁质与荧光染料如 Uvitex 2B 等特异结合的特征，可实现 EHP 的荧光显微观察，但也存在着特异性不强的缺点。目前对 EHP 的检测多依赖于分子生物学的方法，已报道的方法包括原位杂交、PCR、RT-PCR 和 LAMP/RT-LAMP 等。其中，刘珍等（2016）建立了 EHP 的 qPCR 检测方法，该方法检测灵敏度下限为 8.3×10^1 拷贝，比已报道的套式 PCR 的检测灵敏度高约 4 倍。研发了基于 LAMP 的 EHP 快速高灵敏度检测试剂盒。

防控技术。目前尚无有效的 EHP 治疗药物，据国外报道，烟曲霉素也达不到有效的效果。对该病原的防控，推荐的做法包括严格进行亲虾粪便、苗种、活体或冰鲜饲料中虾肝肠胞虫的检测，使用不带虾肝肠胞虫的亲虾进行繁殖和育苗，选择不带虾肝肠胞虫的苗种进行养殖；对发生过虾肝肠胞虫病的养殖池塘底泥翻耕 12～15cm，按 $5kg/m^3$ 施用生石灰，加少量水漫底熟化浸泡 1 周，再用水冲刷、曝气恢复中性 pH，水泥池则用 2.5% 氢氧化钠泼淋池壁，3h 后冲刷和中和碱性；水体用 0.002%～0.005% 漂白粉消毒，曝气 1 周后，再施肥培水 1 周以上再放苗，如需换水，应规划蓄水池，水体也按此方式处理；不得不用携带有少量虾肝肠胞虫的对虾放苗时，应降低放苗密度，提高换水量，及时处理对虾粪便，以减少池塘内传播的机会。已经筛选到 2 种对体内感染的 EHP 有抑制作用的药物，药物浸泡和投喂均可有效降低虾体 EHP 病原载量，其中浸泡第 4～7 天可使感染 EHP 虾体病原载量下降为原来的 1/900～1/10 倍，投喂第 8 天（药物添加于饲料中）可使感染 EHP 虾体病原载量下降为原来的 1/10 倍。目前，该 2 种药物拟开展 EHP 药物申报的工作。

（十）梭子蟹"牙膏病"（Toothpaste Disease of Swimming Crab）

主要研究机构。中国水产科学研究院东海水产研究所等单位。

流行病学。近年来，梭子蟹"牙膏病"继续在江苏、山东的部分三疣梭子蟹养殖地区发生，流行区养殖池梭子蟹的检出率可达 70% 以上，个别池塘高达 90%。

病原学。感染我国三疣梭子蟹致"牙膏病"的病原为微孢子的一个新种——梭子蟹肌孢虫（Ameson portunus），属于真菌界、微孢子虫门（Microsporidia）、海孢虫纲（Marinosporidia）、杀甲壳目（Crustaceacida）的微孢子虫属（Ameson），成熟孢子近似卵圆形，在感染的细胞内呈单个游离状态，不形成包囊，固定后大小为（1.3±0.1）$\mu m \times$（1.0±0.1）μm。孢壁厚约 57nm。等粗型极丝 8～9 圈，极丝直径约 80nm。极体分为电子质密的内部和电子相对疏松的外部。核为单核型，位于极体后方，靠近孢子内部中心位置。在成熟孢子中很少观察到质密球和后极泡。类发丝状的突起物周生于孢外壁上，是微孢子虫属（Ameson）典型的特征。梭子蟹肌孢虫以双孢子生殖和链孢子生殖两种不同的途径进行增殖。

致病机理。梭子蟹肌孢虫在蟹宿主体内的迁移规律可能是孢子通过蟹摄食行为进入胃中，并经肠道转移至骨骼肌肉组织。

诊断技术。塘口初诊：发病蟹肌肉白化，附肢和腹面外观浑白，附肢关节和附肢与头胸部连接处白浊，失去清亮感；快速诊断：新鲜肌肉组织压片用姬姆萨染色，镜下可见大量带折光的 $1\mu m$ 大小的红色孢子；确诊：普通 PCR 和套式 PCR 检测技术。

（十一）双壳贝类疱疹病毒病（Bivalvia Diseases Caused by Herpsvirus）

主要研究机构。中国水产科学研究院黄海水产研究所、南海水产研究所，中国科学院海洋研究所，中国海洋大学等单位。

流行病学。分子流行病学监测表明，双壳贝类疱疹病毒主要感染中国北方蚶科贝类，并引起魁蚶在育苗场和加工厂暂养期间大规模死亡。近岸挂养的魁蚶稚贝中也检测到高感染率的双壳贝类疱疹病毒，不同批次和个体的病毒感染量变化较大。对海区捕获野生魁蚶的流行病学监测未检测到该病毒，但不能排除野生魁蚶处于隐性感染阶段，感染量低于检测方法下限的可能性。因此，目前还不清楚引起场内暂养魁蚶大规模死亡的病毒来源。另外，该病毒也曾在深圳水产品市场售卖鲜活蚶类中检测到，但我国南方尚未有病毒感染引起贝类死亡的报道。

病原学。成功开发基于长片段 PCR 的贝类疱疹病毒高通量测序技术平台，可以快速获取不同流行病学特征的双壳贝类疱疹病毒基因组序列。利用该平台完成了 2001 年感染我国栉孔扇贝双壳贝类疱疹病毒变异株（ZK2001）的基因组测序。基因组比对结果显示，ZK2001 与分离自我国的其他两个双壳贝类疱疹病毒变异株和分离自欧洲的变异株相比，基因组水平最显著的变化是基因组 UL 区发生一段约 3 000bp 碱基的插入，该区域编码 3 个开放阅读框。系统发育分析表明，分离自我国的变异株亲缘关系最近，与分离自欧洲变异株的亲缘关系较远，进一步说明中国和欧洲分布病毒变异株间存在因地理隔离导致的遗传分化。

致病机制。体内人工感染试验显示，TANK-binding kinase-1（TBK1）和肿瘤坏死因子受体相关因子 2（Tumor necrosis factor receptor-associated factor 2）在长牡蛎抗双壳贝类疱疹病毒感染中起到重要作用。体外人工感染原代培养栉孔扇贝血细胞结果显示，QM 样蛋白（QM-like protein）在人工感染 12~24h 表达量显著增加，感染后 48h 在细胞内观察到装配完成的病毒颗粒和未装配的病毒核衣壳。

十二、通用技术研究

群体动物疫病的防治，新型管理技术和技术集成尤为重要，本章对动物疫病净化技术、病死动物无害化处理技术、动物卫生信息技术和卫生风险分析技术研究应用进展进行了简单梳理。

（一）畜禽场疫病净化

主要研究机构。中国动物疫病预防控制中心、华中农业大学、山东农业大学、中国动物卫生与流行病学中心，部分省（直辖市、自治区）动物疫病预防控制机构等单位。

种畜禽场主要疫病监测。 在曾祖代、祖代鸡场以及国家级家禽基因库开展高致病性禽流感、禽白血病、禽网状内皮组织增殖症和鸡白痢4种疫病监测，在重点原种猪场开展猪瘟、猪繁殖与呼吸综合征、伪狂犬病、圆环病毒病和猪细小病毒病5种疫病监测。掌握种畜禽场主要疫病流行状况，查找疫病发生、传播风险因素，为开展种畜禽场疫病净化提供基础性资料。

净化评估标准建立。 形成《种猪场主要疫病净化评估标准》《种鸡场主要疫病净化评估标准》《奶牛场/种牛场主要疫病净化评估标准》《种羊场主要疫病净化评估标准》《种公猪站主要疫病净化评估标准》及《种公牛站主要疫病净化评估标准》。

净化关键性技术研究。 开展主要疫病净化诊断技术研发，主要有高致病性猪繁殖与呼吸综合征灭活疫苗免疫技术、疫苗中污染禽白血病病毒的检测技术、白血病A/B抗体、p27抗原ELISA检测技术等。开展包括疫苗筛选、免疫评价、检测、诊断等多项净化应用技术的筛选，建立净化配套技术。

净化技术集成与推广。 在种禽场试验点开展禽白血病等疫病净化技术集成，在种羊场、奶牛场和种牛场试验点开展布鲁氏菌病、牛结核病净化技术集成；在种猪场开展猪伪狂犬病、猪瘟、猪繁殖与呼吸综合征净化技术集成；在广西贵港地区试点开展主要猪病净化示范区综合防控技术集成。整合全国疫控系统资源、科研院所资源和社会资源，开展净化技术指导培训以及现场技术指导，培养净化工作组织者、净化指导专家队伍和净化培训师资力量，并在净化示范创建场实施一场一策、一病一案制度，为推动全国动物疫病净化工作奠定基础。

净化示范创建活动。 以"规模化养殖场主要动物疫病净化和无害化排放技术集成与示范项目"为依托，针对猪伪狂犬病、禽白血病、牛羊布鲁氏菌病和牛结核病等病种开展动物疫病净化示范创建活动。启动第二批"动物疫病净化示范场""动物疫病净化创建场"评估，2015—2016年共产生9家"净化示范场"和84家"动物疫病净化创建场"。

（二）病死动物无害化处理

主要研究机构。 中国动物疫病预防控制中心、农业农村部工程服务建设中心、中国农业大学、中国农业科学院、南京农业大学、上海市动物无害化处理中心等单位。

无害化处理设施建设标准。 编制了畜禽尸体无害化处理设施建设标准。对《病死动物无害化处理技术规范》中规定的无害化处理方式的工艺、功能以及所对应的无害化处理场的场址选择、规划布局、生产设施建筑方案、生产设施设备方案、管理与服务设施、环境保护、劳动安全与防疫卫生以及主要经济技术指标等给出了明确的规定，对地方实施无害化处理场项目建设投资、规划给出了明确建议。

无害化处理方法。根据《病死动物无害化处理技术规范》颁布以来各地实施的反馈情况，以及相关研究机构和设备生产厂商的建议，明确了每种处理方法的适用范围及对象，指导地方无害化处理精确化、专业化。并将发酵法进行进一步细分，分为常规发酵和生物发酵，明确了各自的技术工艺和操作注意事项，指导地方合理使用无害化处理技术。

无害化处理技术。根据实际情况，开展无害化处理新方法研究，推出了硫酸分解法和高温法等新方法，明确了技术工艺以及操作中的注意事项，供各地进行无害化处理时使用。对一些新方法进行试验或小范围试用，主要有气化焚烧技术（动物尸体在高温缺氧的条件下气化成可燃气体，通过控制燃烧室的供风量和温度来实现热解气化和完全燃烧）、利用水虻生态处理病死动物尸体。

（三）动物卫生信息技术

主要研究机构。农业部兽医局 *、中国动物疫病预防控制中心、中国兽医药品监察所、中国动物卫生与流行病学中心等单位。

现有信息系统整合试点。为认真落实中办国办关于信息系统互联互通和农业部关于全面整合业务应用信息系统的部署要求，2016 年启动信息系统整合工作，形成了通过统一身份认证实现各系统用户层面整合，通过私有云建设实现基础设施层面整合以及通过大数据建设实现数据层面整合的思路，现有系统将统一整合为动物疫病防控及动物卫生监督云平台。以统一身份认证建设为突破口，实现动物标识及动物产品追溯系统、重大动物疫病防控信息管理系统和全国兽医实验室信息管理系统的区划、组织机构和用户基础信息统一管理，并编制中心信息系统整合方案初稿。中国动物疫病预防控制中心作为农业部电子政务主要业务应用信息系统整合数据对接第一批试点单位，开展与农业部政务综合管理（应急管理）信息系统数据对接，同时开展与浙江、广东等地的追溯系统数据对接工作，为中央及地方提供数据支撑。

行业信息化技术全面推进。兽医行业各部门创新工作方式，集成应用物联网、移动互联网、远程视频、GPRS、云计算等信息化技术解决"缺人、缺编、缺资金、缺手段"的问题。各级动物卫生监督机构以动物检疫合格证明电子出证工作为抓手，全面推进动物卫生监督信息化建设工作。截至 2016 年底，全国 27 个地区建设完成省级动物卫生监督信息平台并与中央平台对接，全国范围内实现跨省调运畜禽电子出证和检疫关键信息的互联互通。覆盖养殖、防疫、检疫、监管、屠宰、无害化处理等环节，实现了信息化与监督工作专业化的两化融合。各级疫控机构结合自身业务工作，

---

　*　现称农业农村部畜牧兽医局。

纷纷开展实验室管理信息化建设。针对"人机法料环"各环节，实现标准化、信息化、痕迹化管理，提升兽医实验室在业务管理、人员管理、资源管理、供应品管理、财务管理、环境管理等方面的信息化水平。在各级屠宰行业监管机构的大力支持配合下，2016年7月1日，全国畜禽屠宰行业管理系统正式上线运行，配套APP软件，实现了对全国猪牛羊鸡鸭鹅全样本屠宰企业信息采集和监测。在统一协调机制的前提下，中央、地方联动，2016年6月30日起，实现覆盖全部兽药生产企业的全部兽药产品赋二维码出厂、上市销售，并在部分省份开展兽药经营环节追溯管理试点。

（四）动物卫生风险分析技术

主要研究机构。中国动物卫生与流行病学中心、中国动物疫病预防控制中心、西北农林科技大学等单位。

研究进展与实践。随着我国动物卫生风险分析理论研究和应用的逐步深入，我国的动物卫生风险分析逐步形成了定性风险分析、定量风险分析和半定量风险分析三类。定性风险分析的程序和方法不断完善，并应用于无规定动物疫病区、无规定动物疫病小区、动物和动物产品进口风险评估及畜禽养殖屠宰环节多套风险评估指标体系并陆续对外发布。定量风险分析方法，研究建立了多套定量评估模型，用于特定动物疫病的风险评估，如运用定量风险方法开展了 Asia1 型口蹄疫免疫退出可行性评估，为相关政策制定提供了有力支持；运用半定量分析方法先后制订了《畜禽屠宰企业生物安全风险评估准则》及《畜禽养殖企业风险评估技术规范》等技术文件，为相关行业的风险评估工作提供了指引。随着国家层面动物卫生风险评估工作的深入开展，许多省份也进行了一些探索，如 2015 年以来广东省中山、东莞等多个地市建立了动物卫生风险管理系统，运用互联网+、数据挖掘技术，充分结合广东省动物卫生监督工作的实际情况，形成了一套动物卫生风险管理的评估参数和数据模型，具有较强的行业通用性和可拓展性。辽宁、山东、吉林、青海等省份近年来在相关地方立法及政策中强调了动物卫生风险评估对动物卫生管理的重要作用，围绕无疫区和无疫小区建设、跨省动物及动物产品调运等领域开展了大量风险评估和风险管理工作，有效降低了疫病发生和传播风险。

第二章 动物产品安全评价技术

中国兽医药品监察所等国家兽药残留基准实验室和农业部动物产品安全监测等相关机构，在残留检测方法、药物代谢消除、残留限量制定与动物源细菌耐药性监测、耐药机制及风险控制等方面开展了系统深入研究，促进了兽药尤其是兽用抗菌药物的合理使用，提升了动物产品安全监测与风险评估能力，有力地保障了畜禽健康养殖和人类消费安全。

一、兽药残留研究

中国农业大学、中国兽医药品监察所、中国动物卫生与流行病学中心、中国农业科学院上海兽医研究所、华中农业大学、华南农业大学等单位，研究建立了动物组织中兽药残留快速筛选检测技术，并基于抗体基础，建立了 ELISA、胶体金试纸卡、芯片检测法、荧光免疫检测方法等；研究建立了同时检测动物源性食品中多类药物残留的定量确证检测技术；开展了沙咪珠利、烯丙孕素、泰拉霉素等药物在动物体内药物代谢动力学、残留消除特征研究，以及喹乙醇、替米考星、氟虫腈、有机砷等药物的毒理学特性研究，制定了安乃近、地克珠利等药物在动物组织中的最高残留限量。

（一）兽药残留检测技术

1. 基于免疫学技术，建立了动物性食品中快速检测方法

研究、制备了尼卡巴嗪、吩噻嗪类镇静剂、雌三醇、金刚烷胺等小分子化合物的抗体，并建立了相关的免疫检测方法。基于碳量子点的荧光免疫分析平台，建立了检测金刚烷胺的高灵敏检测方法，检测限可达 $0.02\mu g/kg$，较常规的 ELISA 方法降低一个数量级。基于金纳米花和磁分离技术，建立了检测鸡肉中金刚烷胺的表面增强拉曼散射免疫传感器检测方法，检测限可达 $0.005\mu g/kg$，较传统的检测方法更简便、快捷、灵敏。

分别通过基因扩增技术和噬菌体展示技术制备了金刚烷胺、庆大霉素的单链抗体，拓展了小分子化合物新型抗体研发平台。利用免疫学技术，研究建立了测定鸡蛋和鸡肉中金刚烷胺残留的免疫分析方法。鸡蛋和鸡肉中金刚烷胺的检测限分别为 $0.36\mu g/kg$ 和 $0.77\mu g/kg$，添加回收率分别为 $67\%\sim114\%$ 和 $68\%\sim126\%$，与仪器 LC-MS/MS 方法比对符合率满意。

2. 动物性食品中兽药等化合物残留检测的定量、确证检测方法

利用色谱/质谱技术，开展了抗菌药物、抗寄生虫药物、镇静剂药物、霉菌毒素及其他化学污染物的定量、确证检测方法研究。建立了动物性食品中氟苯哒唑、噻苯哒唑及主要代谢物残留量与三氯苯唑及代谢物三氯苯唑酮残留量测定的高效液相色谱法，奶及奶粉中阿维菌素类药物多残留测定的高效液相色谱法和液相色谱-串联质谱法；开展了动物性食品中 β-受体激动剂残留量测定方法研究，建立了猪、牛和羊肌肉组织中吡布特罗等 19 种 β-受体激动剂残留检测的超高效液相色谱-串联质谱方法，检测限为 $0.25\mu g/kg$，定量限为 $0.5\mu g/kg$；建立了同时检测苯二氮卓类、吩噻嗪类、丁酰苯类、巴比妥类等 40 余种镇静剂药物残留的 LC-MS/MS 检测方法，定量限为 $0.5\mu g/kg$。

同时，还对免疫亲和搅拌棒、免疫亲和色谱柱、磁性石墨烯固相萃取、冷冻干燥、分子印迹固相萃取、基质固相分散萃取技术等样品净化方法进行了探索和条件优化，建立了动物组织中喹诺酮类、二苯乙烯类雌激素、非甾体抗炎药物、β-受体激动剂、喹诺酮类药物、磺胺类药物等的残留检测方法，净化效果较传统的液液萃取、固相萃取有明显的提高，并可减少有机溶剂的使用。

（二）兽药安全性评价

1. 代谢消除研究

开展了苯乙醇胺 A（PEAA）在猪主要组织中的代谢物鉴定和分布特征研究。结果表明，在肌肉和肺脏中，PEAA 和 DM-PEAA 都以游离态为主。而在肝脏和肾脏中，主要以结合物形式存在。DM-PEAA 是组织中主要代谢产物，将其作为残留检测的目标物，并对样品进行酶解，建立了尿液和组织中苯乙醇胺 A 及其主要代谢产物的 UPLC-MS/MS 检测方法，可以更有效地监控 PEAA 的非法使用。开展了恩诺沙星注射液在猪的休药期验证研究，对 2.5% 和 10% 恩诺沙星注射液在靶动物猪的休药期进行了验证试验。研究结果为，2 种注射液在猪的休药期分别为 16d 和 14d，超出了农业部 278 号公告中休药期为 10d 的规定，为兽药安全合理使用提供了依据。对喹烯酮及其代谢物在肉鸭组织中的分布及消除规律进行了研究，结果表明，喹烯酮主要蓄积在胃肠道、肝脏，可能为喹烯酮残留的靶组织，胃可能为 1-DQCT 残留的靶组织，肾脏可能为 BDQCT 残留的靶组织，肝脏和肾脏可能为

MQCA 残留的靶组织。

以 PK-PD 模型（药动-药效模型）研究制定了喹赛多对猪沙门氏菌感染的临床用药方案，结果显示，500mg/kg 喹赛多的治愈率为 83.3%；建立了泰拉霉素在猪血清中对 II 型猪链球菌的 PK-PD 同步关系，测定了泰拉霉素对 II 型猪链球菌的抗菌后效应和抗生素后亚抑菌浓度效应，为进一步制定和优化泰拉霉素给药方案提供理论依据。利用 PBPK（生理药动学模型）对喹烯酮在猪体内残留和 T-2 毒素在鸡体内残留特征进行了预测研究，实现了 PBPK 模型在同类化合物及不同食品动物种属间的外推，拓宽了生理模型在兽药领域的应用范围。

有研究机构对赭曲霉素 A、T-2 毒素、蓖麻毒素 B、杂色曲霉素等霉菌毒素在动物体内的代谢特征、毒理学特性等进行了较为详细的研究。

2. 药物毒理学研究

通过体外、体内试验研究 p53 在喹乙醇诱导的肝毒性和细胞毒性中的作用及分子机制，小鼠实验表明，喹乙醇处理后，显著增加 ALT 和 AST 活性，p53 缺失喹乙醇处理组，ALT 和 AST 活性降低；细胞实验结果表明，p53 缺失后，JNK/p38 表达被抑制，自噬通路被激活。由此表明，喹乙醇诱导的毒性依赖于 p53，p53 可通过激活 JNK/p38 通路及抑制自噬通路增加喹乙醇诱导毒性。同时还对喹噁啉类药物引发细胞毒性的其他途径进行了研究，如对电压依赖性阴离子通道（VDACs）在促进细胞凋亡的作用，结果表明，VDAC2 可通过形成多聚体促进 H_2O_2 诱导的细胞死亡，同时，ROS 参与调节 VDAC2 多聚体的形成。

完成对新型合成的三嗪类抗球虫药物沙咪珠利在鸡体内的药代动力学、生物利用度研究外，对其生态毒性进行了研究，结果表明，沙咪珠利在土壤中降解半衰期均在 10d 以内，属于易降解物，不易在土壤中富集；对斑马鱼、大型溞和斜形栅藻均为低毒，说明其对水生态环境危害不大。

3. 残留限量制定

开展了安乃近在羊组织中最大残留限量研究。采用超高效液相质谱-串联质谱方法研究安乃近在羊体内代谢，利用 UPLC-Q-TOF MS 工具，结合串联质谱源内裂解信息，进行未知物的识别与鉴定，推导出了安乃近在羊体内代谢途径。安乃近在羊体内共鉴定出 8 种代谢产物，其中 4 种为主要代谢物。通过安乃近在羊组织内的残留消除试验研究，确定安乃近在羊体内的残留靶组织为肾脏，残留标示物为 4-甲氨基安替比林（MAA）。综合毒理学研究结果和代谢与残留研究，首次对安乃近在羊组织中的食品安全性风险进行了科学评估。分别按照国际食品法典、美国和欧盟关于兽药最大残留限量的建立程序，推导计算了安乃近在羊可食性组织中的最高残留限量标准和休药期。经过分析，食物链模型和计算方法的差异是导致食品添加剂专家委员会（JECFA）、美国 FDA、欧盟 EMA 三套标准差异的主要因素。经过对中国居民膳食水平的考察和考虑到贸易因素，推荐安乃近在羊的残留标示物是 4-甲氨基安替比林（MAA），在肌肉、脂肪、肝脏和肾脏中的最高残留限量标准（MRLs）均为 $100\mu g/kg$，在羊的休药期为 3d。

开展了地克珠利在水产品中的最大残留限量研究。进行了其在斑点叉尾鮰、鳊鱼和大黄鱼的代谢消除试验。对采集的血样、肝脏、肾脏、肌肉和水样进行四级杆飞行时间质谱仪分析，发现样品中仅存在原型，未发现其他相关代谢物。建立了地克珠利超高效液相检测方法，并对不同时间点大黄鱼和鳊的血液、肝脏、肾脏和肌肉中地克珠利进行分析，结果显示在大黄鱼可食用肌肉部分地克珠利残留含量为 $100\sim450\mu g/kg$，鳊可食用肌肉部分的残留含量为 $100\sim400\mu g/kg$，为地克珠利在相关水产品中最高残留限量的制定提供了依据。

二、致病微生物及其耐药性研究

（一）致病性微生物病原学及检测技术

中国兽医药品监察所，中国动物卫生与流行病学中心，中国农业科学院哈尔滨兽医所、上海兽医研究所，华中农业大学，甘肃农业大学，新疆石河子大学等单位，利用构建基因缺失株技术，开展了 SigmaB 基因对单增李斯特菌的毒力调控机制研究；确立了大肠埃希氏菌菌体微量凝集试验抗原及定型血清的生产工艺；制备了鸡白痢沙门氏菌阳性血清国家标准品；利用菌体 O 抗原和鞭毛 H 抗原的特异性建立一套可以鉴定沙门氏菌血清型的 PCR 方法；开展了增强型绿色荧光蛋白（eGFP）标记肠炎沙门氏菌技术研究；研制了一种基于纳米材料氧化石墨烯和适配体探针对肠炎沙门氏菌进行检测的生物传感器；利用荧光 SPIA 方法、环介导等温扩增（LAMP）技术及 PCR 技术（包括多重 PCR、real-time PCR、IC-PCR），建立了大肠杆菌、沙门氏菌、多杀性巴氏杆菌、丹毒丝菌、单增李斯特菌以及空肠和结肠弯曲杆菌的快速检测方法。

1. 大肠杆菌（*Escherichia coli*，*E. coli*）

开展了用于制备大肠杆菌菌体微量凝集试验抗原的细菌最适增殖条件、抗原浓度的确定、菌液吸光值的测定、热处理方式的优化、特异性试验等研究，明确了抗原生产工艺，并制备了 180 种大肠杆菌菌体微量凝集试验抗原。开展了大肠杆菌菌体 O 抗原定型血清免疫抗原制备方法及免疫程序的研究，明确了定型血清生产工艺。起草了大肠杆菌菌体 O 抗原参照品制备与检验规程、质量标准；大肠杆菌菌体 O 抗原定型单因子血清参照品制备与检验规程、质量标准；大肠杆菌菌体 O 抗原定型操作规程。

以大肠杆菌 O157 的特异性基因（*rfbE*）为靶序列，设计相应的 RNA/DNA 组合引物和链终止序列，优化引物浓度、Mg²⁺浓度、温度等反应条件，建立实时荧光单引物等温扩增（Real time fluorescence single primer isothermal amplification，实时荧光 SPIA）检测大肠杆菌 O157 的方法，具有耗时短、灵敏度高、特异性强、方法简便的优点。另外，建立了产志贺毒素和 F18 菌毛大肠杆菌的三重 PCR 方法，能够快速检测致猪水肿病大肠杆菌。

利用识别腹泻大肠杆菌菌株需要检测其所携带的毒力因子的特点，以肠致病性大肠杆菌（EPEC）的特异性毒力基因 *eae*、肠内侵袭性大肠杆菌（EIEC）的毒力基因 *ipaH*、肠毒素性大肠杆菌（ETEC）的毒力基因 *est/elt*、肠聚集性大肠杆菌（EAEC）的毒力基因 *aggR*、产志贺毒素大肠杆菌（STEC）的毒力基因 *stx* 为靶序列，设计相应引物，优化反应条件，建立了五类致病性大肠杆菌多重 PCR 检测方法。经测试，灵敏度可达 1～10ng DNA。

2. 沙门氏菌（*Salmonella*）

制备鸡白痢沙门氏菌候选阳性血清，进行定量分装、冻干和真空熔封。对冻干品进行检验，并用国际标准品标定鸡白痢沙门氏菌阳性血清国家标准品中含有活性物质的国际单位。按照《中华人民共和国兽药典》（2015 年版）及《兽用生物制品规程》（2000 年版）相关要求并结合研究结果，起草了鸡白痢沙门氏菌阳性血清国家标准品的操作规程及质量标准，同时按所起草规程及标准完成一批鸡白痢沙门氏菌阳性血清国家标准品的制备。

利用 PrimerPlex 软件设计畜禽中常见沙门氏菌的菌体 O 抗原中 B、C1、C2、D、E 群的多重 PCR 引物和鞭毛抗原 H1 相（*fliC* 基因）和 H2 相（*fljB* 基因）的引物，优化退火温度、引物浓度比例等反应条件，建立一套可以鉴定沙门氏菌血清型的 PCR 方法，理论上可以鉴定 187 种沙门氏菌血清型。利用所建立的方法对临床分离的 46 株沙门氏菌进行鉴定，结果与传统血清型鉴定方法和美国疾病控制与预防中心（CDC）的 Luminex-xMAP 方法的符合率均为 95.65%。

利用增强型绿色荧光蛋白（eGFP）的活体荧光标记特性，通过重叠延伸 PCR 构建 5′端含有 T7 启动子和核糖体结合位点（RBS），3′端含有 T7 终止子序列的增强型 GFP（eGFP）表达盒，并将 eGFP 表达盒插入 pMD 18-T 载体中，构建 pMD-eGFP 原核表达重组质粒，将其转化于肠炎沙门氏菌（*S. enteritidis*），进一步将肠炎沙门氏菌 *hilA* 基因两端的 51bp 序列分别添加到 pMD-eGFP 中 eGFP 表达盒的两端，构建 pMD-HeGFP 重组质粒。本研究结果为进一步研究肠炎沙门氏菌在动物体内的分布和定殖规律等提供了一种具有荧光示踪标记的目标菌，并为其他细菌的同类研究提供了借鉴。

设计了一种基于纳米材料氧化石墨烯和适配体探针对肠炎沙门氏菌进行检测的生物传感器。氧化石墨烯淬灭荧光和吸附单链核酸适配体，通过适配体与靶标

16S rRNA 之间的特异性互补配对，将适配体探针脱离氧化石墨烯以恢复荧光信号。同时使用 FAM 和 SYBR Green Ⅰ 两种荧光染料产生协同效应使荧光信号进一步增强。通过以上双重荧光信号放大的共同作用，该传感器检测灵敏度得到极大的提高，对实际样品中的肠炎沙门氏菌检出下限为 10^2 CFU/mL。

利用杂交链式反应（HCR）放大信号，设计了一种使用适配体对鼠伤寒沙门氏菌进行快速、简便、特异性检测的方法，适配体与靶标特异性结合将暴露出引发序列从而引起 HCR 反应。杂交链式反应具有不需要酶参与、全程可以在等温条件下进行，反应条件温和等优点，简化了检测流程与设备需求。试验结果证明，HCR 可快速完成对鼠伤寒沙门氏菌的检测，并可排除其他沙门氏菌属细菌的干扰，检测下限为 10^3 CFU/mL，检测范围为 $10^3 \sim 10^8$ CFU/mL。

建立了鸡白痢沙门氏菌和鸡伤寒沙门氏菌的鉴别 PCR 方法，在此基础上对农业行业标准《鸡伤寒和鸡白痢诊断技术》进行了修订，已报农业部审批。

3. 葡萄球菌（*Staphylococcus*）

应用环介导等温扩增（Loop-mediated isothermal amplification，LAMP）技术建立了对肉制品中金黄色葡萄球菌的检测方法。使用链置换 DNA 聚合酶，针对金黄色葡萄球菌所特有的保守性耐热核酸酶基因（*nuc*）设计一套 LAMP 扩增引物，建立了金黄色葡萄球菌的 LAMP 检测方法，是普通 PCR 检测灵敏度的 100 倍。

50% 以上的金黄色葡萄球菌可产生肠毒素，并且一个菌株能产生两种以上的肠毒素，引起食物中毒的肠毒素是一组对热稳定的低分子量可溶性蛋白质。以 seA、seB、seC、seD、seG、seH 和 seI 7 种肠毒素为研究对象，建立了金黄色葡萄球菌肠毒素多重 PCR 检测方法，检测限分别为：seA 为 647 拷贝数，seB 为 4 360 拷贝数，seC 为 3 540 拷贝数，seD 为 509 拷贝数，seG 为 6 970 拷贝数，seH 为 1 087 拷贝数，seI 为 4 490 拷贝数。

4. 单核细胞增多性李斯特菌（*Listeria monocytogenes*，LM）

开展了缺失 *SigmaB* 基因对 LM 毒力影响的研究。通过体外生长试验、巨噬细胞 RAW264.7 的黏附与侵袭试验、小鼠肝脾载菌量试验、毒力基因转录水平试验、小鼠 LD_{50} 试验来研究缺失株（LM-XS5-ΔSigmaB）的毒力变化，发现 *SgmaB* 基因对 LM 的毒力具有重要的调控作用，为 LM 基因工程疫苗及活疫苗载体的研发提供理论依据。

探究了 LM *srt A* 基因的特异性及其在原核表达质粒 pET32a 中的表达。利用 PCR 技术扩增 LM 的 *srt A* 基因，将其克隆到原核表达质粒 pET32a 中构成重组表达质粒 pET32a-srt A。重组质粒转化入大肠杆菌 BL21 中，异丙基硫代-β-D-半乳糖苷（IPTG）诱导使其表达，SDS-PAGE 电泳检测，同时采用 Western-blotting 对表达产物进行了鉴定。研究发现，Srt A 蛋白在 BL21 中大量表达，表达产物经 SDS-PAGE

电泳和 Western-blotting 检测分析其为 1 个分子量为 47kD 的融合蛋白，成功地构建了重组质粒 p ET32a-srt A，并使其在 BL21（DE3）中获得了高效的表达，为进一步研究其对李斯特菌致病性的影响及制备单克隆抗体奠定了基础。

单增李斯特菌的毒力是由多个基因决定的，其中李斯特菌毒力岛 2（内化素基因 *inlA*）是单增李斯特菌被非吞噬细胞内化所必需的。以单增李斯特菌的内化素基因（*inlA*）为靶基因，针对该靶基因的 6 个区域设计 4 种特异的引物，通过 LAMP 法对该基因扩增，并优化其反应条件，建立单增李斯特菌 LAMP 的检测方法。该法特异性强，检测限为 $2.27fg/\mu L$。另外，针对强毒株中特有的毒力基因 *lmo*2821、*lmo*0733，初步建立了鉴别强、弱毒株的 PCR 方法。

5. 弯曲杆菌（*Campylobacter*）

空肠弯曲杆菌和结肠弯曲杆菌是人兽共患的细菌性肠道病原菌。常用的检测方法为 PCR 检测方法，马尿酸酶基因 *hipO* 是空肠弯曲杆菌所特有的，而细胞致死性膨胀毒素 cdtC 是结肠弯曲杆菌的重要毒力因子之一，因此，选择 hipO 和 cdtC 为靶序列，设计特异性引物，建立适用于空肠弯曲杆菌和结肠弯曲杆菌鉴定的双重 PCR 方法。另外，建立了基于 MGB TaqMan 探针的多重 real-time PCR，不仅可以用于快速鉴别空肠弯曲杆菌，而且可以同时检测该菌对大环内酯类药物的耐药相关突变，申请专利 1 项（专利号 201310198811.2）。

6. 多杀性巴氏杆菌（*Pasteurella multocida*）

建立了多杀性巴氏杆菌的定种 PCR 鉴定方法和荚膜定型的多重 PCR 鉴定方法，并对《猪巴氏杆菌病诊断技术》（NY/T 564—2016）进行了修订。

7. 多种细菌快速检测方法研究

首次建立了猪肉中五种常见致病菌（大肠杆菌、沙门氏菌、金黄色葡萄球菌、李斯特菌和小肠耶尔森氏菌）的多重直接 PCR 法，不需经过传统的细菌分离培养，从肉样中对所污染的五种常见致病菌进行多重直接 PCR 鉴定。所设计的多重直接 PCR 引物对 5 种菌都有特异扩增，最低检出量为 1～100CFU，且阳性检出率均高于同步进行的分离培养法，总体检测敏感性为 100%、准确性为 94%、阳性预测值为 81.44%。多重直接 PCR 法实现了同时对各食源性致病菌敏感特异的检测，并且省去了提取模板的步骤，将检测时间缩短至 3h 左右，便于食品安全风险监测中常见食源性致病菌的通量检测。

建立了一种鉴别猪源食源菌的液态芯片方法。该方法以提取待测细菌 DNA 为模板，用 PrimerPlex 软件设计的 6 对引物进行多重 PCR 扩增，扩增产物在与微球杂交后在 Luminex 200 仪器上检测，根据检测数值判定结果，可快速鉴定出大肠埃希氏菌 O157、非 O157 大肠埃希氏菌、沙门氏菌、志贺氏菌、小肠结肠炎耶尔森氏菌和金黄色葡萄球菌。方法检测限为 10～100CFU。与传统的分离培养与生化鉴定等试验（需

3～7d）相比，仅需要 24～36h。

建立了猪丹毒丝菌快速鉴定的双重 PCR 方法，该方法能够区分猪丹毒丝菌与丹毒丝菌属的其他 3 个种。

（二）细菌耐药机制与流行特征

中国农业大学、华南农业大学、中国农业科学院上海兽医研究所、中国兽医药品监察所、中国动物卫生与流行病学中心、华中农业大学、南京农业大学、四川农业大学等单位，首次发现了质粒介导的黏菌素耐药基因 mcr-1，并调查获得了其流行特征；探索了大肠杆菌、沙门氏菌、弯曲杆菌、金黄色葡萄球菌等对 β-内酰胺类药物的耐药机制，氨基糖苷类、喹诺酮类、黏菌素、噁唑烷酮类和酰胺醇类等重要抗菌药物耐药性的产生与传播机制；研究了 LuxS/AI-2 型群体感应系统对细菌耐药性的调控作用；探讨了生产链条中动物耐药病原菌/耐药基因的传播机制，以及耐药与毒力的关系，并对耐药基因变体进行了相关研究。

1. 质粒介导的黏菌素耐药基因 mcr-1 的首次发现与流行特征

通过接合转移、质粒测序等研究手段，首次在质粒上发现了可水平转移的黏菌素耐药基因 mcr-1，并通过质谱分析等研究确证了其功能，即通过修饰黏菌素作用靶位脂质 A 从而介导对黏菌素耐药，且发现畜禽和动物性食品源大肠杆菌 mcr-1 基因的携带率从 2011 年开始逐年升高。进一步研究发现该基因的存在使得黏菌素对小鼠体内的大肠杆菌清除率明显降低，可导致临床治疗失败或疗效下降，但 mcr-1 基因在医学临床病人来源菌株中的携带率目前还比较低。通过对 MCR-1 蛋白的结构分析和功能预测，从结构上找到了其介导黏菌素耐药的根据。mcr-1 是国际上首次发现的一种可水平传播的黏菌素耐药基因，突破了以往认为黏菌素不存在可转移耐药机制的观点，丰富了耐药性形成理论。目前已有 41 个国家检测到 mcr-1 基因，不仅在畜禽，在环境样品（动物性食品、蔬菜、水）、野生动物和人源样本（健康人、病人、婴儿）中都可检测到。

以长时间跨度、广泛地域分布、不同动物种类的样本数据对 mcr-1 在我国的流行与分布特征进行了系列研究。结果显示，国内动物源肠杆菌中 mcr-1 流行严重，在畜禽、野生动物及伴侣动物中均有发现。

对 2008—2015 年采集的 18 203 株猪鸡源大肠杆菌和 2009—2015 年采集的 1 729 株猪鸡源沙门氏菌的耐药结果和 MIC 值分布进行统计分析，并利用 PCR 技术对部分菌株进行 mcr-1 基因检测。结果发现，大肠杆菌和沙门氏菌对黏菌素多数为 MIC＝$4\mu g/mL$ 的低水平耐药，且逐渐出现了 MIC＞$16\mu g/mL$ 的高水平耐药菌，不同动物源肠杆菌对黏菌素的耐药情况存在差异。mcr-1 基因检出率为 11.73％，该基因主要引起 MIC＝$4\mu g/mL$ 的低水平耐药。大肠杆菌中 mcr-1 基因检出率（15.74％）远高于沙门氏菌（0.35%，均为猪源菌株）。

对我国从 20 世纪 70 年代至 2014 年期间 1 611 株鸡源大肠杆菌中 mcr-1 基因流行情况的回顾性调查表明，早在 19 世纪 80 年代，黏菌素耐药基因 mcr-1 就已存在于大肠杆菌中，但在 20 多年时间内未出现 mcr-1 基因流行率升高的情况，而 2009 年以来 mcr-1 基因检出率却均出现了逐年递增的趋势。其次，调查了我国 2012—2015 年间不同地域 1 312 株畜禽源沙门氏菌和 2 034 株人源沙门氏菌 mcr-1 携带情况。畜禽源沙门氏菌 mcr-1 基因检出率为 1.98%（26/1 312）（mcr-1 基因携带株均为猪源沙门氏菌）；人源沙门氏菌 mcr-1 基因检出率为 1.38%（28/2 034）。猪源和人源 mcr-1 阳性沙门氏菌主要为鼠伤寒沙门氏菌。分子流行病学调查显示，我国猪源和人源 mcr-1 阳性沙门氏菌的优势流行克隆为 ST34，且 mcr-1 基因定位于 IncX4、IncI2 和 IncHI2 三种类型的不同大小质粒中，结合转移证实并非所有 mcr-1 携带质粒均可实现菌株间转移，但 mcr-1 基因本身可以实现通过细菌间结合转移的途径进行传播，比较基因组学显示 tra 基因的缺失可能是导致 mcr-1 质粒接合转移不成功的关键。

对 200 株黏菌素耐药菌株进行 mcr-1 的筛查发现阳性携带率达 91%，表明国内动物源大肠杆菌中 mcr-1 基因是黏菌素耐药的主要介导机制。此外，在番鸭和宠物猫中检测到 mcr-1。分离自同一番鸭的 2 株 mcr-1 阳性大肠杆菌分属 ST648 和 ST156，且同时携带 bla_{NDM-5}，mcr-1 分别位于 IncHI2 和 IncI2 质粒上。另一 mcr-1 阳性大肠杆菌分离自腹泻宠物猫，MLST 结果显示阳性菌株属 ST156 型，mcr-1 基因位于 IncX3-IncX4 融合型质粒上。除了在大肠杆菌中广泛流行，其他动物源肠杆菌中也陆续发现 mcr-1 基因。对 2013—2014 年国内 5 个屠宰厂中宰前猪粪便样本进行检测，共分离 142 株沙门氏菌，其中 21 株（14.8%）携带 mcr-1 基因且多重耐药严重，分属鼠伤寒沙门氏菌（19 株）、德尔比沙门氏菌（1 株）和伦敦沙门氏菌（1 株）。PFGE 和 MLST 对阳性菌株进行分子分型发现 19 株 PFGE 指纹相似，均属 ST34 型，表明屠宰前猪源沙门氏菌中 mcr-1 基因的流行可能与 ST34 鼠伤寒沙门氏菌克隆传播相关。杂交定位、高通量测序证实 mcr-1 基因位于同一质粒 IncHI2-F4：A-：B5 上，其传播可能与插入序列 ISApl1 和 IncHI2-F4：A-：B5 质粒传播相关。在断奶仔猪中分离到一株 mcr-1 阳性弗氏柠檬酸杆菌，mcr-1 位于 IncHI2 质粒上。另外，对 2011—2014 年采集的 523 份生肉样本进行检测，结果显示 78 株（15%）的大肠杆菌携带 mcr-1，且阳性率逐年递增。进一步研究发现，其中一株分离自鸡翅的大肠杆菌属 ST167 型，mcr-1 基因位于 IncI2 型质粒上。该阳性菌株同时携带 bla_{NDM-9}、$fosA3$、$rmtB$、$bla_{CTX-M-65}$ 和 $floR$ 耐药基因，表明其他药物的共同使用也可能筛选出 mcr-1 携带菌株。对 2011—2014 年住院病人分离样本进行检测，发现 13 株（1.4%）大肠杆菌和 3 株（0.7%）肺炎克雷伯菌携带 mcr-1，该结果与国内其他报道相似，人源肠

杆菌 mcr-1 检出率一般为 $1\%\sim2\%$，明显低于动物源肠杆菌的携带率。

2. 动物源耐药大肠杆菌产生机制与流行特征

开展了大肠杆菌对 β-内酰胺类药物的耐药机制研究，调查了广东省猪源大肠杆菌中 β-内酰胺类药物的耐药现状。结果发现，广东猪源大肠杆菌主要编码 CTX-M 型超广谱 β-内酰胺酶（ESBLs），其中以 $bla_{\text{CTX-M-14}}$ 最为流行。PFGE、接合转移等试验证实 $bla_{\text{CTX-M-14}}$ 位于 $30\sim200$kb 大小不等的质粒上，且 $bla_{\text{CTX-M}}$ 基因主要通过质粒进行水平传播。质粒介导 AmpC 型 β-内酰胺酶也在华南地区猪源大肠杆菌中检测到。类似于人医临床，$bla_{\text{CMY-2}}$ 是最流行的 AmpC 亚型。ST1121 型大肠杆菌携带产 CMY-2 的 IncHI2 质粒以及染色体编码的 CMY-2 是其在华南地区传播的主要原因。另外，从鸭和猫身上也分离得到产 NDM-5 耐碳氢霉烯类大肠杆菌。

从畜禽源大肠杆菌中发现介导碳青霉烯耐药性的新型新德里 β 内酰胺酶耐药基因 bla_{NDM} 变异体，并命名为 $bla_{\text{NDM-17}}$。与 $bla_{\text{NDM-1}}$ 相比，$bla_{\text{NDM-17}}$ 有三个位点碱基突变——262（G→T）、460（A→C）和 508（G→A），相应导致三个氨基酸替换（V88L、M154L 和 E170K）；与 NDM-5 氨基酸序列相比，170 位点发生了 E170K 替换。功能性研究发现 $bla_{\text{NDM-17}}$ 基因所介导的碳青霉烯耐药性水平高于 $bla_{\text{NDM-1}}$ 以及 $bla_{\text{NDM-5}}$。酶动力学结果显示，相比于 NDM-5，NDM-17 酶显著提高了对除氨曲南以外的 β 内酰胺类药物的水解效率。基因定位和结合转移试验显示 $bla_{\text{NDM-17}}$ 存在于可转移的 IncX3 型质粒上，且嵌入可移动元件中。

系统研究了 16S rRNA 甲基化酶在大肠杆菌中的分布和传播特征，对 2002—2012 年间 963 株食品动物源（猪、鸡和鸭）大肠杆菌进行筛查，结果发现 rmtB（173，18%）为最流行的 16S rRNA 甲基化酶。另外，有 3 株菌携带 armA，2 株菌携带 rmtE。178 株菌全部为多重耐药。各种不同型质粒（特别是 IncF Ⅱ 型）是造成 $rmtB$ 基因在食品动物中持续传播的主要原因。此外，两株携带 rmtE 的猪源大肠杆菌均为 ST898 型，且 rmtE 位于酶切指纹图谱相同的 IncI1 质粒上。另外，对 41 株从鸽子中分离到的产 ESBLs 大肠杆菌进行检测，结果显示 rmtB（24，58.1%）是唯一检测到的 16S rRNA 甲基化酶。

3. 动物源性耐药沙门氏菌产生机制与流行特征

开展了沙门氏菌对 β-内酰胺类药物的耐药机制和耐药现状研究。调查了猪源和禽源鼠伤寒沙门氏菌和印第安纳沙门氏菌中 β-内酰胺类药物的耐药现状，结果发现，CTX-M-27 是最流行的 CTX-M 型 ESBLs。通过 PFGE 对产 ESBLs 的菌株进行分型，发现同一血清型的菌株 PFGE 指纹较为相似，具有亲缘关系，而不同血清型的则相差较远。另外，从猪肉分离到的沙门氏菌中有 15.8%（20/126）的菌株对三代头孢菌素耐药，$bla_{\text{CTX-M-27}}$（n=9）是唯一检测到的 ESBLs 基因。利用 S1-PFGE 和高通量测序，证实 $bla_{\text{CTX-M-27}}$ 主要是由约 104kb 类 P1 噬菌体质粒进行传播。调查了贵州省规模养猪场 130 株沙门氏菌耐药情况，结果表明，贵州省猪源沙门氏菌对 β-内酰胺类药物具有普遍耐药性，其中头孢他啶尤为严重；*TEM*、*OXA*、*CTX-M* 基因是贵州省猪源沙门氏菌对 β-内酰胺类药物的主要耐药基因；细菌的耐药性与相关耐药基因的检出率呈正相关。

研究了质粒介导喹诺酮耐药基因对喹诺酮耐药的影响。在畜禽源沙门氏菌中，*oqxAB* 和 *aac* ($6'$)-*Ib-cr* 最为常见，且两者多共存在同一菌株中。oqxAB 和 aac ($6'$)-Ib-cr 共存的情况下，仅需 gyrA D87N 单突变即可达到环丙沙星高水平耐药。在鸡体内，无论给药与否，沙门氏菌均可将携带的 oqxAB 质粒转移给肠道内大肠杆菌，但给药组转移效率显著高于未给药组，且给药处理后粪便中 oqxAB 含量显著于未给药组，临床剂量的恩诺沙星或氟苯尼考对 oqxAB 在肠道内的增殖和传播具有选择优势。此外，系统研究了质粒介导的喹诺酮类耐药基因 *oqxAB*、*aac* ($6'$)-*Ib-cr* 等在喹诺酮类耐药形成过程中的作用和对细菌适应性的影响。研究结果发现，携带 oqxAB 质粒的菌株虽然在体外会造成一定的适应性代价，但在小鼠体内表现出一定的适应性优势，且在无药物选择压力下也能稳定存在并对受体菌的生长活性几乎没有影响。另外，oqxAB 耐药质粒能加速菌株对喹诺酮耐药性的产生，其适应性代价可被两个及以上可降低喹诺酮类药物敏感性的染色体上的位点突变所补偿。重组质粒 aac($6'$)-Ib-cr 可降低菌株对喹诺酮类药物的敏感性，提高菌株的防突变浓度，增强菌株的竞争能力。利用浓度递增法对菌株进行诱导，发现菌株突变频率升高，而且与外排泵机制共同加速高水平耐药菌株的筛选。

探讨了禽源肠炎沙门氏菌 PmrA-PmrB 二元调控系统对黏菌素耐药性的调控机制。通过对临床分离的鸡源肠炎沙门氏菌和诱导耐药菌株（$8\sim512\mu g/mL$）PmrA-PmrB 的测序分析，以及二元调控系统序列差异与对黏菌素耐药性之间相关性的比较，确定了黏菌素耐药沙门氏菌的两种基因突变；通过构建基因突变株，研究突变前后菌株的耐药性和对关联基因的表达调控，证实了这两种基因突变对于肠炎沙门氏菌耐受黏菌素的作用；研究了基因突变前后菌株的耐药性和体内外适应性，表明基因突变菌株在环境中的扩散能力虽然相对较低，但是具有扩散风险。

此外，对动物病料、市售新鲜肉类、养猪场、肉鸡屠宰厂生产链条中的沙门氏菌进行了耐药性调查与分析。结果表明，沙门氏菌对常见抗菌药物具有不同程度的耐药，其中对磺胺类、四环素类和 β-内酰胺类等药物耐药较为严重，与 *bla*~TEM~、*bla*~CMY-2~、*sul*~2~、*sul*~3~、*tetB* 和 *tetC* 等耐药基因的普遍存在有很大关系。调查还发现，*floR* 是介导沙门氏菌对氟苯尼考耐药的主要基因。

4. 动物源耐药弯曲杆菌的产生机制与流行特征

在弯曲杆菌中发现可导致对多种抗菌药物（氟喹诺酮类、大环内酯类、四环素类、酰胺醇类）耐药性增强的 CmeABC 变异体，其药物外排功能显著强于野生型外排泵，命名为功能增强型外排泵（RE-CmeABC）。研究证实，RE-CmeABC 可以拓宽弯曲杆菌对氟喹诺酮类药物耐药的突变选择窗；在抗性压力下，可以大幅度增加氟喹诺酮类药物耐药突变（QRDR）C257T 出现的频率，进而与 C257T 突变共同发挥作用介导弯曲杆菌对环丙沙星极高水平耐药。蛋白结构预测和分子对接模拟显示，RE-CmeB 和 CmeB 与药物结合的氨基酸位点不同，RE-CmeB 倾向于用突变的氨基酸结合药物。针对 RE-cmeABC 的回溯性研究显示，我国 RE-cmeABC 基因携带弯曲杆菌株在 2012—2014 年间呈逐年上升趋势，且在空肠弯曲杆菌中检出率显著高于结肠弯曲杆菌。RE-cmeABC 基因能够发生克隆扩散和水平传播，可能是 RE-cmeABC 携带株增多的原因之一。

探究了弯曲杆菌对庆大霉素、磷霉素的耐药机制。明确了庆大霉素耐药基因 $aph(2'')-If$ 和 $aacA/aphD$ 是造成山东、河南、广东、宁夏和上海等地区较高水平庆大霉素耐药的重要因素之一。自然转化试验显示 $aph(2'')-If$ 具有一定的菌株间水平转移能力，全基因组测序数据证实染色体基因组保守基因 $cj0299$ 和 $panB$ 间存在一个包括 $aph(2'')-If$ 基因在内的新型耐药基因岛，能够同时介导庆大霉素、卡那霉素、新霉素、阿米卡星、氯霉素等抗生素的耐药性。功能性试验证明，$aph(2'')-If$ 基因可导致弯曲杆菌同时对庆大霉素和卡那霉素高水平耐药。此外，在猪源结肠弯曲杆菌中发现可介导磷霉素高水平耐药表型（$>512\mu g/mL$）的新型耐药基因 $fosX^{CC}$。$fosX^{CC}$ 不仅具有跨种间向空肠弯曲杆菌（$C.jejuni$）转移的能力，还能在大肠杆菌中表达并实现大肠杆菌的磷霉素高水平耐药。

调查了近年来我国 ermB 阳性弯曲杆菌的流行及传播特征，并对携带 ermB 基因弯曲杆菌的适应性机制进行了深入研究。调查显示，上海及广东的 ermB 阳性菌株同源性较高，且出现与人源 ermB 阳性菌较高同源性的现象。对构建的遗传背景一致的 ermB 空肠弯曲杆菌工程菌株进行体内、体外适应性研究，结果显示，相较于敏感菌株，携带 ermB 的弯曲杆菌在生长、定殖能力上均出现一定程度的降低，体内竞争试验中 ermB 菌株出现接种后期的适应性回复现象。同位素标签标记定量蛋白质组学法（iTRAQ）筛选菌株适应性改变时蛋白水平上的差异变化，相较于敏感菌株，耐药菌有 123 个差异显著蛋白，而代偿菌相对于耐药菌有 25 个差异显著蛋白。功能分析显示差异蛋白主要影响了细菌的能量代谢及生长定殖能力，推测菌株能量代谢失衡及生长定殖能力的降低可能是 ermB 阳性弯曲杆菌在体内竞争初期出现适应性代价的原因，而适应性恢复则可能与 ermB 阳性弯曲杆菌自身调节恢复能量的摄取和利用水平及与细菌定殖、运动相关蛋白的二次代偿有关。

上述研究进一步解释了我国畜禽弯曲杆菌耐药日趋严重的原因。此外，耐药分析显示，不同型弯曲杆菌对抗菌药物的耐药程度也存在差异；耐药分子特征研究表明，弯曲杆菌分离株携带 aadA2 耐药基因盒、核糖体 RNA 甲基化酶基因 ermB 和 aadE-

*sat*4-*aphA* 耐药基因簇等，与氨基糖苷类药物的耐药性相关；*gyrA* 基因突变、*tetO* 基因的携带以及 23S rRNA 突变，与弯曲杆菌对喹诺酮、四环素和大环内酯类耐药密切相关。

5. 动物源耐药金黄色葡萄球菌产生机制与流行特征

新型可转移性耐药基因 *optrA* 可介导噁唑烷酮类和酰胺醇类药物耐药，*optrA* 编码的 ABC 转运蛋白可使转化子对氟苯尼考、利奈唑胺及泰地唑利的 MIC 值分别提高 16 倍、8 倍、4 倍。对我国广东、山东、上海等地多处养殖场及屠宰厂猪群 *optrA* 流行情况调查显示，*optrA* 不仅存在于肠球菌中，还广泛存在于猪源葡萄球菌中。基因环境分析显示，*optrA* 既可以存在于基因组染色体，也可定位于可转移质粒。尽管 *optrA* 基因侧翼环境多样，但通常都会与 IS1216E、Tn558、ΔTn558 等可移动元件直接或间接相连，更为值得注意的是，*optrA* 侧翼环境可以与 *fexA*、*ermA* 相关基因以及 *SCCmec* 上 ccrA-ccrB 相连，甚至携带有 *optrA* 的质粒可同时携带有其他多药耐药基因 *cfr* 及重金属耐药基因 *mco*、*copB*、*arsB* 等。此外，通过对乳样中金黄色葡萄球菌生物被膜的形成能力研究表明，生物被膜产生能力强弱对细菌耐药也有不同程度的影响。

耐药调查显示，不同地区金黄色葡萄球菌分离株对抗菌药物的耐药程度存在差异，大部分分离株携带耐药基因，*ermC*、*aac*（6'）/*aph*（2"）、*aph*（3'）-Ⅲ、*tetK* 和 *tetM* 是主要流行的耐药基因。

对我国河南、山东、上海及宁夏等重要生猪养殖地区养殖场及屠宰厂猪群进行了甲氧西林金黄色葡萄球菌（MRSA）流行病学特征调查及遗传进化分析。结果显示，分离株对多数监测药物耐药严重（耐药率大于 80%）；均携带 *mecA* 基因（介导 β-内酰胺类耐药）和 *lsa*（E）基因（介导截短侧耳素类、林可胺类、链阳菌素 A 类耐药），99% 的分离株携带 *fexA* 基因（介导酰胺醇类耐药），3 株含有 *cfr* 基因（介导利奈唑胺耐药）；分子流行病学显示，我国各地区的猪源 MRSA 流行克隆均为 ST9-t899 型，且不同地区之间存在猪源 MRSA 克隆传播现象。进一步对各地区流行克隆代表株进行全基因组测序分析，94 株不同地区猪源 MRSA 核心基因组进化树显示我国各地猪源 MRSA 可能来源于同一祖先，且流行克隆早在 2009 年之前已经形成；附属基因组序列显示，94 株猪源 MRSA 中绝大部分（86 株）携带 Ⅻ 型 *SCCmec*，少量菌株（8 株）含有 φ*SCCmec*；多数菌株均携带了耐药基因 *mecA*、*aadE*、*spw*、*lnu*（B）、*lsa*（E）、*tet*（L）、*dfrG*、*blaZ*、*aadD*、*fexA*。耐药基因遗传环境分析结果提示，基因水平转移是促使我国猪源 MRSA 多药耐药不断加剧的重要原因。对不同地区 2 株猪源 MRSA 的完整基因组进行比对分析，发现其基因组序列高度相似，仅在与可移动遗传元件相关的部分区域出现缺失或易位，且其中 1 株含有伪 *SCCmec*（φ*SCCmec*）结构。

6. LuxS/AI-2 型群体感应系统对细菌耐药性的调控作用

细菌可通过群体感应（Quorum sensing，QS）调控基因的表达来影响菌体的生理过程，而 QS 对细菌功能的调控是基于其信号分子的产生。LuxS/AI-2 型群体感应系统广泛存在于革兰氏阴性菌和革兰氏阳性菌中，可产生通用的信号分子 AI-2。AI-2 作为呋喃酰硼酸二酯类分子，由 luxS 通过催化核糖高半胱氨酸（SRH）转变为高丝半胱氨酸和 4,5-二羟基-2,3 戊二酮（DPD），DPD 水化后形成 AI-2。在美国生物技术信息中心（NCBI）数据库已公布的 89 个完整细菌基因组中，有 39 个包含 luxS 基因。含有 luxS 基因的细菌，该基因缺失后均消除了 AI-2 的产生。

LuxS/AI-2 型群体感应系统调控多种细胞反应，主要包括毒力因子的表达、运动性、细胞生长、生物被膜等，从而使得细菌群体更加易于躲避来自宿主的免疫、抗生素以及杀菌剂等不利因素的压力，使其感染难以清除。因此，通过调控 LuxS/AI-2 型群体感应系统实现对细菌病的防控，已成为微生物学研究的新热点。

开展了 LuxS/AI-2 型群体感应系统对禽致病性大肠杆菌耐药性的调控作用研究。结果表明，敲除 luxS 基因引起禽致病性大肠杆菌 O_1 血清型菌株对头孢吡肟和丁胺卡那霉素由耐药变为高敏，对氯霉素都由高敏变为耐药。而对禽致病性大肠杆菌 O78 血清型 luxS 基因缺失株的耐药性研究表明，其对氯霉素由高敏变为耐药。但缺失该基因对禽致病性大肠杆菌 O78 血清型的耐药性无显著影响。上述耐药性结果表明，luxS 基因对不同血清型禽致病性大肠杆菌的耐药性调控具有菌株特异性。

7. 动物耐药病原菌/耐药基因传播机制研究

研究表明，染色体和质粒等可移动性遗传元件都可以介导耐药基因的传播，而且可以通过接合、转导和转化等方式进行水平转移而使耐药基因可以在同种属或者不同种属的细菌之间进行传播。甲基化酶基因在宠物源菌株耐药性的水平及垂直传播中起重要作用，且 Erm 家族的基因甲基化突变可介导大环内酯类耐药性的产生。相关研究发现，携带 16S rRNA 甲基化酶基因的质粒可能存在种间的传播，而 IncF 型质粒是促进 16S rRNA 甲基化酶基因在宠物源菌株间水平传播、快速扩散的主要载体。还有研究发现，大肠杆菌 16S rRNA 甲基化酶阳性菌中 rmtB 基因位于 60～194kb 的 IncF 型接合性质粒上，且存在部分质粒在菌种间传播的现象。垂直克隆传播和水平传播共同导致 16S rRNA 甲基化酶基因在肺炎克雷伯菌种的流行。

cfr 基因作为迄今为止发现的第一种可同时介导五类抗菌药物的耐药基因，杂交定位证实其位于质粒上，可介导酰胺醇类、林可胺类、截短侧耳素类、链阳菌素 A 和噁唑烷酮类五类化学结构不同的抗菌药物耐药，尤其是介导噁唑烷酮类药物耐药的可转移耐药基因。对多重耐药基因 cfr 在猪、密切接触人员和环境中葡萄球菌的分布和传播特征进行调查。结果显示，在猪、人源和环境葡萄球菌中均检测到 cfr 基因，多数位于质粒上，且 cfr 侧翼序列与动物源及人源报道的葡萄球菌相似。PFGE

分型研究显示大部分为非克隆株，但也发现在人与猪之间存在 *cfr* 阳性菌株的克隆传播，此研究结果具有重要的公共卫生意义。此外，在大肠杆菌中也发现 *cfr* 基因，其传播可能与插入序列 IS26 以及 F43：A-：B-可接合性质粒有关。

研究了国内某典型鸡肉生产链"上游种鸡场→商品鸡场→屠宰厂→超市"及其周边环境中重要泛耐药基因 bla_{NDM} 和 *mcr-1* 的传播规律；通过对产业链各环节收集的 1 000 多份样本（家禽生产链样本、鸟、苍蝇、和犬等养殖环境样本）进行碳青霉烯和黏菌素耐药性监测，并对耐药菌株的流行传播特征分析后发现，大肠杆菌能携带黏菌素耐药基因 *mcr-1*，从上游种鸡场沿着鸡肉生产链条一直传播到超市，黏菌素作为抗菌促生长剂在家禽养殖业的大量、广泛使用可能是导致该耐药基因广泛存在的主要原因；而碳青霉烯耐药基因 bla_{NDM} 虽在上游种鸡场为阴性，但在商品鸡场的鸡、鸟、犬和苍蝇，甚至饲养员携带的大肠杆菌中阳性率极高，并且能传播至下游生产链条。分离的碳青霉烯耐药大肠杆菌与澳大利亚、新加坡、挪威、美国、哥伦比亚以及中国人医临床分离的 bla_{NDM} 耐药大肠杆菌亲缘关系极其相近，推测家禽产业链中流行的 bla_{NDM} 基因来源于人，并可能通过候鸟迁徙或者人员接触进行扩散。此外，研究还发现从粪便样品所提的基因组中可直接检测出耐药基因 bla_{NDM} 和 *mcr-1*，并且检出率远远高于样品中产 bla_{NDM} 和 *mcr-1* 的大肠杆菌的分离率，推测这两种耐药基因可存在于不可培养细菌中，并将这种现象命名为"幽灵耐药组（Phantom resistome）"。

8. 细菌耐药性与毒力的关系研究

已有研究表明，细菌耐药性与毒力之间存在一定的相关性。对铜绿假单胞菌临床样本的毒力基因 *exoS* 和 *exoU* 分布以及耐药性进行检测，结果表明同时携带 *exoS*⁺/*exoU*⁺ 两种毒力基因的菌种对碳青霉烯类药物和氟喹诺酮类药物具有更高的耐药性。开展了致病性大肠杆菌耐药性流行病学调查，结果发现，不同系统进化群分离菌株存在不同程度的耐药，高致病群（B2 和 D）菌株，耐药程度相对严重，耐药谱较广；相比非/低致病群（A 和 B1）菌株，对庆大霉素、大观霉素、头孢噻呋、氨苄西林和奥格门丁 5 种药物极显著差异（$p<0.01$），对氟苯尼考和复方新诺明显著差异（$p<0.05$）。此外，通过转录组学分析发现在一株高毒力耐药金黄色葡萄球菌中，耐药基因和毒力基因的表达水平上调；对沙门氏菌的研究显示，其耐药基因和毒力基因也密切关联。

质粒接合是基因水平传递包括耐药基因传递等最常见的方式之一。细菌毒力基因与耐药基因存在共存或共转移现象，即接合性质粒在携带某些耐药基因转移与扩散的过程中，其毒力基因也可能随之发生水平转移而产生毒力改变的现象，这给临床中细菌性疾病的防治带来困难。

对内蒙古不同地区牛源致病链球菌耐药性和毒力特征之间的关系研究表明，体外进行高耐四环素链球菌和肺炎球菌的质粒接合试验，发现耐药性的转移率达到

100％，且敏感株在获得耐药性后毒力均发生变化。伤寒杆菌耐药质粒 pRST98 不但介导了对药物的抗性，同时能促进鼠伤寒沙门氏菌和大肠埃希氏菌形成生物被膜，细菌的黏附作用增强，抑制细菌的侵袭力，增强细菌抵抗血清杀菌能力和抗巨噬细胞吞噬能力，使细菌对宿主毒力增强。

染色体突变导致的细菌耐药性也可能引起细菌适应性的改变，不同种群菌株对喹诺酮类药物适应性不同，依赖于耐药突变的水平、数量和程度。鲍曼不动杆菌异构酶和 DNA 促旋酶的突变使之产生对环丙沙星的耐药性，但同时也导致了细菌适应性和毒力的减弱。

细菌的毒力机制的表达有利于细菌突破宿主的防御机制，而细菌的耐药性有利于病原菌在抗生素压力下生长，因此，明确由于耐药性形成导致细菌毒力发生改变的分子机制对细菌性疾病的防控具有重要意义。细菌耐药性发生的变化与其毒力特征之间存在相关性，也为病原菌耐药性的风险评估、预防控制或减少细菌感染疾病发生提供科学依据。

（三）细菌耐药性监测及其风险评估与管理

中国兽医药品监察所、中国动物卫生与流行病学中心、中国农业大学、华中农业大学、南京农业大学等单位，制定了副猪嗜血杆菌对替米考星的野生型折点（COWT）和药效学折点（COPD），升级了国家动物源细菌耐药性监测数据库系统，探索了抗生素使用对动物机体健康潜在的负面影响，基于耐药性监测数据对黏菌素的使用进行了风险评估和管理控制。

1. 兽用抗菌药物敏感性检测判定标准研究

参考国际 CLSI 指南，制定了副猪嗜血杆菌对替米考星的野生型折点（COWT）和药效学折点（COPD），为药物敏感性测定提供判定依据，为副猪嗜血杆菌的耐药性监测提供了理论依据，为替米考星在临床上的合理使用提供参考。

2. 完善国家动物源细菌耐药性监测数据库系统

升级了国家动物源细菌耐药性数据库，使动物源细菌耐药性的分析内容更加全面和方便。动物源细菌耐药性数据库收集各监测实验室上报的监测结果，对数据进行整理分析，为兽医行政管理部门制定兽医用药规范协调监测方案提供技术支撑。指导临床兽医及时修改用药方案，帮助养殖企业了解动物源细菌耐药性状况。系统具有后台管理、耐药监测辅助、数据采集与维护、数据分析与检索、合理用药建议等多种功能，通过授权可供管理、监测、公众三个等级的用户使用。目前已采集了 2001—2016 年间获得的 70 余万条动物源细菌采样信息以及相关的药敏数据，形成了动物源细菌抗菌药物敏感性的基础数据平台，可支撑相关部门、单位或人员采集、存储、分析与应用动物源病原菌药敏数据，为耐药性风险监测、风险评估、风险管理和风险交流提供集中、共享的数据资源。

国内相关科研单位也对大肠杆菌、沙门氏菌和金黄色葡萄球菌等细菌耐药状况进行了调查和研究，为耐药性风险评估提供了基本数据。

3. 抗菌药物使用的风险评估和管理

基于动物源肠杆菌对黏菌素耐药的日趋严重，且 mcr-1 首次报道并在多个国家检测到之后，各国专家及相关部门开始正视黏菌素在畜禽中的使用可能带来的风险。我国农业部对黏菌素重新进行风险评估，于 2016 年 7 月发布了"停止硫酸黏菌素用于动物促生长"的第 2428 号公告。此外，欧洲药品管理局也重新评估了黏菌素在动物中使用的风险，将黏菌素列为二线药物使用，并建议尽量减少黏菌素在动物的使用。

开展了饲料中添加抗生素对生长猪回肠、粪样微生物菌群结构及其代谢类型动态的影响，进一步揭示了抗生素对肠道微生物的影响及其作用机制。研究表明，抗生素引起的回肠微生物区系的改变先于粪样中微生物菌群结构的变化，表现为有益菌属减少，而致病菌属增加。同时，抗生素改变了肠道微生物发酵类型，表现在降低了碳水化合物发酵，增加了含氮化合物发酵。致病菌属的增加和部分生物胺的产生可能对肠道健康产生不利的影响。因此，在动物生产实践中使用抗生素需要考虑其对动物机体健康潜在的负面因素。

4. 细菌耐药性风险评估研究

为有效进行细菌耐药性风险评估，对世界各国耐药性风险政策和风险评估案例进行了相关研究，综述了畜禽重要抗菌药对关键病原菌的耐药性风险评估结果。研究了替米考星和土拉霉素对肠道细菌，特别是肠球菌耐药性的产生风险，发现高剂量替米考星和土拉霉素均可能诱导肠球菌产生大环内酯类耐药性，前者伴随毒力基因的过量表达，而后者耐药基因具有转移风险。

（四）病原微生物防治新技术

华中农业大学、中国动物卫生与流行病学中心、中国农业科学院上海兽医研究所等单位，加强了耐药控制技术研究，如优化抗菌药物给药方案，采用中药、抗菌肽、细胞因子、噬菌体等非化药治疗方法，开展了大肠杆菌、沙门氏菌和葡萄球菌防治新技术的相关研究。非化药疗法由于具有安全、有效、低毒、无残留等特点，可有效避免使用抗生素后产生的耐药性问题，在防治畜禽细菌病方面应用前景十分广阔。

1. 利用 PK-PD 模型优化给药方案

面对新药开发的困难和严峻的细菌耐药问题，老药的合理应用显得尤为重要。而抗菌药的药效-药动（PK-PD）模型，则可结合药物的 PK 和 PD 特征，优化给药方案以避免耐药性的产生。

开展了多项 PK-PD 研究，包括：①恩诺沙星对猪大肠杆菌 PK-PD 同步关系研究，发现恩诺沙星每 12h 给药 1.96mg/kg，给药 3d 可以有效治疗猪大肠杆菌病；②恩诺沙星对鸡大肠杆菌 PK-PD 同步关系研究，发现恩诺沙星每 24h 给药 11.9mg/kg，连续给药 3d，可以有效治疗鸡大肠杆菌病；③头孢喹肟对牛金葡菌 PK-PD 同步关系研究，发现头孢喹诺每 12h 给药 2mg/kg，连续给药 3d，可以有效治疗牛金黄色葡萄球菌病；④乙酰螺旋霉素对副猪嗜血杆菌 PK-PD 同步关系研究；⑤乙酰螺旋霉素对鸡产气荚膜梭菌 PK-PD 同步关系研究等。

2. 大肠杆菌防治新技术

开展了复方白头翁颗粒等中药对大肠杆菌感染能力的影响研究，复方白头翁颗粒由经典中药"白头翁汤"改良而成，具有良好的抗菌作用，对耐药大肠杆菌感染小鼠具有很好的保护作用，对人工诱发鸡大肠杆菌病有显著治疗作用，可用于鸡大肠杆菌病的防治。

穿黄散水煮液可使细菌细胞壁和细胞膜通透性增强，使内容物外渗，抑制细菌蛋白质的合成而具有抑菌作用。人工感染试验和临床治疗效果均证实穿黄散治疗鸡大肠杆菌病有良好的疗效。

黄芩与益生菌（*Lactobacillus rhamnosus* ATCC53103）发酵产物对治疗仔猪 ETEC 性大肠杆菌病较中药和抗生素效果好，有望成为防治仔猪大肠杆菌性腹泻的新路径。

重组粒细胞集落刺激因子（rhG-CSF）对小鼠大肠杆菌性乳房炎的预防效果显著。G-CSF 主要由活化中间细胞或巨噬细胞、成纤维细胞和内皮细胞产生，是参与调节骨髓造血的主要细胞因子之一。G-CSF 通过甲酰肽、补体等物质激活中性粒细胞、嗜酸性粒细胞等中间细胞，使之产生超氧物质，有利于杀灭细菌。通过皮下注射不同浓度 rhG-CSF 能够不同程度地预防小鼠大肠杆菌性乳房炎的发生，rhG-CSF 对小鼠急性感染大肠杆菌性乳房炎均具有显著的预防效果。

猪抗菌肽 PR39 具有提高机体抗细菌感染和保护肠道屏障功能的作用。猪源抗菌肽 PR39 最早是在猪小肠匀浆中分离得到的，能显著缓解鼠伤寒沙门氏菌或肠出血性大肠杆菌引起的小鼠体重下降、细菌移位及肠道形态结构破坏等症状，对炎性细胞因子影响不明显，而对肠道通透性有保护作用，增强肠道上皮细胞 IPEC-1 的屏障功能，从而提升细胞抵抗细菌感染的能力。

3. 沙门氏菌防治新技术

开展了甘草酸苷对小鼠免疫功能的调节作用及其抗沙门氏菌感染的机理研究，同时开展了免疫活性乳酸菌的筛选及其在抗肉鸡沙门氏菌感染中的作用研究，以期为建立肠炎沙门氏菌的防控新方法、新手段提供参考。

甘草酸苷（Glycyrrhizin，GL）是甘草最主要的甜味来源和活性成分，自然条件下多以甘草酸（Glycyrrhizicacid）的钾盐或钙盐的形式存在，GL 能够有效地改善产肠毒素大肠杆菌引起的腹泻症状，其机理是 GL 可以阻碍热敏性肠毒素（Heat-labile enterotoxin）与肠上皮细胞的结合。此外，GL 可通过改善肠道菌群结构和提高免疫功能，增强小鼠抵抗鼠伤寒沙门氏菌感染的能力。GL 能够诱导小鼠 BMDC 表型和功能的成熟，并提高其免疫功能，同时 GL 能够激活鸡巨噬细胞，提高其吞噬和清除胞内鼠伤寒沙门氏菌的能力。

研究表明，饲喂乳酸菌能有效地降低血清中促炎细胞因子 IL-1β、IL-6 和 IL-12 等的表达量，并增加抗炎细胞因子 IL-10 的表达量，免疫调节活性较强的乳酸菌与那些体外免疫调节活性较弱的菌株相比，能够更有效地减少沙门氏菌在宿主体内的数量和缓解病原菌对宿主引起的炎症应答。

利用噬菌体在裂解细菌时具有繁殖迅速、高度专一、不易产生抗性、无毒副作用等优势，以多重耐药沙门氏菌为宿主菌，采用双层平板培养法从养殖场粪便样本中分离 4 株烈性噬菌体，测定其裂解谱，对噬菌体 SaFB14 的形态学、热稳定性、pH 稳定性、最佳感染复数（MOI）以及一步生长曲线等生物学特性进行了研究，并利用动物攻毒试验，对噬菌体 SaFB14 进行安全性评价，探讨腹腔注射 SaFB14 对感染沙门氏菌小鼠的治疗条件和效果。结果显示，噬菌体 SaFB14 对小鼠没有明显毒性。噬菌体单剂量给药时，最佳治疗时间为感染细菌后 0～1h，最佳注射剂量为每只 2×10^{10} CFU，此时小鼠存活率最高为 40%（6/15）；而以最佳给药方式连续 3d 治疗时，小鼠的存活率明显提高（60%）。由此可知，SaFB14 对感染沙门氏菌的小鼠确有治疗效果，且以 2×10^{10} CFU/只的剂量在感染细菌 1h 内连续 3d 注射治疗效果更佳。

4. 葡萄球菌防治新技术

开展了硒对金黄色葡萄球菌诱导的巨噬细胞和奶牛乳腺上皮细胞炎性损伤的作用机制研究、噬菌体裂解酶 LysGH15 与芹菜素联合应用治疗金黄色葡萄球菌肺炎的研究及乳酸菌预防金黄色葡萄球菌乳腺炎的机制研究。

硒通过对奶牛乳腺上皮细胞 TLR2 和 Nod2 信号通路的调控，减弱了 NF-κB 和 MAPK 信号通路的转导，降低了 TNF-α、IL-1β 和 IL-6 及转录激活蛋白 AP-1 的表达，表现出减轻金黄色葡萄球菌诱导对奶牛乳腺上皮细胞的炎性损伤。硒可显著降低金黄色葡萄球菌诱导的巨噬细胞炎症反应，下调炎症细胞因子的表达。

金黄色葡萄球菌噬菌体裂解酶 LysGH15 不会影响芹菜素抑制细胞因子 TNF-α、IL-6、IL-1β 的转录和表达，同时芹菜素可以抑制金黄色葡萄球菌刺激引起的 Raw264.7 细胞中 MAKP 与 NF-κB 信号通路的活化，LysGH15 与芹菜素在抑制金黄色葡萄球菌刺激的小鼠单核-巨噬细胞 MAPK 与 NF-κB 信号通路中 p38 和 p65 蛋白的磷酸化上有协同作用。金黄色葡萄球菌噬菌体裂解酶 LysGH15 和芹菜素联合疗法对小鼠金黄色葡萄球菌肺炎的治疗效果显著优于单独疗法。

乳酸菌能够显著降低金黄色葡萄球菌在乳腺内的存活及定殖，降低由金黄色葡萄球菌感染引起的促炎细胞因子 TNF-α 和 IL-6 的升高，从而起到预防乳腺炎的效果。含有 $fbpA$ 基因的乳酸菌能增强乳酸菌对纤连蛋白的结合能力，同时能够降低金黄色葡萄球菌对纤连蛋白的结合能力。

第三章　兽医基础研究与临床诊治技术

一、基础兽医技术进步

在解剖和组胚方向，中国农业大学、南京农业大学、山西农业大学等分别就不同颜色光对禽类钟基因的影响，羊驼毛色调控的关键基因及其作用通路，新的神经肽在猪体内的分布以及对机体免疫的作用，以及动物黏膜参与机体免疫的机制进行了持续研究。在繁殖和泌乳障碍发生机制方向，中国农业大学、南京农业大学、浙江大学、东北农业大学、吉林大学等研究了畜禽卵母细胞发育和成熟的机制，同时对奶牛乳腺上皮细胞中影响乳蛋白和乳脂合成的作用通路进行了探讨。在畜禽代谢失衡及其防控措施方面，南京农业大学、中国农业科学院、中国农业大学、西北农林科技大学、华中农业大学、华南农业大学等进行了深入研究，揭示了各物质代谢之间的联系，为调控机体营养代谢奠定理论基础。在动物应激与免疫的生理调控方面，四川农业大学、南京农业大学、青岛农业大学、黑龙江八一农垦大学等运用各种生理调控手段，开展了缓解动物机体应激反应方面的研究。

（一）解剖及组胚

近年来，重点研究了不同颜色光对禽类钟基因的影响，发现不同颜色光均能使钟基因保持节律性振荡，但振荡参数不同；阐明了羊驼毛色调控的关键基因及其作用通路；分析了新的神经肽在猪体内的分布以及对机体免疫的作用，同时揭示了动物黏膜参与机体免疫的机制。

1. 不同颜色光对禽类代谢的影响

禽类对光信息十分敏感，研究发现在不同单色光下，鸡下丘脑七种核心钟基因均能保持节律性振荡，而就振荡的参数，单色光对于正、负钟基因表现出不同的作用，其中正调控基因 *clock* 和 *bmall* 在绿光下表现出较大的中值和振幅，而负调控钟基因 *pers* 在红光下表现出较大中值。另外，研究发现 IGF-1 的基因表达具有昼夜节律性，并且该基因的表达受到单色光的调节，单色绿光显著提高 IGF-1 的表达。单色绿光促进肉鸡下丘脑 GHRH 的表达。在鸡胚孵化期给予不同波长光照刺激，对肝脏中褪黑素受体表达有显著影响。

2. 神经肽的分布、定位和功能研究

神经介素 U 是一种高度保守的神经肽，通过猪侧脑室注射神经介素 U，发现神经介素 U 可以刺激细胞因子的分泌，同时对体外培养的猪树突状细胞的功能有影响，是一种有效的免疫调节因子。神经介素 S 是近年来分离纯化得到的一种新的神经肽，探索了神经介素 S 在小梅山公猪生殖轴中及其受体的发育性变化。同时课题组对神经肽 W 进行了研究，采用同源克隆技术克隆了猪 NPW 及其受体的基因序列并进行序列分析，分析了 NPW 及其受体在猪各组织器官中的表达分布。

3. 羊驼毛色相关基因的研究

通过研究 RSPO2 和 β-catenin 对羊驼毛性状的作用，发现它们与毛纤维的长度、弯曲度和细度呈正相关。EDA 信号通路在皮肤和毛发生长过程中有一定的调控作用，在羊驼耳部和背部皮肤毛发中差异表达，通过探索 let-7b 与 EDA 的靶向关系，研究发现 EDA 对羊驼毛发生长起到了一定的作用，且 let7 通过转录调控抑制了 EDA 的表达。研究结果表明，lpa-miR-nov-66 通过调控羊驼黑色素细胞中毛色形成的 cAMP 路径，抑制 α-MSH 对黑色素的促进作用。

4. 动物黏膜免疫研究

通过口服疫苗的免疫佐剂筛选，发现黏膜佐剂（CpG 和芽孢杆菌）能刺激树突状细胞成熟，提高免疫应答水平，有效诱导黏膜免疫和全身免疫应答。通过应激导致黏膜免疫紊乱的神经内分泌机制研究，发现应激状态下 5-HT、NE 的升高，引起了肠道黏膜损伤，导致了黏膜免疫紊乱。

（二）繁殖和泌乳障碍发生机制

1. 猪卵巢囊肿发生的分子机制

研究发现。卵巢囊肿母猪的卵母细胞质量下降，孤雌激活和发育能力较弱，线粒体形态异常、分布不均匀、膜电位下降和功能障碍，同时伴随卵泡液中 Hcy 浓度显著高于正常个体，卵母细胞一碳代谢异常增强，蛋氨酸循环关键酶 BHMT 和 GNMT 以及 DNA 甲基转移酶 DNMT1 水平升高，卵母细胞线粒体 mtDNA 上的 12S rRNA，16S rRNA 和 ND4 基因高甲基化，而表达丰度下调，推测 PCO 卵母细胞质量下降与一碳代谢异常增强，线粒体基因表达下调有关。

2. 卵母细胞成熟机制

磷酸二酯酶（PDEs）具有水解细胞内第二信使 cAMP 或 cGMP 的功能。研究发现，PDE5 特异性抑制剂 sildenafil（Sil）抑制 AR 诱导及添加 HX 培养的 COCs 成熟与卵丘扩散，对 HX 抑制下的 DOs 没有作用。加入 Sil 处理后，COCs 内 cGMP 的水平下降，而 cAMP 含量依然保持在一个较高的水平，研究表明 PDE5 参与了 EGF 促小鼠卵丘包裹卵母细胞的成熟。小凹蛋白 Caveolin1 在胚胎卵巢的上皮细胞以及皮质部区有很强的表达，同时它也影响卵巢上皮区域的增殖，研究发现 Caveolin1 可能通过负调控 p53 来控制 Notch2 的表达，从而来调控上皮细胞的增殖，进而影响颗粒细胞的数量，最终参与调控原始卵泡的形成。

3. 禽类生殖细胞发育

探索性研究了 Notch 信号在雏鸡原始卵泡形成和发育过程中的作用，结果显示 Notch 信号在原始卵泡形成前后表达变化明显。卵巢体外培养体系中，Notch 抑制剂 DAPT 处理后，卵泡的数量明显减少，生殖细胞簇的数量明显增多，PI3K/Akt 信号通路的相关基因和蛋白也受到减弱的 Notch 信号的抑制。FSH 能促进多种生长因子及受体表达来刺激雏鸡卵巢组织内细胞增殖，并通过 Caspase-3 信号通路抑制卵巢组织细胞凋亡，从而促进雏鸡卵巢组织内原始卵泡及早期生长卵泡的发育。对蛋鸡卵巢的抗氧化性能进行分析，发现其抗氧化性能随着产蛋进程逐渐下降。通过研究双酚 A 对鸡胚卵母细胞减数分裂的作用，发现 BPA 能够与 ER β-受体结合继而发挥类雌激素的活性，降低 DNA 甲基化转移酶的表达和降低 $Stra8$ 和 $Dazl$ 基因的甲基化程度，从而促进鸡胚卵母细胞减数分裂过程。

4. 乳的生成及调节

通过对不同乳品质和不同乳腺发育时期的荷斯坦奶牛乳腺组织进行检测，获得不同状态下乳腺的基因表达谱，同时研究了甘氨酰 tRNA 合成酶（Glycyl-tRNA synthetase，GlyRS）对奶牛乳腺上皮细胞乳蛋白、乳脂、乳糖合成以及细胞增殖的影响，揭示了 GlyRS 调节 BMECs 乳合成的功能。研究表明，酰化的 ghrelin（AG）和非酰化的 ghrelin（UAG）通过 GHSR1a 依赖的方式激活 pbMECs 中 AKT 和 ERK1/2 信号通路，进而诱导奶山羊中 β-酪蛋白（CSN2）的表达。

（三）畜禽代谢失衡及其调控

1. 畜禽代谢失衡的基础研究

研究发现，长期饲喂高谷物日粮显著影响山羊瘤胃液、肝脏和血清中的部分代谢物含量，引起系统代谢物的改变，导致机体氨基酸和糖代谢紊乱，机体有毒或抗炎物质含量升高及瘤胃液中微生物区系的多样性降低。研究发现，在羔羊早期生长过程中，低蛋白日粮能够影响其营养物质的代谢、机体免疫系统及生长相关因子的分泌，从而减缓其生长发育，造成血压升高及免疫力低下等疾病。同时通过差异基因 KEGG 富集分析发现了与蛋白代谢或修饰、代谢过程、DNA 修复和复制、细胞及蛋白粘连等相关的 30 个最显著富集的 term，在一定程度上阐明了低蛋白日粮对羔羊早期生长的影响机制。研究表明，胆碱可能通过调控 PPARα 信号通路降低北京鸭肝脏脂肪分解和 β-氧化相关基因的表达，加剧脂肪肝的形成。研究发现，慢性镉中毒能够引起组织内锌、铜、钙、铁等元素的代谢障碍，导致细胞骨架蛋白降解、ROS 产生增加、线粒体膜电位下降甚至细胞死亡等。

2. 营养素对代谢失衡的调控

研究发现，日粮添加 0.5％益生素和 0.5％杜仲叶粉能够显著提高产蛋鸡产蛋率，降低血清中 TC、TG、LDL-C 水平，降低终期产蛋鸡腹脂率，提高 HDL-C 水平。研究表明，日粮中添加发酵棉籽粕能够通过下调肝脏脂肪合成基因 *ACC*、*FAS*、*LPL* 的表达，减少肝脏中过多的脂肪和甘油三酯的蓄积。研究表明，谷氨酰胺、N-氨甲酰谷氨酸、精氨酸能够调控脂质代谢、能量代谢、氨基酸代谢和肠道微生物代谢，促进蛋白质合成，减少脂肪沉积和降低血脂，对大鼠营养代谢有一定改善作用。研究发现，全谷物糙米酚类物质能够提高高脂血症小鼠血清脂联素水平，促进肝脏 AMPKα 磷酸化，下调脂质合成关键转录因子 SPEBP1C 和脂质合成关键酶 ACC、SCD 和 HMGR 的表达，抑制脂肪酸和胆固醇的合成，进而改善高脂血症小鼠的脂质代谢。

3. 母体营养对子代代谢的调控

筛选了能在表达遗传调控机制中发挥作用的营养物质（如甜菜碱和丁酸钠等），并从多个表达遗传调控途径（涉及基因组或线粒体 DNA 甲基化、组蛋白乙酰化以及 miRNAs）方面进行了系统研究。通过建立的甜菜碱母体效应研究模型，研究证实母猪妊娠期和哺乳期喂甜菜碱显著影响新生仔猪肝脏糖脂代谢，增强断奶仔猪肌肉线粒体功能。表遗传调控机制研究也表明，甜菜碱能够通过一碳代谢产生甲基，影响生长代谢关键基因启动子的甲基化；母体甜菜碱通过改变靶器官或靶组织的 miRNAs，调节生长代谢相关基因的表达水平；综合分析相关功能基因发现，GR 是参与甜菜碱母体程序化作用的关键靶基因之一。通过建立的丁酸钠母体效应研究模型，证实母源性丁酸钠改善后代猪肉质的基本作用主要通过提高猪肌肉脂肪酸合成和组蛋白去乙酰化酶等途径，加强肌内脂肪的合成并改善脂肪酸组成。

（四）动物应激与免疫的生理调控

1. 应激引起机体代谢和免疫机能变化机制

研究发现，衣霉素可以通过抑制蛋白质糖基化诱导内质网应激，内质网应激通过激活 PI3K-Akt-mTOR 信号通路调控脂肪酸的合成和氧化分解，引起肝细胞内脂肪沉积，最终导致肝脏脂肪变性。热应激可能通过激活肝脏中 GH-GHR-IGF-I-IGFR 通路和 Keap1-Nrf2-ARE 信号通路介导的 Ⅱ 相解毒酶和抗氧化基因的转录通路调控乳成分前体物 NEFR 和游离氨基酸的重新分配，增加了乳成分前体物的消耗，影响乳蛋白、乳脂肪的合成，最终导致乳品质的下降。研究发现，热应激能够激活 AMPK 代谢通路，增加糖酵解功能，导致肌肉 pH 下降，影响屠宰后肌纤维蛋白的降解和骨骼肌细胞程序化死亡。热应激能激活 AMPK，并级联激活 ERK1/2 信号通路，导致胚胎和生殖道细胞氧化损伤和过度凋亡，甚至死亡，是夏季奶牛妊娠率低的主要原因。冷应激能够引起细胞因子 IL-6、IL-10、TNF-α 和应激激素 CORT、ACTH 显著升高。研究还发现，神经细胞过表达的 G72 蛋白能够与细胞质中的 SOD1 蛋白形成复合物，使 SOD1 蛋白在线粒体中蓄积，引起氧化应激增高，最终导致神经细胞伤害或死亡。

2. 缓解动物应激的生理调控

研究发现，在肉鸡日粮中添加姜黄素能够通过上调 $Nrf2$ 及其下游抗氧化相关基因的表达和激活线粒体内特异性的 Trx2/Prx3 抗氧化系统，缓解慢性热应激诱发的肝脏氧化应激反应，在日粮中添加富硒益生菌能够显著升高肥胖小鼠肝脏中 SOD 和 GSH-Px 含量，进而缓解高脂日粮引起的小鼠肝脏细胞的氧化应激。研究表明，阿魏酸能够抑制热应激诱导的 IEC-6 细胞 TER 降低及 FD4 通透性的增加，改善紧密连接蛋白结构破坏，进而减轻热应激诱导的 IEC-6 细胞屏障功能的损伤。研究发现，日粮中添加黄芪多糖（APS）可以通过 TLR4 和 NF-κB 基因转录下调 LPS 诱导的肉鸡免疫应激反应。研究表明，在日粮中添加牛至精油能够降低妊娠期和哺乳初期母猪血清中活性氧和硫代巴比妥酸活性物质的含量，进而缓解氧化应激对机体的损伤。添加低剂量的苜蓿黄酮能够提高奶牛乳腺上皮细胞中 GSH-PxD 的活性，降低 LDH 活性和 MDA 含量，改善细胞的抗氧化能力。黄芩苷能够增加组织和胚胎细胞中 SOD、CAT 和 GSH-Px 活性，降低 MDA 含量，减少细胞过度亡，在一定程度上缓解热应激对组织细胞和胚胎的损伤作用。

二、兽医内科技术进步

中国农业大学、华中农业大学、南京农业大学、吉林大学、西北农林科技大学、东北农业大学、山西农业大学、四川农业大学、江西农业大学、广西大学、黑龙江八一农垦大学、浙江大学、云南农业大学、山东农业大学、湖南农业大学、广东海洋大学、河南科技大学、河南科技学院和中国农业科学院兰州畜牧与兽药研究所等单位在临床兽医常见病诊治技术（内科）方面开展了广泛深入的研究。2015 年 7 月至 2017 年 7 月，我国 25 所高校和科研院所的兽医内科学与临床诊疗学研究人员发表 SCI 收录论文 460 篇，主编兽医内科学与临床诊疗学方面的教材 5 部、专著 10 部，主译著作 5 部。获得国家级和省部级奖项共 17 项，其中"功能性饲料关键技术研究与开发"获国家科技进步二等奖，"黑龙江省奶牛养殖提质增效关键技术研究与示范""生物抗氧化剂调控奶牛围产期代谢应激关键技术与应用"和"青藏高原疯草绿色防控与利用技术体系创建及应用"获得省部级一等奖，"奶牛主要群发代谢病早期预警体系构建及应用""天然产物白藜芦醇降低动物体内无机砷诱导的毒性的作用机制研究"和"奶牛主要代谢病防治关键技术推广"获得省部级二等奖。获得授权的发明专利28项，实用新型专利34项。

（一）消化系统疾病

前胃疾病，包括前胃弛缓、瘤胃积食、瘤胃臌气、创伤性网胃炎和瓣胃阻塞是消化系统疾病中最常见也是发病比例最高的消化功能紊乱性疾病。在前胃疾病中，前胃弛缓是最常见的一种疾病，是由于各种诱因导致反刍动物前胃兴奋性和收缩力降低的疾病。发病率约占全部内科疾病的20％，占前胃疾病的80％。目前，牛前胃疾病的临床治疗主要以西药防治为主。长期使用西药不仅会产生许多副作用，损伤肝肾，加重牛脾胃虚证，同时处理炎症时抗生素的使用也会导致耐药菌株的产生，降低治疗效果，并且抗生素还会使牛的免疫功能受到抑制，容易造成重复感染。通过利用中药复方分散片治疗前胃迟缓，有较好的健脾和胃、补中益气、疏通消导和降逆以及增强机体免疫力的功效，具有临床应用价值。

（二）泌尿系统疾病

1. 犬猫慢性肾功能衰竭

慢性肾功能衰竭是犬猫临床常见病、多发病，是由各种原因引起的缓慢进行性肾脏功能不可逆性损害，最终导致肾功能完全丧失，并引起临床的一系列症状和血清肌酐、尿素氮升高，淀粉酶含量升高，钙磷比例失调，贫血，水电解质失调。肾性高血压除引发水钠潴留外，还引起肾素-血管紧张素-醛固酮分泌增多，并导致轻度胃肠道症状和内分泌改变的综合症状，是临床多种肾脏疾病的最终归属方向。尽管慢性肾功能衰竭的发病率在不同地区的犬猫之间有差异，但我国的统计显示其发病率和发病数量都在不断地上升。慢性肾衰的发病机制复杂，目前尚未完全弄清楚。主要有下述学说：健存肾单位学说和矫枉失衡学说，肾小球高滤过学说，肾小管高代谢学说。如何从各个方面全面地了解慢性肾功能衰竭，进而对其进行相应的治疗具有重要的临床意义。西医学从发病率、病因变化、治疗方式加以阐述，中医从病因病机、辨证论治等方面对本病进行一定的剖析。西医学对慢性肾功能衰竭的具体发病机制还没有明确的阐述，对慢性肾功能衰竭的治疗虽然有明确而系统的治疗方案，包括腹膜透析、血液透析，乃至肾脏移植等高级的治疗方法，但治疗过程漫长，效果不是十分理想。如何更好地提高治疗效果和降低不良反应还有待进一步提高。中医对慢性肾功能衰竭无明确的描述，但是从症状来看与关格十分相似。很多医疗古籍都有关格的描述，通过对关格的历史沿革的总结，我们认识到中医对关格的治疗有悠久的历史和良好的疗效。

但是由于中医辨证的复杂性和个体性，无法对某一个疾病建立详细的诊断治疗方案。通过中西医结合，辨证与辨病相结合治疗慢性肾功能衰竭，特别是在减少西医学治疗的不良反应和并发症方面有着特有的优势。针对慢性肾功能衰竭，西医学辨病和中医辨证相结合的治疗思路已经成为大多数医院的共识。不能否认中医中药在慢性肾功能衰竭治疗中的合理性和有效性，同时还需加强西医学对慢性肾功能衰竭发病机制的研究，以便更好地指导治疗方法。

2. 犬尿结石

犬尿结石是具有多种病理改变的疾病，其形成原因和发病过程复杂，复发率高，因此该病的防治方法一直备受关注。当前，关于尿结石形成的几个主要学说有饱和晶体学说、肾乳头钙斑学说、基质学说、胶体学说和综合因数学说。调查发现，虽然每个地区的尿结石发病率略有不同，但是磷酸铵镁结石确是每个地区发病的主要结石，而草酸钙结石次之。另外，当犬长期食用比较单一的饮食时，尿液中的一些离子就会过饱和，磷酸根离子、镁离子、铵离子达到了一定的浓度，磷酸铵镁就会析出形成结石。手术取出是重要的治疗手段，排石冲剂和别嘌呤醇等药物有效果但不够明显。皮肾镜微创治疗及体外碎石等新的治疗方法有广阔的应用前景。另外，中药制剂也有很好的发展潜力。

（三）营养代谢病

1. 硒缺乏

调查表明，我国有 2/3 以上的地区饲粮和牧草缺硒。硒作为一种必需的微量元素，广泛参与到机体的众多生物学过程中，并发挥多种重要的生物学功能。我国临床科研工作者近年来在硒元素对动物机体的作用机制方面开展了诸多研究。研究证实，miR-200a-5p 以及其靶蛋白 RNF11 可以在心肌细胞和低硒动物模型的心肌中，通过对炎症、ROS 的产生以及 MAPKs 通路的调控，进而调节 RIPK3 依赖型程序性坏死，可以推测研究 miRNA 的调节可以对缺硒导致的心脏疾病的发展和治疗提供新的思路；另外，低硒高能量饲料能引起猪体内的中性粒细胞的功能紊乱以及氧化应激；硒蛋白 K 过低导致鸡胚成肌细胞中钙稳态失调，从而影响鸡胚成肌细胞的发育，尤其影响了鸡胚成肌细胞的分化阶段。研究表明，硒能够通过提高猪脾细胞中的谷胱甘肽过氧化物酶和硒蛋白的表达来减少黄曲霉毒素引起的免疫损伤，进一步阐明了硒的生理功能及其与动物体内免疫反应的紧密联系。

2. 动物骨质疏松症

近几年，我国临床工作者主要从病因学、鸡骨保护素分泌表达和治疗等方面对动物骨质疏松症进行了深入的研究。研究结果表明，骨保护素是调控鸡破骨细胞形成和活化的主要机制，OPG 对破骨细胞的形成具有抑制作用，这一过程由 Beclin1 和 LC3

Ⅱ参与的自噬密切相关，这为进一步了解骨保护素在动物骨质疏松发生过程中的作用提供了理论基础。成骨细胞分化是骨形成的关键进程，研究发现铝可抑制成骨细胞分化导致骨形成抑制，然而其机制尚不清楚，研究发现铝可通过下调 BMP-2/Smad 信号通路，抑制大鼠成骨细胞分化，进而抑制骨的形成，引发铝骨病。研究表明，绿原酸能通过 PI3K/AKT 信号通路促进 Nrf2 入核激活 HO-1 的表达，保护细胞免受氧化应激损伤，从而有望成为抗骨质疏松的药物。另外，P21 基因对地塞米松诱导的小鼠成骨细胞凋亡的调控作用，敲除 p21 基因后，可通过抑制 Nrf2/H-1 通路显著上调地塞米松诱导的成骨细胞的凋亡，阐明了 p21 可能发挥抗凋亡的作用，从而为骨质疏松的治疗提供可能的药物靶点。通过利用复方中药对骨质疏松小鼠模型进行治疗，骨密度、血磷含量显著升高，血钙、TRACP-5b 和 BALP 水平降低，骨小梁数目增加、交织成网，获得良好的治疗效果，为动物骨质疏松的治疗提供了新的思路。

3. 围产期奶牛生产性疾病

奶牛生产性疾病的种类繁多而复杂，该类疾病主要发生在处于产犊前 2～3 周至产后 4～5 周的高产奶牛，发病率高，且多发于高产牛。研究表明，在干乳末期特定的日粮中补充丙二醇和过瘤胃氯化胆碱用于预防酮病和脂肪肝，能改善能量负平衡；亚急性瘤胃酸中毒对采食量的影响及其与炎症反应的关系，会导致急性期蛋白（APPs）、血清淀粉样蛋白 A 和触珠蛋白在血液中的浓度升高，并且与免疫抑制密切相关，DHI 测试报告可以作为牛场监测瘤胃酸中毒的有利工具之一；某些微量元素和维生素对维持围产期奶牛抗氧化能力和活性氧化代谢物增加是有利的，日粮中添加微量元素对从胃肠道（GIT）吸收的量有很大的影响；子宫感染的规范诊断标准和治疗方案得到了进一步发展，对于高发子宫内膜炎的奶牛群体，注射 PGF2α 并未提高奶牛的繁殖性能。低钙血症是我国集约化牛场奶牛围产期常发的营养代谢病，但无明显的临床症状，缺乏现场实用的快速监测技术，易被牛场忽视。夏成等通过实验证明 TRAP5b、Ca 和 P 均可用作预测奶牛低血钙发生的风险预警指标，TRAP5b 预警效果最佳。

（四）中毒性疾病

1. 疯草中毒

"疯草"主要分布在我国西北、西南和华北的主要牧区，是棘豆属和黄芪属中有毒植物的统称。疯草含有毒物，牲畜食用后会引起以慢性神经机能障碍为特征的中毒，能使动物发疯，故形象地把这类毒草统称为疯草，由此所致的中毒称为疯草中毒。疯草的生长特性决定了其不易被彻底清除，也在很大程度上破坏了草地的生态平衡，严重影响地方畜牧业的发展。研究团队研究了疯草中的内生真菌和苦马豆素的中毒机制，其中苦马豆素能够引起小鼠的生殖健康问题，还能引起动物大脑皮层神经元的凋亡等，进一步阐明了疯草中毒成分的致病机制，为疯草中毒的防控提供了新的研究方向。"青藏高原疯草绿色防控与利用技术体系创建及应用"获得了 2016 年西藏自治区政府一等奖，为我国的疯草防控与利用做出了巨大贡献。目前尚无特效解毒疗法，提示应尽早采取酸类药物中和解毒的抢救措施。

2. 氟中毒

我国兽医临床工作者对动物氟中毒的发病机理和防控方法进行了深入的研究，取得了一系列成果。最新研究通过小鼠和荷兰猪等动物模型，阐明了氟中毒能够通过改变动物睾丸中 Y 染色体的表达和结构，引起睾丸的炎症反应并增加 CREM 和 ACT 蛋白的表达来损伤动物的生殖健康，进一步阐明了氟中毒对生殖系统的致病机理。研究表明，运动是有改善骨小梁数量和结构的壮骨作用，对生长期氟中毒小鼠骨形成有缓解功能。由于氟中毒的发病机制仍然不清，氟中毒治疗药物研究没有进展。氟中毒治疗药物仍然为传统的氢氧化铝、钙、硼、镁、卤碱等药物，以减少机体对氟的吸收，增强机体新陈代谢，促进氟化物的排泄。

3. 霉菌毒素中毒

2016 年鄂苏皖与河南中南部新小麦呕吐毒素污染普遍而严重，调查秋季玉米黄曲霉毒素含量大幅上扬；2016 年东北秋季玉米呕吐毒素大幅上扬。2016 年大中型企业送检猪禽饲料中呕吐毒素、烟曲霉毒素和玉米赤霉烯酮是最重要的三种霉菌毒素，而黄曲霉毒素渐渐淡出视野。大型奶企饲料与原料中黄曲霉毒素已经得到有效控制，当前重点为呕吐毒素和玉米赤霉烯酮。山东省 2016 年主要家禽饲料中霉菌毒素污染比较普遍，污染水平较高，污染超标较严重，黄曲霉毒素 B_1 和玉米赤霉烯酮的污染风险较高。

在充分掌握了霉菌毒素流行情况的基础上，科研人员还在霉菌毒素的致病机制、解毒方法以及检测方法等方面开展了研究。研制出一种微生物降解法减少霉菌毒素的危害，主要通过改变毒素结构和性质从而将毒素降解为无毒的物质，具有高效性、高特异性、无毒副作用等优点。研究发现，原花青素 B_2 可通过清除氧自由基保护线粒体功能，进而颉颃由 T-2 毒素诱导的细胞凋亡，减少 T-2 毒素引起的损伤；硒能够提高猪脾细胞中的谷胱甘肽过氧化物酶和硒蛋白的表达来减少黄曲霉毒素引起的免疫损伤；赭曲霉毒素引起的细胞自噬将会加快猪圆环病毒在体内的增殖，通过营养和中毒的角度来重新解释传染病的发展。研究人员研制出一种通过基质固相分散-液相色谱串联质谱法，可同时检测鸡蛋中 15 种真菌毒素生物标志物，提高了鸡蛋中的真菌毒素的检测速度，更好地保障消费者的身体健康安全。

4. 铅、镉中毒

铅和镉均为慢性蓄积性毒物，通过小剂量持续性进入机体后逐渐积累而呈现中毒作用。工业的发展，使自然环境的重金属污染风险加剧，尤其是铅和镉通过食物链系统对人和动物的危害日益受到重视。经过长期对我国铅镉重金属污染和中毒的监测，发现在甘肃等地区的重工业区的农田和牧场受到严重的铅镉污染，不仅严重影响农牧业生产的发展，而且通过食物链系统间接威胁人类的健康。山东省主要动物源性饲料中重金属污染比较广泛，其中汞（Hg）污染超标严重，污染风险程度高。研究发现，镉能够引起大鼠的肾脏细胞和神经细胞的自噬和凋亡从而导致肾功能和神经功能障碍，还能够引起成骨细胞的凋亡来导致骨质疏松。研究发现，镉污染所致氧化应激抑制了肾小管上皮细胞自噬流而引起自噬体降解受阻，主要原因在于氧化应激干扰了 Rab7 对自噬体的运载功能而阻止自噬体与溶酶体的融合；镉可以造成鸡巨噬细胞浓度-时间依赖性结构损伤和分泌细胞因子分泌功能下降，单独或联合添加 Zn^{2+}、NAC 均可以有效抑制镉对细胞的损伤，改善巨噬细胞细胞因子表达水平，并且这种保护作用在 Zn^{2+} 和 NAC 联合使用下更加明显。另外，研究表明氯化镍能够通过活化 NF-κB 途径引起小鼠和肉鸡的肾脏和脾脏的氧化损伤。这些研究从中毒机理方面阐述了重金属中毒的致病机制，为重金属中毒的预防和治疗提供了新思路和方向。

（五）小动物内科疾病

近几年来，国内小动物内科疾病的诊疗水平有了显著的提高。由于 CT、彩超仪、X 线机和全自动血液分仪、生化分析仪等仪器在许多小动物医院得到了广泛应用。小动物疾病如甲状腺机能亢进或减退、肾上腺皮质机能亢进和减退、中枢神经系统疾病、心脏病、糖尿病、肝胆疾病、肾功能衰竭等疾病的诊断准确率有了很大的提高。兽医临床病理学检查、病原微生物的分离培养与药敏试验技术的应用，对临床兽医师判断疾病的预后和提高治疗率起到了关键的作用。另外，PCR 技术和诊断试剂盒的研制与应用也取得了令人可喜的成绩，如猫杯状病毒、疱疹病毒和冠状病毒的 PCR 检测，犬 C 反应蛋白检测试剂盒的应用，为提高小动物内科疾病的诊治水平提供了重要支持。

三、兽医外科、产科技术进步

中国农业大学、东北农业大学、华中农业大学、南京农业大学、扬州大学、贵州大学、华南农业大学、吉林大学、西北农林科技大学、四川农业大学、安徽农业大学、山西农业大学、西南大学等单位在临床兽医常见病诊治技术（外、产科）方面开展了广泛深入的研究。随着生物科技水平的快速发展与精密仪器的不断出现，我国临床兽医外、产科常见疾病的诊治技术也取得了一定程度的提高。特别是小动物的兴起，大量的资金进入宠物行业。在小动物领域，发展最快的为诊疗手段。在原有 X

线、B 超的基础上，一些高校及个人宠物医院已经引进 CT、核磁、透析、放疗仪器等高端设备。马业在中国的逐渐兴起，马外科学也逐步在前行。其中对皮肤病的诊治、小动物肿瘤疾病、兽医麻醉技术及麻醉药物的研制、兽医针刺镇痛、脊柱和脊髓损伤、繁殖系统疾病、奶牛乳腺炎、脓皮病、青光眼、角膜损伤、实验动物疾病造模、奶牛产后疾病研究、奶牛乳腺炎等取得长足发展，体现我国兽医临床外、产科诊治技术的科技发展水平。

（一）影像学技术

兽医影像学团队将 DR、CT 与 B 超检查技术应用于小动物临床诊疗与科研，通过增强 CT 与造影技术，成功诊断数十例犬肝门静脉短路综合征，在小动物临床疾病的诊断方面取得进展；通过眼底照相技术对犬、猫、马、牛、兔、大熊猫等多种动物的眼底影响进行分析，为进一步探讨动物视觉生理机制奠定了基础。

（二）麻醉学技术

经过近三十多年的研究，在兽医麻醉技术方面取得了大量成果。麻醉方法及麻醉药物研究涉及的动物包括马、犬、猫科动物、猪、香猪、山羊、鹿、黑熊、大熊猫等。研究人员相继研制出犬用、鹿用、猪用等复合麻醉制剂多种，并已经转化产品，广泛用于生产实践。对相关麻醉药物和麻醉颉颃药物的麻醉机制进行了大量深入系统的研究，发表论文 70 多篇。对吸入麻醉药异氟醚混合脂肪乳静脉给药的新麻醉方法进行了探索，取得了很好的效果。经过近五年的比较研究，研究人员总结出一套针对我国特有珍稀野生动物——大熊猫的安全有效的复合麻醉方案，在麻醉深度、肌肉松弛度、镇静、镇痛、麻醉安全性与降低成本方面均有显著提高，于 2015 年 10 月在国际著名兽医麻醉专业刊物《Journal of Veterinary Anaesthesia and Analgesia》发表文章。通过将电针麻醉应用于兽医外科临床治疗活动，并进行了大量实验研究，发表多篇相关文章，这些研究成果极具中国特色，是现代兽医麻醉学有益的补充。

（三）犬、猫肿瘤疾病

肿瘤是小动物临床上常发的一种疾病。近年来在犬乳腺肿瘤的转移机理、抗癌药物的抑癌机制、肿瘤标志物筛查及诊断试剂盒研制方面开展了大量研究。采用组织病理学方法对 271 例患肿瘤犬进行病理学诊断分型并进行免疫组织化学检测，使得宠物肿瘤疾病诊断更准确。采用酶联免疫吸附试验（ELISA）的方法对 138 例乳腺肿瘤患犬 的 CA15-3、CEA、SF、VEGF、CA199、CA125、SCCAg、NSE、HER-2、CYFRA21-1、AFP 和 TSGF 共 12 种血清肿瘤标志物进行筛查，找出敏感性高、特异性好的 4 种血清肿瘤标志物并进行联合检测。采用 Small RNA 测序方法筛选犬乳腺浸润性导管癌组织中差异表达的 miRNAs，并采用 qRT-PCR 方法进一步验证差异表达的 miRNA，发现 miR-124 显著性下调与肿瘤侵袭转移密切相关。此外，采用 qRT-PCR 和 Western blotting 方法检测乳腺肿瘤组织 EMT〔CDH1（E-cadherin）、CDH2（N-cadherin）、Twist、Vimentin、EZH2 和 ZEB1〕相关基因和蛋白的变化，进一步探究 miR-124 靶向 CDH2 mRNA 在犬乳腺肿瘤中的分子调控机制。

（四）犬克隆技术

通过多年攻坚实验犬克隆技术，于 2017 年 6 月成功培育了三只健康的体细胞克隆比格犬，为世界首例基因编辑克隆犬，标志着我国成为继韩国之后，第二个独立掌握犬体细胞克隆技术的国家，跻身动物克隆强国行列。

（五）腔镜及微创外科技术

随着医学技术的进步及临床实践需要，各种腔镜技术逐渐引入临床及研究中来。胃镜是最先引进兽医临床的，主要用于消化道疾病的诊断与治疗。除胃镜外，关节镜、腹腔镜逐渐在兽医领域研究和实践中应用。利用腹腔镜开展了犬、山羊、猪的卵巢、子宫、肝胆、肾脏、脾脏及部分胃和肝脏的部分切除手术。另外，与人类医学结合，开展了微创肝脏手术后进行干细胞治疗，研究器官再生情况。同时也对不同气腹压对动物生理机能的影响进行了大量探索研究。

（六）实验外科技术

动物模型是现代生物医学研究中的一个极为重要的实验方法和手段，有助于更方便、更有效地认识疾病的发生、发展规律和研究防治措施。国内兽医外科工作者与国际国内医学和科学工作者团结协作，发挥学科交叉优势，建立了人类心血管疾病的动物模型，为人类心血管疾病的研究提供有力载体，并研究血管支架、腔静脉滤器等心血管介入器械在动物体的使用。研究建立了血管搭桥术后的血管内膜增生模型、腹主动脉瘤制作模型，并研究不同手术方法及血管外套对血管内膜增生的影响，不同药物抑制腹主动脉瘤继续扩大的效果，并探索其血流动力学机理。其研究成果发表在《上海农业科学》《Public Library of Science One》《Journal of Mechanics in Medicine and Biology》上。开展了"左心辅助装置动物实验研究"和"肺动脉瓣管道动物实验研究"。在仔猪建立了肝静脉-门静脉-肠系膜静脉-颈动脉血管插管系统，为肝脏血液动力学研究及营养代谢研究提供了动物模型。

（七）眼病外科技术

眼病是兽医外科疾病的重要分支，在我国近几年兽医临床发展中，越来越受到重视。多数眼病需要借助显微外科手术技术进行治疗。兽医临床常见眼病包括眼周组织疾病、眼睑疾病、第三眼睑及结膜疾病、角膜疾病、虹膜疾病、青光眼、晶体疾病、玻璃体疾病、眼底疾病、视觉神经系统疾病等。小动物临床中，尤以白内障与角膜溃疡常见；大动物临床中，尤以青光眼常见。

角膜损伤是犬临床眼科疾病中的常见类型，常出现角膜混浊、溃疡。持续性的角膜损伤存在易导致角膜穿孔或角膜血管翳、色素沉着，影响正常视力，严重者甚至会导致失明。研究证明，羊膜移植联合胸腺素能有效抑制角膜损伤后的炎症反应及角膜新生血管，降低角膜浑浊度，促进角膜损伤修复，是治疗犬角膜损伤的一种有效方法。

青光眼是犬常见的致盲性眼病，青光眼小梁切除术是治疗犬青光眼的常用手术方法之一。

（八）皮肤病

皮肤病一年四季均可发生。根据发病原因以及疾病主要特征，可将皮肤病大致分为以下几类：细菌性皮肤病、真菌性皮肤病、寄生虫性皮肤病、病毒性/立克次氏体/原虫性皮肤病、皮肤过敏性皮肤病、自体免疫性皮肤病、免疫介导性皮肤病、内分泌性和代谢性皮肤病、遗传性/先天性/后天性脱毛、与遗传因素有关的皮肤病、皮肤色素异常、角化性和皮脂溢性皮肤病、环境因素造成的皮肤异常、营养性皮肤异常、皮肤肿瘤性疾病和非肿瘤性赘生物，以及其他皮肤病。

（九）常见骨科疾病

骨关节病是兽医临床上的常见疾病，家养宠物和赛马尤其高发。这些动物由于其特殊的机体构造和作用，常因外伤或运动损伤引起骨关节病。由于动物后躯较重，且发力较强，所以后肢骨关节疾病在整体发病率中占很高比例。

研究人员建立了骨软骨细胞的培养方法，比较了喹诺酮类药物氧氟沙星和麻保沙星作用幼龄犬软骨细胞后 24h 内死亡受体通路和内质网通路相关因子的表达，首次发现 TNF/TNFR1 信号通路和内质网凋亡通路能够在氧氟沙星和麻保沙星的诱导下被激活。为骨关节病防治及沙星类药物的临床应用奠定了基础。有学者对马骨关节炎进行人工造病，并对造病后的关节损伤进行了病理学及发病机制的探索研究。

（十）奶牛乳房炎

奶牛乳房炎是危害奶牛养殖的重要疾病，对奶牛生产造成巨大的危害和经济损失，奶牛乳房炎分临床型和隐性型乳房炎两种。临床型乳房炎以乳房红肿热痛为主要症状；隐性型乳房炎无明显的临床症状，乳房和乳汁无明显变化，不易发现，需要借助诊断液、诊断仪器进行诊断。对奶牛乳腺炎常见病因开展调查，证明牛支原体乳腺炎在我国存在。对牛乳腺炎炎症发生机理的研究，证明 NF-κB 信号通路调控的细胞凋亡过程在金黄色葡萄球菌乳腺炎中起重要作用；同时对牛支原体感染牛乳腺上皮细胞中天然免疫受体的激活情况及中药单体靛玉红抗乳腺炎作用进行分析，为探究牛乳腺炎致病机理及寻找生物学防控方法打下基础。

在兽医临床实践中常用抗生素进行治疗，抗生素会造成药物残留导致弃奶，一旦牛奶中有抗生素残留乳品收购企业将拒收，损失很大。使用抗生素后一般有 1 周左右的弃奶期，还需要逐头进行抗生素残留测定，给兽医工作带来很大的压力和负担，抗生素的耐药性问题也不容忽视，若能结合致病菌分离鉴定和药敏试验疗效会更好。一些饲料添加剂和药物添加剂也可以很好地防治乳房炎，降低体细胞数，添加在预混料精饲料或 TMR 中使用方便，研究人员探索了硒对乳腺炎的预防效果，发现硒通过提高机体抗氧化能力和调节先天免疫机能降低炎症反应，减少乳腺炎发病过程中乳腺组织细胞的损伤。中草药制剂具有良好的治疗效果。挤奶后乳区灌注给药，已成为很多牛场治疗乳房炎药物的首选。中药乳区灌注若能配合抗炎药辅助治疗，疗效会更好，但也有牛场反映使用中草药后奶中有异味，期待以后的研究能解决这一问题。

（十一）奶牛产后子宫内膜炎

奶牛子宫内膜炎是奶牛产后常发病，是造成奶牛不孕症的主要原因之一。该病大多发生于奶牛分娩过程中或产后，如果得不到及时诊治，就会继发为子宫炎和化脓性子宫炎。该病对奶牛繁殖的影响随炎症的程度、损伤的子宫内膜恢复时间和输卵管环境改变等的不同而不同。调查显示，在奶牛业中，约 20% 的分娩母牛患有子宫内膜炎。奶牛子宫内膜炎对奶牛的繁殖性能有很大的影响，如人工授精次数的增加，产后第一次配种间隔和第一次受孕间隔时间延长，妊娠可能性和受孕率降低等，致使奶牛淘汰率增高，给奶牛业造成巨大的经济损失。奶牛子宫内膜炎发病原因较为复杂，该病的发生主要与传染性因素、继发因素、营养因素、机体的激素水平和血液状态等因素有关。近年来，我国科研工作者研究了大肠杆菌导致奶牛子宫内膜炎的机制，深入观察研究了皮质醇和孕酮促进大肠杆菌感染奶牛子宫内膜的分子机制，并提出用非抗生素（中药与前列腺素）治疗奶牛子宫内膜炎的技术方案。

当奶牛发生子宫内膜炎后，会引起患牛的许多生理性指标发生变化，这些变化可作为直接或间接诊断子宫内膜炎的指征。常用的实验室诊断方法有含硫氨基酸诊断法、硝酸银诊断法、生物学诊断法、血液学检查、血液生化指标的变化、子宫内样品蛋白浓度与酶活性变化等。这些方法在众多文献中已有阐述，它们虽然都有其自身的优势，但对早期诊断效果不佳，而奶牛子宫内膜炎的早期准确诊断对该病的预防和治疗极为重要。

使用药物治疗奶牛子宫内膜炎应按病情和症状合理选用。由于子宫内膜炎病因复杂，不同炎症类型和不同发展阶段，严重程度相差较大。因此，应根据临床症状、炎症类型、严重程度等确定相应药物。传统的治疗药物包括抗生素、中药、防腐消毒药、激素和中西药结合等。目前最具有前景的治疗药物是生物制剂。

（十二）奶牛卵巢囊肿与不孕

奶牛卵巢囊肿的发病率高于肉牛，并且发病率与产奶量有关；年龄与胎次，卵巢囊肿和胎次有密切关系，在第一个泌乳期过后，随着胎次的升高，发病率呈逐渐上升的趋势；产后期疾病，卵巢囊肿的发病率还与奶牛产后早期恢复情况有关，患有胎衣不下、子宫炎、酮病、蹄病等疾病的奶牛，其卵巢囊肿的发病率较高；遗传因素和饲养管理也是要考虑的重要因素。

临床常用主要诊断方法包括直肠检查、B超检查、激素测定鉴别诊断和多普勒超声检查诊断等。牛卵巢囊肿是导致奶牛不孕、繁殖力低下的主要病因之一，日常饲料管理不科学、奶牛内分泌失调、继发性疾病（如子宫炎、输卵管炎、卵巢疾病及胎衣不下）、突然受寒流袭击等都可导致发病。临床"及早诊断""积极治疗"有着非常重要的现实意义，治疗原理在于促进囊肿黄体化，多采用激素（如促性腺激素、促性腺激素释放激素类似物、孕酮、前列腺素及类似物等）治疗的办法，都是非常值得借鉴的治疗方法。

（十三）熊猫产科疾病

大熊猫的产科疾病是指雌性大熊猫与生殖相关疾病的总称。在现有文献报道中，以消化系统、呼吸系统疾病最为常见，产科疾病占的比例较低，但随着圈养大熊猫种群不断增加及性别结构的变化（雌性个体增多），大熊猫产科疾病的发病率有升高的趋势（近几年关于产科疾病的报道有所增加）。产科疾病是大熊猫繁殖障碍的主要原因之一，繁殖障碍又是导致人工圈养小种群衰败的关键因素，所以防治产科疾病尤为重要。

四、中兽医技术进步

中兽医药特色鲜明，安全、环保，富有祖国千年文化底蕴。中国农业大学、南京农业大学、河北农业大学、西北农林科技大学、福建农林大学、扬州大学、吉林大学、山东农业大学、西南大学、东北农业大学、安徽农业大学等单位在中兽药及中医技术用于临床兽医常见病诊治技术方面开展了研究，取得了突出进展。

（一）中兽医药在畜禽疾病诊疗中的研究及应用

1. 丹连花子宫灌注液治疗奶牛子宫内膜炎

奶牛子宫内膜炎是奶牛产后常发病，是造成奶牛不孕症的重要原因，患病奶牛因产后初次发情时间延迟和配制次数增加，致使产奶量和妊娠率下降，淘汰率增高，给奶牛业造成巨大经济损失。

通过开展中药治疗奶牛子宫内膜炎的研究，研制出了用于治疗奶牛子宫内膜炎的"丹连花子宫灌注液"。该灌注液由黄连、连翘、丹参和红花等组成，具有清热燥湿，活血化瘀的功效，对大肠杆菌、金黄色葡萄球菌、无乳链球菌等具有显著抑菌作用。对奶牛子宫内膜炎治愈率达80%，有效率达90%以上。

2. 超微中药透皮复方防治奶牛乳房炎

通过试验筛选确定了由金银花、黄芩、蒲公英、苦地丁、青翘、益母草、地榆、丹参和枳壳9味药组成的用于治疗奶牛乳房炎的中药组方，且试验证实该中药组方以超微粉直接入药为最佳给药方式。临床研究表明，该中药透皮技术用于奶牛隐性乳房炎的治疗，治愈率可达91.67%；临床型乳房炎的治愈率可达80%。

3. 中药子宫灌注液治疗猪子宫内膜炎

研制了治疗动物子宫内膜炎的纯中药灌注液，主要组成为益母草、红花、枳实、蒲公英等。临床试验表明，该中药灌注液对治疗黏液性子宫内膜炎有良好效果，能有效抗菌、抗炎，促进恶露排出，迅速恢复子宫功能，对猪子宫内膜炎治愈率达90%以上，同时解决了产后胎衣不下、恶露不尽和繁殖功能障碍的问题。

4. 中药治疗猪和牛"冬季性腹泻"

针对南方冬季气候潮湿和低温，以及病毒等引发猪和牛等动物的"冬季性腹泻"，并导致动物死亡的问题，研发出了预防和治疗猪和奶牛的冬季性腹泻的中兽药制剂，在2d之内可以治愈猪和奶牛的腹泻，并能有效阻止动物的死亡。经过10多个区县几十个养殖场的试验示范，在西医西药疗效不显著甚至无效的情况下，中兽药的有效率在95%以上。

5. 中药多糖预防水禽番鸭呼肠孤病毒性疾病

番鸭呼肠孤病毒（MDRV）感染番鸭主要引起免疫抑制，造成肠道黏膜组织和免疫系统损伤，发病率为30%～90%，病死率为60%～80%，给南方水禽业带来巨大损失。福建农林大学从中药多糖中筛选出猴头菇多糖用于预防给药，可使感染MDRV番鸭推迟发病时间，死亡率降低80%。

6. 中药抗小鹅瘟病毒

小鹅瘟是危害养禽业比较严重的疾病之一，研究人员进行了中药抗小鹅瘟病毒方面的研究，以宣肺清热、消暑化湿、生津止渴、清营解毒、透热养阴、凉血滋阴、补益脾肾为原则，组成了以马齿苋、黄连、黄芩、连翘、双花、白芍、地榆、栀子为主的中药方剂。该复方中药能够保护治疗组与预防组人工感染小鹅瘟病毒雏鹅的易损组织与器官（脑、心、肝、脾、肺、肾、十二指肠、盲肠、直肠），减轻其临床症状，并且能减少病毒在机体内的存在时间，显著提高人工感染小鹅瘟病毒鹅胚的存活率。

7. 中药多糖对鸡重金属中毒的保护作用

应用姬松茸多糖和灵芝多糖探讨了姬松茸多糖和灵芝多糖对镉诱导的鸡肝脏、睾丸等器官毒性损伤的保护作用。从基因和蛋白水平阐明，镉感染鸡后会引起肝脏和睾丸的损伤，加入姬松茸多糖或灵芝多糖后，镉对鸡肝脏和睾丸损伤程度降低，说明姬松茸多糖和灵芝多糖对镉感染鸡肝脏和睾丸所引起的损伤具有保护作用。

（二）中兽药新药及饲料添加剂的研制

1. 提高畜禽免疫力新型中兽药制剂的研制

对黄芪、淫羊藿、蜂胶、人参、党参等具有增强免疫作用的中药及其有效成分进行了系统研究，筛选出多种具有免疫增强效果的中药成分，并研究证明硫酸化修饰、硒化修饰和脂质体能进一步提高这些成分的免疫增强作用。研制出了国家三类新兽药"藿蜂注射液"和"芪藿注射液"，临床试验和应用证明其对鸡免疫抑制有较好的疗效，能显著提高鸡、猪疫苗的免疫效果。

研制了可显著提高肉鸡免疫力和生长速度的国家三类新兽药"芪楂口服液"〔（2015）新兽药证字 19 号〕，该制剂可以使肉鸡的非特异性免疫功能以及免疫 ND、IBD、AIH9 和 AIH5 疫苗后的抗体水平得以显著提高，使鸡群的发病率显著降低，同时还可显著促进肉鸡的生长，使肉鸡 42 日龄时的出栏重平均增加 100g 左右。

研制了可显著提高蛋鸡免疫力和产蛋率的国家三类新兽药〔黄藿口服液（2016）新兽药字 10 号〕，该制剂可以使蛋鸡的非特异性免疫功能以及免疫 ND、IBD 疫苗后的抗体水平得以显著提高，使鸡群的发病率显著降低，同时还可使蛋鸡 180 日龄时的产蛋率较空白对照组平均增加近 5％。

研制了可显著提高猪瘟疫苗免疫效果的国家四类新兽药玉屏风颗粒〔（2016）新兽药字 17 号〕，该制剂能显著提高猪血清中 IFN-γ、IL-2 及抗体水平，提高仔猪免疫力，减少了仔猪亚健康状态的发生，增强仔猪消化机能，促进了仔猪的生长发育。

2. 治疗鸡肾型传染性支气管炎的中药微粉剂的研制

研制了治疗鸡肾型传染性支气管炎的中药复方饲料添加剂，主要由金银花、大青叶、茯苓、车前子、萹蓄、麻黄、滑石粉等中药组成，是根据中医药药理，采用清热解毒、泻肾保肝、利尿通淋的治则配伍而成的。经临床应用及实验室研究表明，以拌料喂饲方式给药，能有效通肾平喘，抗病毒，还能激发机体免疫力，迅速恢复肾功能。该组方已经申请了国家发明专利，并获得授权，专利号 ZL201110244573.5。

3. 治疗猪链球菌病的中药微粉剂的研制

通过研究研制了主要由柴胡、紫草、穿心莲、金银花、黄连、石榴皮、甘草等中药组成的中药复方饲料添加剂。临床应用及实验室研究表明，该中药微粉剂采用纯中草药组成方剂，通过超微粉碎技术制成超微散剂，使得药材所含成分容易被吸收，能有效抗菌、抗炎，解热镇痛，还能激发机体免疫力，迅速恢复机体功能，对猪链球菌病治愈率达 90.32%。该组方已经申请了国家发明专利，并获得授权，专利号 ZL201410079156.3。

4. 用于改善反刍动物肉质风味的中药复方饲料添加剂的研制

研制了由小茴香、白芷、紫苏、草果、豆蔻、山奈、桂皮、陈皮等中药组成的中药复方饲料添加剂，经临床应用及实验室研究表明，以 1% 的添加量添加于基础日粮中，本组方能明显提高安徽白山羊平均日增重，改善其肉品质（嫩度和风味等）；又因本添加剂添加量小，长期使用无毒副作用，且原料易得，成本低廉，能显著增加肉食品的附加值，故有较好的推广前景。该组方已经申请了国家发明专利，授权号 ZL201410000502.4。

（三）中兽医药在宠物临床中的研究及应用

1. 中药治疗犬细小病毒病

根据犬细小病毒病的病因和临床症状，采用中兽医辨证论治的原则，通过建立犬细小病毒病人工发病动物模型，将犬细小病毒病辨证为湿热蕴结、血瘀积滞型。以发热、不食、里急后重、稀便或血便、呕吐为主症。治宜清热利湿、凉血解毒、消积导滞。研制了治疗犬细小病毒病的中兽药"苦参止痢胶囊"，实验临床应用后获得了显著治疗效果。

2. 中药治疗犬瘟热

根据犬瘟热的病因和临床症状，采用中兽医辨证论治的原则，通过建立犬瘟热人工发病动物模型，将犬瘟热辨证为气血两燔、邪陷心包型，以高热、口干、脓性眼眵、鼻流脓涕、鼻镜干燥、便溏或血便，严重的病犬神昏转圈、肌颤抽搐为主症。治宜清热解毒、凉血养阴、镇惊开窍。研制了治疗犬瘟热的中兽药"角藤地黄胶囊"，实验临床应用后，治疗效果显著。

3. 中药治疗宠物真菌性皮肤病

研制了治疗宠物真菌性皮肤病的中药洗剂，由临床常用的 6 味中草药（蛇床子、地肤子、百部、地榆、川楝子、萹蓄）组成，通过超声提取技术制成外用洗剂，能有效杀菌止痒，抗炎消肿，见效快，不产生耐药性，无毒副作用，疗程短，不复发。对犬病原菌性皮肤病的治愈率达到 73% 及以上，尤其适合治疗细菌真菌混合感染，甚至出现皮肤大面积脱毛的重症病例。

4. 中成药治疗变应性接触性皮炎（ACD）

通过构建 ACD 小鼠模型，研究中药皮炎片（主要成分为当归、金银花、黄芩、茯苓等）对 ACD 的治疗作用。研究证实中药皮炎片对于 ACD 具有一定的治疗作用。

5. 宠物专用中兽药麻醉剂

研制了宠物专用中兽药麻醉剂为纯中药注射剂，主要成分为洋金花、闹羊花、附子、天仙子等，剂型使用方便，非常适合于动物临床手术的全身麻醉。经大量的动物实验证实，该中药麻醉剂具有麻醉效果温和，麻醉效果好，副作用小等优点，能很好地解除患病动物疾苦，创造良好的社会和经济效益。

6. 宠物用止痛中成药

针对宠物临床疼痛这一症状，依据中兽医理论，研发出了杜仲当归止痛片。研究表明杜仲当归止痛片能够运用于多种原因所引起的疼痛，通过有效减轻宠物的疼痛感，从而改善其生存状况。

五、动物福利

南京农业大学、中国农业大学、中国农科院北京畜牧兽医研究所、重庆畜牧科学院、江苏省家禽科学研究所、华南农业大学、内蒙古农业大学、中国动物关系学院等针对畜禽舍环境，畜禽饲养过程等存在的福利问题，开展了不同环境下猪、鸡行为模式研究，探索了畜禽福利养殖的营养调控技术，开发了畜禽福利养殖的工艺模式和养殖设施等，取得了较好的进展。同时，一些行业协会对实验动物、伴侣动物福利规范进行了研究。全国畜牧总站、中国动物卫生与流行病学中心对动物福利现状进行了调查和政策研究。

（一）猪福利养殖

1. 猪饲养过程中福利问题

通过母猪电子群养系统和个体限位栏对母猪繁殖性能、福利水平（体表损伤及行为学）及断奶仔猪的影响研究，发现母猪电子群养系统和个体限位栏对母猪繁殖性能无明显影响，但母猪电子群养系统中母猪刻板行为减少，争斗、发声、体外伤痕发生率升高，断奶仔猪体重显著升高。昆明学院研究发现饲养密度增加可降低仔猪和育肥猪日增重，增加争斗行为和异常行为。

2. 环境（富集）影响猪行为和肉质

通过猪用福利咬链对育成猪行为的影响研究，发现咬链对育成猪行为影响存在日龄差异，咬链可明显降低育成猪探究时间、走动时间和饮水频次。研究了运输季节对生猪应激及肉品质的影响，发现秋季运输可显著降低猪宰前应激，提高宰后猪肉品质，夏季和冬季做好运输防暑和保暖处理可改善猪应激反应和猪肉品质。

3. 猪福利养殖的营养调控

通过对日粮粗纤维对妊娠母猪福利行为和类固醇激素的影响研究，发现高粗纤维水平可显著降低母猪空嚼、卷舌和刻板行为，改善母猪便秘，同时显著提高了初乳中催乳素的含量。母猪妊娠期日粮添加丁酸，可以提高仔猪断奶重，但对于母猪行为影响不大。进行了支链氨基酸对猪尿素再循环的研究，发现在饥饿条件下，支链氨基酸可以下调小肠上皮细胞尿素氮生成。

4. 猪福利养殖的设施研究

针对畜禽养殖中无接触的检测需求，设计了基于双目视觉原理的猪体尺检测系统及基于体尺数据的主成分幂回归猪体质量估测模型。基于无线多媒体传感器网络设计了一种集保温箱环境监控、仔猪窝均重自动监测功能于一体的福利型智能仔猪保温箱系统，同时开发了基于机器视觉技术的母猪分娩智能检测系统。针对猪饲喂行为调控监测需求，通过分析仔猪饥饿求食哼叫、抢食尖叫噪声及机械送料噪声声音特征参数，提取 Mel 倒谱系数并用矢量量化进行分类识别，提出了基于 VQ-PSD 的识别方式，设计了通过识别仔猪饥饿哼叫声音控制自动哺乳器饲喂系统。

（二）家禽福利养殖

1. 鸡福利评分和指标体系建立

通过对我国笼养蛋鸡场和肉鸡场福利的现场测定和调研，提出了针对我国国情的家禽养殖福利质量评分体系。基于家禽福利评价体系构建原则，确定了以饲喂条件-养殖设施-健康状态-行为模式四原则为基础的饲养、运输和屠宰阶段家禽福利评价指标体系，构建了家禽福利评价指标体系的总体框架。

2. 鸡福利养殖的环境监测

研发了用于监测笼养蛋鸡健康行为的智能机器人，通过对鸡的日常行为进行监测，能够快速、精确识别病死鸡。开发了基于单片机的鸡舍环境监控系统，对鸡舍温度、湿度、光照进行了自动监控和调节，可保障鸡饲养环境的稳定与舒适。

3. 鸡福利养殖的环境与营养调控

开发了一套新型栖架离地立体散养系统，用于模拟自然散养条件的人工环境，满足了鸡的自由栖息、产蛋及日常活动等一系列行为表达，提高了鸡的饲养福利。通过研究研制了姜黄素、酶解青蒿、益生素、杜仲粉及有机锌等可改善鸡健康福利状态的生理调节剂。

（三）其他动物的福利研究

1. 实验动物福利

中国实验动物学会实验动物福利伦理委员会制定了《实验动物福利伦理审查指南》国家标准草案，内容涉及实验动物的安乐死、疼痛管理、运输和居住环境等方面的问题，还对实验动物的饲养设备和人员培训作出了规定。

《吉林省实验动物管理条例》将实验动物福利和实验动物伦理作为专用术语进行了界定。

2. 伴侣动物福利

针对动物医学专业学生开展了伴侣动物福利相关课程教育，并将《动物福利与动物保护》课程作为兽医专业主干课程；中国兽医协会对执业兽医开展了继续教育活动；与美国加州大学戴维斯分校（UC Davis）联合开展了 7 期的国际高端兽医继续教育课程，旨在提高执业兽医的执业水平和伴侣动物福利理念。

3. 圈养野生动物福利

通过开展环境丰容来提高圈养野生动物福利，如改善物理环境、改变食物投喂方式、建立社群联系、给予感官刺激等来改进圈养动物现有的饲养管理方式，展示动物的自然行为。目前，我国已经对圈养的大熊猫、华南虎、黑猩猩、亚洲象、蜂猴等动物进行了环境丰容。

4. 牛羊福利

音乐对犊牛生长性能、应激及免疫的影响表明，音乐提高了犊牛的生长性能，降低了犊牛的应激激素，提高了免疫水平。内蒙古农业大学对内蒙古地区放牧模式下绵羊福利评价进行了相应研究。中国标准化协会制定了《T/CAS 238—2014 农场动物福利要求　肉牛》《T/CAS 242—2015 农场动物福利要求　肉用羊》等标准。

第四章 兽医药品与器械创新

一、兽医药品

2015—2017 年农业部批准的新兽药情况：2015—2017 年新兽药共注册 200 个（表 4-1），其中一类 9 个、二类 33 个、三类 119 个、四类 14 个、五类 25 个；生物制品 98 个（表 4-2）、化学药品 60 个（表 4-3）、中药 42 个（表 4-4）。生物制品以联合研发为主，研发品种以禽苗、猪苗为主；研发成功了 7 个一类生物制品和 2 个一类新化学药品，利用基因工程技术进行疫苗研究已成为热点，多联多价疫苗和快速诊断试剂盒研究品种明显增多，生产工艺技术研究水平进一步提高；化学药品及中药获批产品的品种明显增多，获批的 2 个一类新化学药品是近年来取得的新突破。

表 4-1　2015—2017 年农业部批准的新兽药

种类	一类	二类	三类	四类	五类	总数（个）
生物制品	7	14	77	/	/	98
化学药品	2	17	10	6	25	60
中药	0	2	32	8	/	42
总计	9	33	119	14	25	200

表 4-2　2015—2017 年农业部批准的新生物制品

序号	新兽药名称	研制单位	类别	新兽药注册证书号	农业部公告号
1	大菱鲆迟钝爱德华氏菌活疫苗（EIBAV1 株）	华东理工大学、浙江诺倍威生物技术有限公司、广东永顺生物制药股份有限公司、上海纬胜海洋生物科技有限公司	一类	（2015）新兽药证字 30 号	2270
2	鸭坦布苏病毒病灭活疫苗（HB 株）	北京市农林科学院、瑞普（保定）生物药业有限公司、扬州优邦生物药品有限公司、乾元浩生物股份有限公司	一类	（2016）新兽药证字 33 号	2400

（续）

序号	新兽药名称	研制单位	类别	新兽药注册证书号	农业部公告号
3	鸭坦布苏病毒病活疫苗（WF100 株）	齐鲁动物保健品有限公司	一类	（2016）新兽药证字 47 号	2416
4	兔出血症病毒杆状病毒载体灭活疫苗（BAC-VP60 株）	江苏省农业科学院兽医研究所、国家兽用生物制品工程技术研究中心、南京天邦生物科技有限公司、山东华宏生物工程有限公司、贵州福斯特生物科技有限公司	一类	（2017）新兽药证字 06 号	2490
5	布鲁氏菌抗体检测试纸条	中国兽医药品监察所、浙江迪恩生物科技股份有限公司、唐山怡安生物工程有限公司、上海快灵生物科技有限公司	一类	（2017）新兽药证字 23 号	2526
6	猪口蹄疫 O 型病毒 3A3B 表位缺失灭活疫苗（O/rV-1 株）	中国农业科学院兰州兽医研究所、中牧实业股份有限公司、中农威特生物科技股份有限公司	一类	（2017）新兽药证字 50 号	2590
7	猪口蹄疫 O 型、A 型二价灭活疫苗（Re-O/MYA98/JSCZ/2013 株 ＋ Re-A/WH/09 株）	中国农业科学院兰州兽医研究所、中农威特生物科技股份有限公司、金宇保灵生物药品有限公司、申联生物医药（上海）股份有限公司	一类	（2017）新兽药证字 56 号	2617
8	猪流感病毒 H1N1 亚型灭活疫苗（TJ 株）	华中农业大学、武汉科前动物生物制品有限责任公司、武汉中博生物股份有限公司、中牧实业股份有限公司	二类	（2015）新兽药证字 01 号	2211
9	水貂出血性肺炎二价灭活疫苗（G 型 WD005 株＋B 型 DL007 株）	齐鲁动物保健品有限公司	二类	（2015）新兽药证字 14 号	2236
10	口蹄疫病毒非结构蛋白 2C3AB 抗体检测试纸条	中国农业科学院兰州兽医研究所、中农威特生物科技股份有限公司	二类	（2015）新兽药证字 23 号	2269
11	山羊传染性胸膜肺炎间接血凝试验抗原、阳性血清与阴性血清	中国农业科学院兰州兽医研究所、中农威特生物科技股份有限公司	二类	（2015）新兽药证字 35 号	2297
12	山羊传染性胸膜肺炎灭活疫苗（山羊支原体山羊肺炎亚种 M1601 株）	中国农业科学院兰州兽医研究所、山东泰丰生物制品有限公司、哈药集团生物疫苗有限公司、青岛易邦生物工程有限公司	二类	（2015）新兽药证字 37 号	2304
13	小反刍兽疫活疫苗（Clone 9 株）	中国兽医药品监察所、北京中海生物科技有限公司、新疆天康畜牧生物技术股份有限公司、新疆畜牧科学院兽医研究所（新疆畜牧科学院动物临床医学研究中心）	二类	（2015）新兽药证字 59 号	2325
14	猪肺炎支原体 ELISA 抗体检测试剂盒	北京大北农科技集团股份有限公司、福州大北农生物技术有限公司、北京科牧丰生物制药有限公司	二类	（2016）新兽药证字 18 号	2373
15	水貂出血性肺炎二价灭活疫苗（G 型 DL15 株＋B 型 JL08 株）	中国农业科学院特产研究所、吉林特研生物技术有限责任公司	二类	（2016）新兽药证字 40 号	2403

（续）

序号	新兽药名称	研制单位	类别	新兽药注册证书号	农业部公告号
16	牛病毒性腹泻/黏膜病灭活疫苗（1型，NM01株）	华威特（北京）生物科技有限公司、华威特（江苏）生物制药有限公司、吉林硕腾国原动物保健品有限公司、新疆天康畜牧生物技术股份有限公司	二类	（2016）新兽药证字42号	2440
17	牛病毒性腹泻/黏膜病、传染性鼻气管炎二联灭活疫苗（NMG株+LY株）	中国兽医药品监察所、金宇保灵生物药品有限公司、扬州优邦生物药品有限公司	二类	（2016）新兽药证字51号	2422
18	牛支原体ELISA抗体检测试剂盒	中国农业科学院哈尔滨兽医研究所、哈尔滨国生物科技股份有限公司、哈尔滨维科生物技术开发公司、瑞普（保定）生物药业有限公司、金宇保灵生物药品有限公司	二类	（2017）新兽药证字48号	2593
19	水貂犬瘟热、病毒性肠炎二联活疫苗（CL08株+NA04株）	上海启盛生物科技有限公司、国药集团扬州威克生物工程有限公司	二类	（2017）新兽药证字53号	2598
20	猪瘟病毒E2蛋白重组杆状病毒灭活疫苗（Rb-03株）	天康生物股份有限公司	二类	（2017）新兽药证字57号	2627
21	猪轮状病毒胶体金检测试纸条	洛阳普莱柯万泰生物技术有限公司、国家兽用药品工程技术研究中心	二类	（2017）新兽药证字58号	2627
22	鸭传染性浆膜炎三价灭活疫苗（1型YBRA01株+2型YBRA02株+4型YBRA04株）	青岛易邦生物工程有限公司、云南省畜牧兽医科学院	三类	（2015）新兽药证字03号	2213
23	兔病毒性出血症、多杀性巴氏杆菌病二联蜂胶灭活疫苗（YT株+JN株）	山东华宏生物工程有限公司	三类	（2015）新兽药证字06号	2216
24	仔猪副伤寒耐热保护剂活疫苗（CVCC79500株）	北京中海生物科技有限公司、山东泰丰生物制品有限公司、瑞普（保定）生物药业有限公司	三类	（2015）新兽药证字07号	2214
25	鸡新城疫、传染性法氏囊病二联灭活疫苗（La Sota株+HQ株）	河南农业大学禽病研究所、辽宁益康生物股份有限公司、天津瑞普生物技术股份有限公司、浙江美保龙生物技术有限公司、乾元浩生物股份有限公司南京生物药厂	三类	（2015）新兽药证字09号	2225
26	猪支原体肺炎灭活疫苗	北京生泰尔生物科技有限公司、北京华夏兴洋生物科技有限公司、齐鲁动物保健品有限公司、瑞普（保定）生物药业有限公司、北京市兽医生物药品厂、武汉科前动物生物制品有限责任公司、四川省华派生物制药有限公司、山东华宏生物工程有限公司	三类	（2015）新兽药证字11号	2233
27	高致病性猪繁殖与呼吸综合征活疫苗（GDr180株）	中国兽医药品监察所、广东永顺生物制药股份有限公司、北京信得威特科技有限公司	三类	（2015）新兽药证字16号	2246

（续）

序号	新兽药名称	研制单位	类别	新兽药注册证书号	农业部公告号
28	重组禽流感病毒 H5 亚型二价灭活疫苗（细胞源，Re-6 株＋Re-4 株）	中国农业科学院哈尔滨兽医研究所、山东信得动物疫苗有限公司、哈尔滨维科生物技术开发公司	三类	（2015）新兽药证字 20 号	2251
29	鸡新城疫、减蛋综合征、禽流感（H9 亚型）三联灭活疫苗（La Sota 株＋HSH23 株＋WD 株）	北京市农林科学院、云南生物制药有限公司、广西丽原生物股份有限公司、九江博美莱生物制品有限公司、北京信得威特科技有限公司	三类	（2015）新兽药证字 22 号	2268
30	禽流感（H9 亚型）灭活疫苗（SZ 株）	普莱柯生物工程股份有限公司、洛阳惠中生物技术有限公司	三类	（2015）新兽药证字 28 号	2270
31	高致病性猪繁殖与呼吸综合征、猪瘟二联活疫苗（TJM-F92 株＋C 株）	华威特（北京）生物科技有限公司、中国兽医药品监察所、华威特（江苏）生物制药有限公司、吉林硕腾国原动物保健品有限公司、中牧实业股份有限公司	三类	（2015）新兽药证字 29 号	2270
32	鸡新城疫、传染性支气管炎、减蛋综合征三联灭活疫苗（Clone30 株＋M41 株＋AV127 株）	青岛蔚蓝生物制品有限公司、哈药集团生物疫苗有限公司、吉林正业生物制品股份有限公司、扬州优邦生物制药有限公司、青岛蔚蓝生物股份有限公司	三类	（2015）新兽药证字 39 号	2304
33	鸡新城疫、传染性支气管炎二联耐热保护剂活疫苗（La Sota 株＋H120 株）	南京天邦生物科技有限公司、国家兽用生物制品工程技术研究中心、江苏省农业科学院兽医研究所	三类	（2015）新兽药证字 41 号	2306
34	禽流感（H9 亚型）灭活疫苗（HN106 株）	河南农业大学、山东滨州沃华生物工程有限公司、河南祺祥生物科技有限公司	三类	（2015）新兽药证字 42 号	2306
35	狂犬病病毒巢式 RT-PCR 检测试剂盒	中国人民解放军军事医学科学院军事兽医研究所、北京世纪元亨动物防疫技术有限公司、武汉中博生物股份有限公司、吉林和元生物工程有限公司、武汉军科博源生物股份有限公司、北京万牧源农业科技有限公司	三类	（2015）新兽药证字 43 号	2306
36	副猪嗜血杆菌病二价灭活疫苗（1 型 LC 株＋5 型 LZ 株）	山东省农业科学院畜牧兽医研究所、山东滨州沃华生物工程有限公司、青岛易邦生物工程有限公司、浙江诺倍威生物技术有限公司	三类	（2015）新兽药证字 50 号	2318
37	鸡新城疫、传染性支气管炎、禽流感（H9 亚型）三联灭活疫苗（La Sota 株＋M41 株＋Re-9 株）	普莱柯生物工程股份有限公司、中国农业科学院哈尔滨兽医研究所、哈尔滨维科生物技术开发公司	三类	（2015）新兽药证字 52 号	2324
38	猪传染性胃肠炎、猪流行性腹泻二联活疫苗（HB08 株＋ZJ08 株）	北京大北农科技集团股份有限公司、中牧实业股份有限公司、瑞普（保定）生物药业有限公司、福州大北农生物技术有限公司、武汉中博生物股份有限公司、北京科牧丰生物制药有限公司	三类	（2015）新兽药证字 57 号	2323

（续）

序号	新兽药名称	研制单位	类别	新兽药注册证书号	农业部公告号
39	猪支原体肺炎灭活疫苗（DJ-166 株）	北京大北农科技集团股份有限公司、中牧实业股份有限公司、福州大北农生物技术有限公司、北京科牧丰生物制药有限公司	三类	（2015）新兽药证字 58 号	2323
40	仔猪大肠杆菌病基因工程灭活疫苗（GE-3 株）	辽宁益康生物股份有限公司	三类	（2015）新兽药证字 66 号	2338
41	牛布鲁氏菌间接 ELISA 抗体检测试剂盒	中国兽医药品监察所、北京明日达科技发展有限责任公司、肇庆大华农生物药品有限公司、浙江迪恩生物科技股份有限公司、北京中海生物科技有限公司	三类	（2015）新兽药证字 67 号	2345
42	高致病性猪繁殖与呼吸综合征耐热保护剂活疫苗（JXA1-R 株）	中国动物疫病预防控制中心、成都天邦生物制品有限公司、哈尔滨元亨生物药业有限公司	三类	（2015）新兽药证字 68 号	2348
43	鸡新城疫、传染性支气管炎、传染性法氏囊病三联灭活疫苗（La Sota 株＋M41 株＋HQ 株）	河南农业大学、乾元浩生物股份有限公司南京生物药厂、肇庆大华农生物药品有限公司、哈药集团生物疫苗有限公司	三类	（2015）新兽药证字 69 号	2348
44	鸡新城疫、传染性支气管炎、减蛋综合征、传染性法氏囊病四联灭活疫苗（La Sota 株＋M41 株＋Z16 株＋HQ 株）	河南农业大学、福州大北农生物技术有限公司、天津瑞普生物技术股份有限公司高科分公司	三类	（2016）新兽药证字 1 号	2355
45	猪瘟病毒间接 ELISA 抗体检测试剂盒	中国兽医药品监察所、北京中海生物科技有限公司、中牧实业股份有限公司、广东永顺生物制药股份有限公司、北京世纪元亨动物防疫技术有限公司	三类	（2016）新兽药证字 5 号	2356
46	布鲁氏菌竞争 ELISA 抗体检测试剂盒	中国兽医药品监察所、扬州大学、中国农业科学院兰州兽医研究所、广州悦洋生物技术有限公司	三类	（2016）新兽药证字 6 号	2356
47	Ⅰ型鸭肝炎病毒卵黄抗体	瑞普（保定）生物药业有限公司、天津瑞普生物技术股份有限公司	三类	（2016）新兽药证字 7 号	2365
48	鸭病毒性肝炎二价(1型＋3型)灭活疫苗(YB3 株＋GD 株)	中国兽医药品监察所、广东永顺生物制药有限公司、青岛易邦生物工程有限公司、武汉中博生物股份有限公司	三类	（2016）新兽药证字 9 号	2361
49	禽白血病病毒 ELISA 群特异抗原检测试剂盒	中国农业科学院哈尔滨兽医研究所、哈尔滨动物生物制品国家工程研究中心有限公司、哈尔滨维科生物技术开发公司	三类	（2016）新兽药证字 15 号	2366
50	鸡多杀性巴氏杆菌病、大肠杆菌病二联蜂胶灭活疫苗（A 群 BZ 株＋O78 型 YT 株）	山东华宏生物工程有限公司	三类	（2016）新兽药证字 16 号	2366

（续）

序号	新兽药名称	研制单位	类别	新兽药注册证书号	农业部公告号
51	高致病性猪繁殖与呼吸综合征疫苗（TJM-F92 株，悬浮培养）	华威特（北京）生物科技有限公司、华威特（江苏）生物制药有限公司	三类	（2016）新兽药证字 19 号	2374
52	猪伪狂犬病耐热保护剂活疫苗（HB2000 株）	武汉科前生物股份有限公司、中国兽医药品监察所、中牧实业股份有限公司、安徽东方帝维生物制品股份有限公司	三类	（2016）新兽药证字 20 号	2376
53	副猪嗜血杆菌病二价灭活疫苗（4 型 JS 株＋5 型 ZJ 株）	普莱柯生物工程股份有限公司、洛阳惠中生物技术有限公司、国家兽用药品工程技术研究中心	三类	（2016）新兽药证字 23 号	2381
54	狂犬病灭活疫苗（dG 株）	华南农业大学、广州市华南农大生物药品有限公司、武汉中博生物股份有限公司	三类	（2016）新兽药证字 25 号	2383
55	重组禽流感病毒（H5 亚型）二价灭活疫苗（细胞源，Re-6 株＋Re-4 株）	中国农业科学院哈尔滨兽医研究所、吉林冠界生物技术有限公司、哈尔滨维科生物技术开发公司	三类	（2016）新兽药证字 27 号	2392
56	小鹅瘟病毒精制蛋黄抗体	普莱柯生物工程股份有限公司	三类	（2016）新兽药证字 28 号	2388
57	小鹅瘟病毒卵黄抗体	瑞普（保定）生物药业有限公司、天津瑞普生物技术股份有限公司	三类	（2016）新兽药证字 30 号	2391
58	鸡新城疫、禽流感（H9 亚型）二联灭活疫苗（La Sota 株＋HN106 株）	河南农业大学、四川省华派生物制药有限公司、河南祺祥生物科技有限公司、山东德利诺生物工程有限公司	三类	（2016）新兽药证字 31 号	2390
59	猪圆环病毒 2 型 ELISA 抗体检测试剂盒	武汉中博生物股份有限公司	三类	（2016）新兽药证字 32 号	2390
60	鸡新城疫、传染性支气管炎、禽流感（H9 亚型）、传染性法氏囊病四联灭活疫苗（La Sota 株＋M41 株＋SZ 株＋rVP2 蛋白）	普莱柯生物工程股份有限公司、洛阳惠中生物技术有限公司、乾元浩生物股份有限公司、北京中联康生物科技股份有限公司	三类	（2016）新兽药证字 34 号	2400
61	狂犬病竞争 ELISA 抗体检测试剂盒	中国人民解放军军事医学科学院军事兽医研究所、华北制药集团动物保健品有限责任公司、北京世纪元亨动物防疫技术有限公司、武汉中博生物股份有限公司、吉林和元生物工程股份有限公司、武汉军科博源生物股份有限公司	三类	（2016）新兽药证字 35 号	2399
62	鸡传染性鼻炎（A 型）灭活疫苗（QL-Apg-3 株）	齐鲁动物保健品有限公司	三类	（2016）新兽药证字 36 号	2399
63	猪伪狂犬病耐热保护剂活疫苗（C 株）	武汉中博生物股份有限公司、上海创宏生物科技有限公司、扬州优邦生物药品有限公司、浙江美保龙生物技术有限公司、北京华夏兴洋生物科技有限公司	三类	（2016）新兽药证字 37 号	2397

（续）

序号	新兽药名称	研制单位	类别	新兽药注册证书号	农业部公告号
64	鸡新城疫、传染性支气管炎二联耐热保护剂活疫苗（La Sota 株＋H52 株）	南京天邦生物科技有限公司、国家兽用生物制品工程技术研究中心、江苏省农业科学院兽医研究所	三类	（2016）新兽药证字 44 号	2412
65	牛口蹄疫 O 型、亚洲 1 型二价合成肽疫苗（多肽 0501＋0601）	中牧实业股份有限公司、中国牧工商（集团）总公司	三类	（2016）新兽药证字 49 号	2415
66	鸭甲型肝炎病毒二价蛋黄抗体（1 型＋3 型）	烟台绿叶动物保健品有限公司、江苏农牧科技职业学院、山东德利诺生物工程有限公司、天津赫莱恩特生物科技有限公司、山东省农业科学院家禽研究所	三类	（2016）新兽药证字 50 号	2421
67	猪细小病毒病灭活疫苗（NJ 株）	国家兽用生物制品工程技术研究中心、辽宁益康生物股份有限公司、广西丽原生物股份有限公司、杭州荐量兽用生物制品有限公司、江苏省农业科学院兽医研究所、重庆澳龙生物制品有限公司、福建傲农生物科技集团有限公司	三类	（2016）新兽药证字 52 号	2422
68	猪口蹄疫病毒 O 型 VP1 合成肽 ELISA 抗体检测试剂盒	中牧实业股份有限公司	三类	（2016）新兽药证字 53 号	2429
69	猪圆环病毒 2 型灭活疫苗（YZ 株）	扬州优邦生物药品有限公司、金宇保灵生物药品有限公司、广西丽原生物股份有限公司、浙江美保龙生物技术有限公司	三类	（2016）新兽药证字 54 号	2429
70	猪圆环病毒 2 型灭活疫苗（SH 株，Ⅱ）	江苏南农高科技股份有限公司、洛阳惠中生物技术有限公司、南京农业大学、中牧实业股份有限公司	三类	（2016）新兽药证字 59 号	2442
71	鸡传染性法氏囊病活疫苗（B87 株＋CA 株＋CF 株）	北京中海生物科技有限公司、石家庄市动物疫病预防控制中心、吉林和元生物工程股份有限公司、浙江正力安拓生物科技有限公司、哈药集团生物疫苗有限公司	三类	（2016）新兽药证字 62 号	2452
72	猪乙型脑炎病毒 ELISA 抗体检测试剂盒	华中农业大学、武汉科前生物股份有限公司、北京金诺百泰生物技术有限公司	三类	（2016）新兽药证字 65 号	2462
73	猪传染性胃肠炎、猪流行性腹泻二联灭活疫苗（WH-1 株＋AJ1102 株）	华中农业大学、武汉科前生物股份有限公司、山东华宏生物工程有限公司、安徽东方帝维生物制品股份有限公司、杭州荐量兽用生物制品有限公司	三类	（2016）新兽药证字 66 号	2462
74	小鹅瘟病毒卵黄抗体	哈药集团生物疫苗有限公司、山东绿都生物科技有限公司、天津市中升挑战生物科技有限公司、烟台绿叶动物保健品有限公司	三类	（2016）新兽药证字 68 号	2473
75	猪链球菌病、副猪嗜血杆菌病二联灭活疫苗（LT 株＋MD0322 株＋SH0165 株）	武汉科前生物股份有限公司	三类	（2016）新兽药证字 69 号	2479

（续）

序号	新兽药名称	研制单位	类别	新兽药注册证书号	农业部公告号
76	犬狂犬病病毒 ELISA 抗体检测试剂盒	浙江大学、南京史记动物健康管理有限公司、瑞普（保定）生物药业有限公司、北京金诺百泰生物技术有限公司	三类	（2016）新兽药证字 71 号	2478
77	猪口蹄疫 O 型合成肽疫苗（多肽 TC98＋7309＋TC07）	天康生物股份有限公司	三类	（2017）新兽药证字 01 号	2488
78	山羊传染性胸膜肺炎灭活疫苗（山羊支原体山羊肺炎亚种 C87001 株）	中国兽医药品监察所、中牧实业股份有限公司兰州生物药厂、金宇保灵生物药品有限公司、天津瑞普生物技术股份有限公司高科分公司	三类	（2017）新兽药证字 03 号	2489
79	鸡传染性法氏囊病病毒 ELISA 抗体检测试剂盒	中国农业科学院哈尔滨兽医研究所、哈尔滨国生生物科技股份有限公司、哈尔滨维科生物技术开发公司、肇庆大华农生物药品有限公司、武汉中博生物股份有限公司、瑞普（保定）生物药业有限公司	三类	（2017）新兽药证字 07 号	2490
80	猪圆环病毒 2 型阻断 ELISA 抗体检测试剂盒	南京农业大学、江苏南农高科技股份有限公司	三类	（2017）新兽药证字 08 号	2496
81	禽流感病毒 H5 亚型灭活疫苗（D7 株＋rD8 株）	华南农业大学、中国兽医药品监察所、广州市华南农大生物药品有限公司、乾元浩生物股份有限公司、青岛易邦生物工程有限公司	三类	（2017）新兽药证字 10 号	2495
82	鸡新城疫、禽流感（H9 亚型）二联灭活疫苗（La Sota 株＋SZ 株）	普莱柯生物工程股份有限公司、洛阳惠中生物技术有限公司	三类	（2017）新兽药证字 12 号	2506
83	鸭传染性浆膜炎、大肠杆菌病二联灭活疫苗（2 型 RA BYT06 株＋O78 型 EC BYT01 株）	青岛蔚蓝生物制品有限公司、山东滨州沃华生物工程有限公司、安徽东方帝维生物制品股份有限公司、青岛蔚蓝生物股份有限公司	三类	（2017）新兽药证字 15 号	2505
84	鸡新城疫、禽流感（H9 亚型）、传染性法氏囊病三联灭活疫苗（La Sota 株＋SZ 株＋rVP2 蛋白）	普莱柯生物工程股份有限公司、洛阳惠中生物技术有限公司、扬州优邦生物药品有限公司、北京方诚智盛科技有限公司	三类	（2017）新兽药证字 19 号	2525
85	鸡马立克氏病 Ⅰ 型、Ⅲ 型二价活疫苗（814 株＋HVT Fc-126 克隆株）	中国兽医药品监察所、中国农业科学院哈尔滨兽医研究所、北京市兽医生物药品厂、哈尔滨维科生物技术开发公司、武汉中博生物股份有限公司	三类	（2017）新兽药证字 21 号	2527
86	犬瘟热、细小病毒病二联活疫苗（BJ/120 株＋FJ/58 株）	北京大北农科技集团股份有限公司、北京科牧丰生物制药有限公司、南京天邦生物科技有限公司、福州大北农生物技术有限公司、中国农业科学院北京畜牧兽医研究所	三类	（2017）新兽药证字 25 号	2534

（续）

序号	新兽药名称	研制单位	类别	新兽药注册证书号	农业部公告号
87	禽流感（H9 亚型）灭活疫苗（HN03 株）	国家兽用生物制品工程技术研究中心、南京天邦生物科技有限公司、青岛蔚蓝生物制品有限公司、广西丽原生物股份有限公司、江苏省农业科学院兽医研究所、河南后羿生物工程股份有限公司	三类	（2017）新兽药证字 26 号	2534
88	鸡新城疫、传染性支气管炎、传染性法氏囊病、病毒性关节炎四联灭活疫苗（La Sota 株＋M41 株＋S-VP2 蛋白＋AV2311 株）	青岛易邦生物工程有限公司	三类	（2017）新兽药证字 27 号	2534
89	鸡新城疫、传染性法氏囊病、禽流感（H9 亚型）三联灭活疫苗（La Sota 株＋BJQ902 株＋WD 株）	北京市农林科学院、黑龙江省百洲生物工程有限公司、南京天邦生物科技有限公司、山东绿都生物科技有限公司、北京信得威特科技有限公司	三类	（2017）新兽药证字 37 号	2557
90	仔猪大肠杆菌病（K88＋K99＋987P）、产气荚膜梭菌病（C 型）二联灭活疫苗	湖北省农业科学院畜牧兽医研究所、中国兽医药品监察所、武汉中博生物股份有限公司、湖北精牧兽医技术开发有限公司	三类	（2017）新兽药证字 38 号	2557
91	鸭瘟、禽流感（H9 亚型）二联灭活疫苗（AV1221 株＋D1 株）	中国兽医药品监察所、普莱柯生物工程股份有限公司	三类	（2017）新兽药证字 39 号	2557
92	猪支原体肺炎灭活疫苗（CJ 株）	天康生物股份有限公司	三类	（2017）新兽药证字 42 号	2574
93	猪口蹄疫 O 型合成肽疫苗（多肽 0405＋0457）	中牧实业股份有限公司	三类	（2017）新兽药证字 45 号	2576
94	鸡新城疫、禽流感（H9 亚型）二联灭活疫苗（La Sota 株＋JD 株）	北京生泰尔科技股份有限公司、北京华夏兴洋生物科技有限公司、生泰尔（内蒙古）科技有限公司	三类	（2017）新兽药证字 47 号	2577
95	副猪嗜血杆菌病四价蜂胶灭活疫苗（4 型 SD02 株＋5 型 HN02 株＋12 型 GZ01 株＋13 型 JX03 株）	山东华宏生物工程有限公司、中国农业科学院兰州兽医研究所	三类	（2017）新兽药证字 49 号	2593
96	猪圆环病毒 2 型基因工程亚单位疫苗（大肠杆菌源）	普莱柯生物工程股份有限公司、斯澳生物科技（苏州）有限公司	三类	（2017）新兽药证字 51 号	2591
97	猪流感二价灭活疫苗（H1N1 LN 株＋H3N2 HLJ 株）	华威特（北京）生物科技有限公司、华威特（江苏）生物制药有限公司、扬州优邦生物药品有限公司	三类	（2017）新兽药证字 54 号	2614
98	猪支原体肺炎灭活疫苗（SY 株）	北京生泰尔科技股份有限公司、北京华夏兴洋生物科技有限公司、浙江诗华诺倍威生物技术有限公司、生泰尔（内蒙古）科技有限公司	三类	（2017）新兽药证字 59 号	2627

表 4-3　2015—2017 年农业部批准的新化学药品

序号	新兽药名称	研制单位	类别	新兽药注册证书号	农业部公告号
1	维他昔布	北京欧博方医药科技有限公司	一类	(2016)新兽药证字 21 号	2376
2	维他昔布咀嚼片	北京欧博方医药科技有限公司	一类	(2016)新兽药证字 22 号	2376
3	马波沙星	武汉回盛生物科技有限公司、广东海纳川药业股份有限公司、湖北启达药业有限公司、湖北泱盛生物科技有限公司、长沙施比龙动物药业有限公司	二类	(2015)新兽药证字 12 号	2233
4	马波沙星片	湖北泱盛生物科技有限公司、天津生机集团股份有限责任公司、广东海纳川药业股份有限公司、武汉回盛生物科技有限公司、长沙施比龙动物药业有限公司	二类	(2015)新兽药证字 13 号	2233
5	马波沙星	河北远征药业有限公司、浙江凯胜生物药业有限公司	二类	(2015)新兽药证字 55 号	2324
6	马波沙星注射液	河北远征药业有限公司、浙江凯胜生物药业有限公司	二类	(2015)新兽药证字 56 号	2324
7	亚甲基水杨酸杆菌肽	绿康生化股份有限公司	二类	(2015)新兽药证字 60 号	2328
8	亚甲基水杨酸杆菌肽可溶性粉	绿康生化股份有限公司	二类	(2015)新兽药证字 61 号	2328
9	赛拉菌素	浙江海正药业有限公司、东北农业大学、中国农业科学院兰州畜牧与兽药研究所	二类	(2016)新兽药证字 2 号	2355
10	赛拉菌素滴剂	浙江海正药业有限公司、浙江海正动物保健品有限公司、东北农业大学、中国农业科学院兰州畜牧与兽药研究所	二类	(2016)新兽药证字 3 号	2355
11	马波沙星	河北天象生物药业有限公司、湖北龙翔药业有限公司、潍坊康地恩生物制药有限公司、保定阳光本草药业有限公司、保定冀中药业有限公司、天津万象药业有限公司、河北安然动物药业有限公司	二类	(2016)新兽药证字 45 号	2412
12	马波沙星注射液	保定阳光本草药业有限公司、瑞普(天津)生物药业有限公司、江西傲新生物科技有限公司、河北天象生物药业有限公司、保定冀中药业有限公司、天津万象药业有限公司、河北安然动物药业有限公司、青岛康地恩动物药业有限公司	二类	(2016)新兽药证字 46 号	2412
13	马波沙星	海门慧聚药业有限公司	二类	(2017)新兽药证字 04 号	2489
14	氨基丁三醇前列腺素 F2α	宁波市三生药业有限公司	二类	(2017)新兽药证字 16 号	2505
15	氨基丁三醇前列腺素 F2α 注射液	长沙拜特生物科技研究所有限公司、上海海洋大学	二类	(2017)新兽药证字 17 号	2505

（续）

序号	新兽药名称	研制单位	类别	新兽药注册证书号	农业部公告号
16	氨基丁三醇前列腺素 F2α	宁波第二激素厂	二类	（2017）新兽药证字 32 号	2556
17	氨基丁三醇前列腺素 F2α 注射液	宁波第二激素厂	二类	（2017）新兽药证字 33 号	2556
18	D-氯前列醇钠	宁波第二激素厂	二类	（2017）新兽药证字 34 号	2556
19	D-氯前列醇钠注射液	宁波第二激素厂	二类	（2017）新兽药证字 35 号	2556
20	复合亚氯酸钠粉	新乡市康大消毒剂有限公司	三类	（2015）新兽药证字 15 号	2236
21	葡萄糖酸氯己定碘溶液	上海利康生物高科有限公司	三类	（2015）新兽药证字 18 号	2246
22	美洛昔康	青岛蔚蓝生物股份有限公司、山东鲁抗舍里乐药业有限公司、河北天象生物制药有限公司、青岛农业大学、潍坊康地恩生物制药有限公司	三类	（2015）新兽药证字 24 号	2269
23	美洛昔康注射液	青岛蔚蓝生物股份有限公司、保定阳光本草药业有限公司、山东鲁抗舍里乐药业有限公司高新区分公司、青岛农业大学、青岛康地恩动物药业有限公司	三类	（2015）新兽药证字 25 号	2269
24	磷酸替米考星	湖北龙翔药业有限公司	三类	（2015）新兽药证字 26 号	2270
25	磷酸替米考星可溶性粉	湖北龙翔药业有限公司、瑞普（天津）生物药业有限公司、江西省特邦动物药业有限公司、北京中农华威制药有限公司	三类	（2015）新兽药证字 27 号	2270
26	磷酸替米考星	青岛蔚蓝生物股份有限公司、广东温氏大华农生物科技有限公司动物保健品厂、山东久隆恒信药业有限公司、山东胜利生物工程有限公司、潍坊康地恩生物制药有限公司、青岛康地恩动物药业有限公司、河北维尔利动物药业集团有限公司	三类	（2016）新兽药证字 55 号	2440
27	磷酸替米考星可溶性粉	青岛蔚蓝生物股份有限公司、广东温氏大华农生物科技有限公司动物保健品厂、江西傲新生物科技有限公司、河北维尔利动物药业集团有限公司、青岛康地恩动物药业有限公司、菏泽普恩药业有限公司、潍坊诺达药业有限公司、山东胜利生物工程有限公司、江苏南农高科动物药业有限公司	三类	（2016）新兽药证字 56 号	2440
28	磷酸替米考星	河北天象生物药业有限公司、山东鲁抗舍里乐药业有限公司、山东方明邦嘉制药有限公司、保定冀中药业有限公司、山东鲁抗舍里乐药业有限公司高新区分公司、内蒙古金河动物药业有限公司	三类	（2016）新兽药证字 63 号	2455

（续）

序号	新兽药名称	研制单位	类别	新兽药注册证书号	农业部公告号
29	磷酸替米考星可溶性粉	保定冀中药业有限公司、山东鲁抗舍里乐药业有限公司高新区分公司、内蒙古金河动物药业有限公司、河北天象生物药业有限公司、山东鲁抗舍里乐药业有限公司、山东方明邦嘉制药有限公司	三类	（2016）新兽药证字 64 号	2455
30	盐酸氨丙啉乙氧酰胺苯甲酯磺胺喹噁啉可溶性粉	洛阳惠中兽药有限公司、普莱柯生物工程股份有限公司、河南新正好生物工程有限公司	四类	（2015）新兽药证字 05 号	2215
31	聚维酮碘口服液	深圳市安多福动物药业有限公司、深圳市安多福消毒高科技股份有限公司	四类	（2015）新兽药证字 21 号	2251
32	重组溶葡萄球菌酶阴道泡腾片	上海高科联合生物技术研发有限公司、昆山博青生物科技有限公司	四类	（2015）新兽药证字 38 号	2304
33	癸氧喹酯干混悬剂	广州华农大实验兽药有限公司、成都乾坤动物药业有限公司、广东大华农动物保健品股份有限公司动物保健品厂	四类	（2015）新兽药证字 49 号	2311
34	注射用多潘立酮	宁波市三生药业有限公司	四类	（2017）新兽药证字 09 号	2496
35	替米考星肠溶颗粒	瑞普（天津）生物药业有限公司、湖北龙翔药业科技股份有限公司、江西省特邦动物药业有限公司	四类	（2017）新兽药证字 29 号	2543
36	硫酸头孢喹肟乳房注入剂（干乳期）	浙江海正药业股份有限公司、浙江海正动物保健品股份有限公司	五类	（2015）新兽药证字 02 号	2211
37	硫酸头孢喹肟乳房注入剂（干乳期）	河北远征药业有限公司	五类	（2015）新兽药证字 08 号	2226
38	硫酸头孢喹肟子宫注入剂	河北远征药业有限公司	五类	（2015）新兽药证字 10 号	2225
39	米尔贝肟吡喹酮片	浙江海正动物保健品有限公司、浙江海正药业股份有限公司	五类	（2015）新兽药证字 31 号	2272
40	阿莫西林克拉维酸钾片	上海汉维生物医药科技有限公司	五类	（2015）新兽药证字 34 号	2280
41	盐酸头孢噻呋乳房注入剂（干乳期）	中国农业科学院饲料研究所、北京市畜牧总站、中牧实业股份有限公司、华秦源（北京）动物药业有限公司、北京中农劲腾生物技术有限公司	五类	（2015）新兽药证字 40 号	2303
42	硫酸头孢喹肟乳房注入剂（干乳期）	中国农业科学院饲料研究所、北京市畜牧总站、广东大华农动物保健品股份有限公司动物保健品厂、北京康牧生物科技有限公司、中牧实业股份有限公司、华秦源（北京）动物药业有限公司	五类	（2015）新兽药证字 62 号	2328
43	硫酸头孢喹肟子宫注入剂	中国农业科学院饲料研究所、北京市畜牧总站、广东大华农动物保健品股份有限公司动物保健品厂、北京康牧生物科技有限公司、中牧实业股份有限公司、华秦源（北京）动物药业有限公司	五类	（2015）新兽药证字 63 号	2328

（续）

序号	新兽药名称	研制单位	类别	新兽药注册证书号	农业部公告号
44	硫酸头孢喹肟乳房注入剂（干乳期）	瑞普（天津）生物药业有限公司、佛山市南海东方澳龙制药有限公司、内蒙古瑞普大地生物药业有限责任公司	五类	(2015)新兽药证字65号	2341
45	乙酰氨基阿维菌素浇泼剂	浙江海正动物保健品有限公司、浙江海正药业股份有限公司、中国农业大学	五类	(2016)新兽药证字8号	2365
46	恩诺沙星注射液（20%）	天津市中升挑战生物科技有限公司、广东温氏大华农生物科技有限公司动物保健品厂、广州惠元生化科技有限公司	五类	(2016)新兽药证字26号	2383
47	吡喹酮咀嚼片	新疆畜牧科学院兽医研究所（新疆畜牧科学院动物临床医学研究中心）、北京中农华威制药股份有限公司	五类	(2016)新兽药证字29号	2388
48	美洛昔康片	瑞普（天津）生物药业有限公司、江西省特邦动物药业有限公司、浙江海正动物保健品有限公司、保定冀中药业有限公司、天津瑞普生物技术股份有限公司	五类	(2016)新兽药证字41号	2403
49	双氯芬酸钠注射液	烟台绿叶动物保健品有限公司、扬州大学、山东省健牧生物药业有限公司、天津市中升挑战生物科技有限公司、山东省农业科学院畜牧兽医研究所	五类	(2016)新兽药证字48号	2416
50	利福昔明乳房注入剂（干乳期）	安徽中升药业有限公司、广东温氏大华农生物科技有限公司动物保健品厂、华秦源（北京）动物药业有限公司、天津瑞普生物技术股份有限公司、天津市中升挑战生物科技有限公司、青岛蔚蓝生物股份有限公司、青岛康地恩动物药业有限公司	五类	(2016)新兽药证字60号	2442
51	盐酸恩诺沙星可溶性粉（蚕用）	湖北农科生物化学有限公司	五类	(2016)新兽药证字61号	2442
52	对乙酰氨基酚双氯芬酸钠注射液	烟台绿叶动物保健品有限公司、山东省农业科学院畜牧兽医研究所、天津市中升挑战生物科技有限公司、河南牧翔动物药业有限公司、山东农业大学	五类	(2017)新兽药证字05号	2489
53	美洛昔康片	南京仕必得生物技术有限公司、来安县仕必得生物技术有限公司、来安县仕必得新兽药研发有限公司、天津市保灵动物保健品有限公司	五类	(2017)新兽药证字11号	2495
54	伊曲康唑内服溶液	上海汉维生物医药科技有限公司	五类	(2017)新兽药证字22号	2527
55	盐酸多西环素颗粒	河北远征禾木药业有限公司、河北远征药业有限公司	五类	(2017)新兽药证字30号	2543
56	伊维菌素咀嚼片	中国农业大学动物医学院、佛山市南海东方澳龙制药有限公司、瑞普（天津）生物药业有限公司、齐鲁晟华制药有限公司、北京中农大动物保健品集团湘潭兽药厂	五类	(2017)新兽药证字31号	2548

（续）

序号	新兽药名称	研制单位	类别	新兽药注册证书号	农业部公告号
57	美洛昔康内服混悬液（猫用）	上海汉维生物医药科技有限公司	五类	（2017）新兽药证字 41 号	2558
58	盐酸贝那普利咀嚼片	中国农业大学动物医学院、瑞普（天津）生物药业有限公司、齐鲁晟华制药有限公司、佛山市南海东方澳龙制药有限公司、北京中农大动物保健品集团湘潭兽药厂	五类	（2017）新兽药证字 46 号	2576
59	注射用尿促性素	宁波第二激素厂	五类	（2017）新兽药证字 52 号	2591
60	美洛昔康片	齐鲁晟华制药有限公司、佛山市南海东方澳龙制药有限公司、江苏恒丰强生物技术有限公司、齐鲁动物保健品有限公司	五类	（2017）新兽药证字 55 号	2614

表 4-4　2015—2017 年农业部批准的新中药

序号	新兽药名称	研制单位	类别	新兽药注册证书号	农业部公告号
1	香菇多糖	成都乾坤动物药业股份有限公司、广东海纳川生物科技股份有限公司、山东鲁抗舍里乐药业有限公司高新区分公司、南京威泰珐玛兽药研究所有限公司、江苏南京农大动物药业有限公司、山东百力和生物药业有限公司、山东信得科技股份有限公司、江西博莱大药厂有限公司、天津市中升挑战生物科技有限公司	二类	（2017）新兽药证字 43 号	2574
2	香菇多糖粉	江苏南京农大动物药业有限公司、山东信得科技股份有限公司、天津市中升挑战生物科技有限公司、山东百力和生物药业有限公司、南京威泰珐玛兽药研究所有限公司、成都乾坤动物药业股份有限公司、广东海纳川生物科技股份有限公司、山东鲁抗舍里乐药业有限公司高新区分公司、河南牧翔动物药业有限公司	二类	（2017）新兽药证字 44 号	2574
3	参龙合剂	天津生机集团股份有限公司、天津市圣世莱科技有限公司、天津市天合力药物研发有限公司、天津市海纳德动物药业有限公司、天津市万格尔生物工程有限公司	三类	（2015）新兽药证字 04 号	2213
4	射干地龙颗粒	中国农业科学院兰州畜牧与兽药研究所	三类	（2015）新兽药证字 17 号	2246
5	芪楂口服液	石家庄华骏动物药业有限公司、湖南圣雅凯生物科技有限公司、广州华农大实验兽药有限公司、河北农业大学	三类	（2015）新兽药证字 19 号	2246
6	苦参止痢颗粒	北京生泰尔生物科技有限公司、爱迪森（北京）生物科技有限公司	三类	（2015）新兽药证字 32 号	2272

（续）

序号	新兽药名称	研制单位	类别	新兽药注册证书号	农业部公告号
7	芪术增免合剂	湖南农大动物药业有限公司、青岛蔚蓝生物股份有限公司、福建中农牧生物药业有限公司、沈阳伟嘉牧业技术有限公司、菏泽普恩药业有限公司、青岛康地恩动物药业有限公司、潍坊诺达药业有限公司、山西康地恩恒远药业有限公司、潍坊大成生物工程有限公司	三类	（2015）新兽药证字33号	2272
8	五加芪粉	洛阳惠中兽药有限公司、普莱柯生物工程股份有限公司、河南新正好生物工程有限公司	三类	（2015）新兽药证字36号	2297
9	金苓通肾口服液	北京生泰尔生物科技有限公司、爱迪森（北京）生物科技有限公司、北京普尔路威达兽药有限公司、北京华夏本草中药科技有限公司、西南民族大学	三类	（2015）新兽药证字45号	2311
10	金葛解毒口服液	北京生泰尔生物科技有限公司、爱迪森（北京）生物科技有限公司、北京普尔路威达兽药有限公司、北京华夏本草中药科技有限公司	三类	（2015）新兽药证字46号	2311
11	五加芪口服液	洛阳惠中兽药有限公司、普莱柯生物工程股份有限公司、河南新正好生物工程有限公司	三类	（2015）新兽药证字47号	2311
12	苍朴口服液	中国农业科学院兰州畜牧与兽药研究所	三类	（2015）新兽药证字48号	2311
13	北芪五加可溶性粉	江西中成中药原料有限公司	三类	（2015）新兽药证字51号	2318
14	蒲地蓝消炎颗粒	西安雨田农业科技有限公司、成都乾坤动物药业有限公司、河南牧翔动物药业有限公司、江西新世纪民星动物保健品有限公司、北京万牧源农业科技有限公司	三类	（2015）新兽药证字54号	2324
15	北芪五加颗粒	郑州大学、商丘爱己爱牧生物科技股份有限公司、河南碧云天动物药业有限公司、瑞普（天津）生物药业有限公司、郑州百瑞动物药业有限公司、河南省兽药饲料监察所	三类	（2015）新兽药证字64号	2341
16	茵栀黄口服液	北京生泰尔生物科技有限公司、爱迪森（北京）生物科技有限公司、北京普尔路威达兽药有限公司、北京华夏本草中药科技有限公司	三类	（2016）新兽药证字4号	2355
17	黄藿口服液	河北安然动物药业有限公司、保定阳光本草药业有限公司、河北锦坤动物药业有限公司、河北农业大学	三类	（2016）新兽药证字10号	2361
18	蜘蛛香胶囊	中国人民解放军军事医学科学院军事兽医研究所、江苏农牧科技职业学院、江苏中牧倍康药业有限公司、长春西诺生物科技有限公司	三类	（2017）新兽药证字02号	2488
19	藿芪灌注液	中国农业科学院兰州畜牧与兽药研究所、北京中农劲腾生物技术股份有限公司	三类	（2017）新兽药证字13号	2506

（续）

序号	新兽药名称	研制单位	类别	新兽药注册证书号	农业部公告号
20	人参茎叶总皂苷颗粒	浙江大学、西安市昌盛动物保健品有限公司、成都乾坤动物药业股份有限公司、浙江金大康动物保健品有限公司	三类	（2017）新兽药证字 20 号	2525
21	苦参功劳颗粒	洛阳惠中兽药有限公司、中国兽医药品监察所、山东鲁抗舍里乐药业有限公司高新区分公司、济南森康三峰生物工程有限公司	三类	（2017）新兽药证字 24 号	2526
22	根黄分散片	中国农业科学院兰州畜牧与兽药研究所、四川鼎尖动物药业有限责任公司	三类	（2017）新兽药证字 28 号	2543
23	芪藿散	南京农业大学与扬中牧乐药业有限公司、湖南农大动物药业有限公司、江苏光大动物药业有限公司、江苏南农高科动物药业有限公司、四川鼎尖动物药业有限责任公司、广东海纳川生物科技股份有限公司、山西福瑞沃农大生物技术工程有限公司、南昌市力赛聚生物技术有限公司	三类	（2017）新兽药证字 36 号	2556
24	商陆口服液	河南省康星药业股份有限公司、辽宁凯为生物技术有限公司、河南白云牧港生物科技有限公司、河南牧业经济学院、河南省康星常笑动物药业有限公司	三类	（2017）新兽药证字 40 号	2558
25	连蒲双清散	青岛蔚蓝生物股份有限公司、广西普大动物保健品有限公司、青岛农业大学、徐州天意动物药业有限公司、菏泽普恩药业有限公司	三类	（2016）新兽药证字 11 号	2361
26	锦心口服液	北京生泰尔生物科技有限公司、爱迪森（北京）生物科技有限公司、北京华夏本草中药科技有限公司	三类	（2016）新兽药证字 12 号	2361
27	连蒲双清颗粒	青岛蔚蓝生物股份有限公司、广西普大动物保健品有限公司、青岛农业大学、徐州天意动物药业有限公司、菏泽普恩药业有限公司	三类	（2016）新兽药证字 13 号	2361
28	板黄口服液	中国农业科学院兰州畜牧与兽药研究所、湖北武当动物药业有限责任公司、成都中牧生物药业有限公司	三类	（2016）新兽药证字 14 号	2361
29	清营口服液	山东省农业科学院家禽研究所、济南森康三峰生物工程有限公司	三类	（2016）新兽药证字 24 号	2381
30	芪术玄参微粉	河南省康星药业股份有限公司、山东亚康药业股份有限公司、北京方诚智盛生物科技有限公司、河南省康星常笑动物药业有限公司	三类	（2016）新兽药证字 38 号	2397
31	益母红灌注液	北京生泰尔科技股份有限公司、爱迪森（北京）生物科技有限公司	三类	（2016）新兽药证字 57 号	2440
32	白苦败痢口服液	天津生机集团股份有限公司、四川维尔康动物药业有限公司、亳州市乾元动物药业有限责任公司	三类	（2016）新兽药证字 58 号	2440
33	山花黄芩提取物散	北京生泰尔科技股份有限公司、爱迪森（北京）生物科技有限公司	三类	（2016）新兽药证字 67 号	2462

（续）

序号	新兽药名称	研制单位	类别	新兽药注册证书号	农业部公告号
34	苋黄止痢口服液	亳州市乾元动物药业有限责任公司、北京中农华正兽药有限责任公司、广东广牧动物保健品有限公司、江西博莱大药厂有限公司、广东海纳川生物科技股份有限公司、山西福瑞沃农大生物技术工程有限公司、南昌市力赛聚生物技术有限公司	三类	（2016）新兽药证字 70 号	2479
35	扶正解毒颗粒	北京大北农动物保健科技有限责任公司、韶山大北农动物药业有限公司、北京中农劲腾生物技术有限公司	四类	（2015）新兽药证字 44 号	2311
36	扶正解毒口服液	河南牧翔动物药业有限公司、西安市昌盛动物保健品有限公司、河南众翔百成兽药有限公司	四类	（2015）新兽药证字 53 号	2324
37	玉屏风颗粒	保定冀中药业有限公司、保定阳光本草药业有限公司、保定冀中生物科技有限公司、河北农业大学	四类	（2016）新兽药证字 17 号	2372
38	扶正解毒微粉	河南省康星药业股份有限公司、山东亚康药业股份有限公司、北京方诚智盛生物科技有限公司、河南省康星常笑动物药业有限公司	四类	（2016）新兽药证字 39 号	2397
39	五味健脾颗粒	保定冀中药业有限公司、保定阳光本草药业有限公司、保定冀中生物科技有限公司、瑞普（天津）生物药业有限公司	四类	（2016）新兽药证字 43 号	2411
40	紫锥菊颗粒	齐鲁动物保健品有限公司、齐鲁晟华制药有限公司、青岛农业大学	四类	（2016）新兽药证字 72 号	2478
41	黄连解毒微粉	河南省康星药业股份有限公司、河南牧业经济学院、安徽天安生物科技股份有限公司、南京农业大学、河南省康星常笑动物药业有限公司、福建农林大学	四类	（2017）新兽药证字 14 号	2506
42	复方甲霜灵粉	长沙拜特生物科技研究所有限公司、上海海洋大学	四类	（2017）新兽药证字 18 号	2505

二、兽医器械

正在制定的《兽医器械管理条例》将兽医器械定义为：单独或组合使用于动物的医用器械、设备、器具、材料，包括所需的软件，具体包括不参与动物体内的生理代谢，以非化学反应方式参与动物疫病的免疫、预防、诊断、治疗、监护及妊娠和生理监控的；用于动物病理、解剖、诊断技术操作及研究的；用于兽医科研、诊疗及兽药生产和实验动物的。根据该定义，我国兽医器械涵盖范围与美国、日本等主流国家界定的范围基本相同，但也有一些专家学者对此表达了不同的见解。

我国的兽医器械研发工作主要是由大中型生产企业承担，上海埃斯埃医械塑料制品有限公司、南宁蒋氏动物用品有限公司等大中型生产企业成立了自己的研发部门或研发团队，部分生产企业正与高等院校、科研院所展开密切的合作研究；少数高等院校、科研院所以及部分单位和个人也在独立承担着一定的研发工作。

兽医器械产品研发既要考虑畜牧兽医领域的实际需求，又要考虑机械加工的技术实现。目前我国兽医器械研发工作主要集中在国外优质兽医器械仿制和本土化、已有兽医器械的优化升级、实用性和高效性改进等方面，真正意义上的自主创新还有很长的路要走。2015—2017 年，沈阳航天新光液氮生物容器有限公司、内蒙古北奇药械有限公司等单位研制出基于 PDA 技术的便携式动物 B 超检测仪、动物标签扫描仪、双针头注射器、兽医疫苗投药器、奶牛乳房注药管等一批兽医器械产品，并已在一定范围内得到了推广和应用。由于我国未对兽医器械提出明确的注册或备案要求，近两年没有企业对其研制和生产的兽医器械进行注册或备案，但不排除已经成功研制出一批新型兽医器械并得到了一定的推广和应用的可能。

2015—2017 年，除企业自行制定的企业标准外，兽医连续注射器、兽医子宫冲洗器、兽医疫苗投药器、奶牛乳房注药器、节水环保型自动饮水器、规范化分娩栏、兽用输精枪等农业行业标准均完成预审，待终审完成后颁布实施。

第五章 兽医科技体系建设

一、工作机构

（一）兽医科研院所体系

据不完全统计，我国中央层面，兽医科研院所体系包括：中国农业科学院哈尔滨兽医研究所、兰州兽医研究所、上海兽医研究所、北京畜牧兽医研究所、兰州畜牧与兽药研究所、特产研究所、长春兽医研究所，从事兽医相关领域全局性、基础性、关键性和方向性的重大科技问题研究；中国水产科学研究院设有相关水产研究所，从事水生动物疫病防治研究工作；中国检验检疫科学研究院，以检验检疫应用研究为主，同时开展相关软科学研究；中国林业科学研究院，主要从事野生动物保护方面应用基础、战略高技术、社会重大公益性等研究（表 5-1）。地方层面，多数省份设有畜牧兽医研究院（所），结合当地畜禽养殖和疫病流行特点，从事相关研究工作，在提升国家兽医科技水平方面也发挥了重要作用。

表 5-1　中央层面兽医相关研究院所设置情况

单位名称	主要职能	单位地址	官方网站
中国农业科学院哈尔滨兽医研究所	根据国家战略需求、瞄准国际科学发展前沿、以知识创新为本，承担动物传染病防治相关领域全局性、基础性、关键性、方向性的重大科技项目，解决其相关的重大科技问题	黑龙江省哈尔滨市香坊区哈平路 678 号	http：//www.hvri.ac.cn
中国农业科学院兰州兽医研究所	承担国家重大项目和省级各类重点项目，培养兽医科学高级技术人才，推广先进科技成果和技术，根据行业发展趋势，提出中国兽医科学研究的发展方向和优先发展领域，协助国家、部门制定发展规划，为政府控制和消灭畜禽重大疫病决策提供技术咨询	甘肃省兰州市城关区盐场堡徐家坪 1 号	http：//www.chvst.com

（续）

单位名称	主要职能	单位地址	官方网站
中国农业科学院上海兽医研究所	针对严重危害畜牧业生产的畜禽疫病和人畜共患病，开展前瞻性、关键性的预防控制技术及其基础理论研究	上海市闵行区紫月路 518 号	http：//www.shvri.ac.cn
中国农业科学院北京畜牧兽医研究所	开展动物遗传资源与育种、动物生物技术与繁殖、动物营养与饲料、草业科学和动物医学五大学科的应用基础、应用和开发研究，着重解决国家全局性、关键性、方向性、基础性的重大科技问题	北京市海淀区圆明园西路 2 号	http：//www.iascaas.net.cn
中国农业科学院兰州畜牧与兽药研究所	主要从事兽药创新，草食动物育种与资源保护利用，中兽医药现代化，旱生牧草品种选育与利用研究等应用基础研究和应用研究	甘肃省兰州市七里河区小西湖硷沟沿 335 号	http：//www.lzmy.org.cn
中国农业科学院特产研究所	深入开展基础研究和应用基础研究，研究和解决特色产业发展中的重大基础理论和应用技术问题，促进农民增收和农业可持续发展，为特色经济发展提供科技支撑	吉林省长春市净月旅游开发区聚业大街 4899 号	http：//www.caastcs.com
中国农业科学院长春兽医研究所	开展动物病毒学、细菌学、寄生虫学、动物性食品安全、生物毒素学、兽医药理毒理学、生物安全技术与装备等领域研究	吉林省长春市净月经济技术开发区柳莺西路 666 号	http：//cvrirabies.bmi.ac.cn
中国检验检疫科学研究院	以检验检疫应用研究为主，同时开展相关基础、高新技术和软科学研究，着重解决检验检疫工作中带有全局性、综合性、关键性、突发性和基础性的科学技术问题，为国家检验检疫决策提供技术支持，并承担国家市场监督管理总局交办的相关执法的技术辅助工作	北京市亦庄经济技术开发区荣华南路 11 号	http：//www.caiq.org.cn
中国林业科学研究院	主要从事林业应用基础研究、战略高技术研究、社会重大公益性研究、技术开发研究和软科学研究，着重解决我国林业发展和生态建设中带有全局性、综合性、关键性和基础性的重大科技问题	北京市海淀区香山路东小府 1 号	http：//www.caf.ac.cn
中国水产科学研究院黄海水产研究所	主要研究领域为海洋生物资源可持续开发与利用，包括海水增养殖、渔业资源与环境和渔业工程技术等	山东省青岛市南京路 106 号	www.ysfri.ac.cn
中国水产科学研究院长江水产研究所	主要开展水产种质资源保存与遗传育种、濒危水生动物保护、渔业资源调查评估与水域生态环境监测保护、水产养殖基础生物学与养殖技术、鱼类营养与病害防治、水产品质量标准与检测等领域的应用基础和应用技术研究	湖北省武汉市东湖新技术开发区武大园一路 8 号	http：//www.yfi.ac.cn

（续）

单位名称	主要职能	单位地址	官方网站
中国水产科学研究院珠江水产研究所	承担我国珠江流域及热带亚热带渔业发展的科技创新和技术支撑任务。重点开展水产种质资源与遗传育种、水产养殖与营养、水产病害与免疫、渔业资源保护与利用、渔业生态环境评价与保护、水生实验动物、城市渔业和水产品质量安全等领域的研究，同时拓展转基因鱼、外来水生生物物种与生物安全等新兴领域研究	广东省广州市荔湾区西望兴渔路1号	http://www.prfri.ac.cn

（二）兽医高等院校体系

据不完全统计，我国大陆地区 68 所高校设有动物医学院或兽医学院（表 5-2）。其中，中国农业大学、浙江大学、西北农林科技大学 3 所大学为入选"双一流"建设高校；中国农业大学和华中农业大学的兽医学（本科为动物医学专业）入选"双一流"建设学科。华中农业大学、南京农业大学、西南大学、扬州大学、华南农业大学、四川农业大学、甘肃农业大学等高校或为教育部直属高校，或为省部共建高校，均有深厚的兽医人才培养历史和底蕴，高等院校培养的兽医专业是培养兽医工作者的摇篮。

表 5-2　设有兽医及相关专业的高等院校信息表

序号	高校名称	专业名称	所在省市	院校属性、特色	硕士博士学位授权
1	中国农业大学	动物医学	北京市	国家双一流建设高校（A 类），1954 年中央指定 6 所重点高校之一，兽医学为国家"双一流"建设学科	博士一级学科授权
2	浙江大学	动物医学	浙江省杭州市	国家双一流建设高校（A 类），省部共建共管	博士一级学科授权
3	西北农林科技大学	动物医学	陕西省杨凌区	国家双一流建设高校（B 类），二级学科国家重点学科	博士一级学科授权
4	华中农业大学	动物医学动植物检疫	湖北省武汉市	教育部直属重点高校，兽医学为国家"双一流"建设学科	博士一级学科授权
5	南京农业大学	动物医学动物药学	江苏省南京市	教育部直属重点高校，一级学科国家重点学科	博士一级学科授权
6	吉林大学	动物医学	吉林省长春市	教育部直属重点高校，二级学科国家重点学科	博士一级学科授权
7	扬州大学	动物医学动植物检疫	江苏省扬州市	省部共建高校，省属重点高校，卓越工程师教育培养计划高校，卓越农林人才教育培养计划高校，二级学科国家重点学科	博士一级学科授权
8	华南农业大学	动物医学动物药学	广东省广州市	省部共建高校，二级学科国家重点学科	博士一级学科授权

（续）

序号	高校名称	专业名称	所在省市	院校属性、特色	硕士博士学位授权
9	甘肃农业大学	动物医学	甘肃省兰州市	省部共建高校，省重点建设高校	博士一级学科授权
10	东北农业大学	动物医学 动物药学	黑龙江省哈尔滨市	二级学科国家重点学科	博士一级学科授权
11	内蒙古农业大学	动物医学 动物药学 动植物检疫	内蒙古呼和浩特市	省部共建高校，中西部高校基础能力建设工程农业类高校	博士一级学科授权
12	广西大学	动物医学	广西南宁市	省部共建高校，中西部高校提升综合实力计划建设高校	博士一级学科授权
13	四川农业大学	动物医学 动植物检疫	四川省雅安市	省部共建高校	博士一级学科授权
14	山东农业大学	动物医学 动植物检疫	山东省泰安市	省属重点高校，山东特色名校工程，省部共建高校	博士一级学科授权
15	山西农业大学	动物医学 动植物检疫	山西省太谷县	省部共建高校	博士一级学科授权
16	河南农业大学	动物医学 动物药学 动植物检疫	河南省郑州市	省部共建高校	博士一级学科授权
17	黑龙江八一农垦大学	动物医学 动物药学	黑龙江省大庆市	省属全日制普通高校	博士一级学科授权
18	湖南农业大学	动物医学 动物药学 动植物检疫	湖南省长沙市	"中西部高校基础能力建设工程"高校，省部共建高校	博士二级学科授权
19	吉林农业大学	动物医学 动物药学	吉林省长春市	省属重点高校	博士二级学科授权
20	贵州大学	动物医学	贵州省贵阳市	省部共建高校，国家"中西部高校综合实力提升工程"高校之一	硕士一级学科授权
21	福建农林大学	动物医学	福建省福州市	省部共建高校，福建省重点建设高校	硕士一级学科授权
22	西南大学	动物医学 动物药学	重庆市	省部共建高校，教育部直属重点高校。	硕士一级学科授权
23	新疆农业大学	动物医学 动物药学 动植物检疫	新疆乌鲁木齐市	省属重点高校，国家林业局与新疆维吾尔自治区共建高校	硕士一级学科授权
24	安徽农业大学	动物医学 动植物检疫	安徽省合肥市	省部共建高校，省属重点高校，中西部高校基础能力建设工程	硕士一级学科授权
25	云南农业大学	动物医学 动植物检疫	四川省昆明市	云南省省属重点高校	硕士一级学科授权
26	河北农业大学	动物医学 动物药学 动植物检疫	河北省保定市	省部共建高校，入选"中西部高校基础能力建设工程"的高校	硕士一级学科授权

（续）

序号	高校名称	专业名称	所在省市	院校属性、特色	硕士博士学位授权
27	江西农业大学	动物医学 动物药学 动植物检疫	江西省南昌市	省部共建高校，入选"中西部高校基础能力建设工程"	硕士一级学科授权
28	青岛农业大学	动物医学	山东省青岛市	省属重点建设高校，山东特色名校工程	硕士一级学科授权
29	北京农学院	动物医学	北京市	北京市属农林高校	硕士一级学科授权
30	沈阳农业大学	动物医学 动物药学 动植物检疫	辽宁市沈阳市	"中西部高校基础能力建设工程"重点建设高校	硕士一级学科授权
31	天津农学院	动物医学 动植物检疫	天津市	天津市属普通高校	硕士一级学科授权
32	石河子大学	动物医学	新疆石河子市	国家"中西部高校综合实力提升工程"高校之一，"中西部高校基础能力建设工程"重点建设高校，教育部和新疆生产建设兵团共建高校	硕士一级学科授权
33	东北林业大学	动物医学	黑龙江省哈尔滨市	教育部直属重点高校	无
34	延边大学	动物医学	吉林省龙井市	"中西部高校基础能力建设工程"重点建设高校	硕士一级学科授权
35	河南科技大学	动物医学 动物药学 动植物检疫	河南省洛阳市	省属重点高校	硕士一级学科授权
36	宁夏大学	动物医学	宁夏银川市	宁夏回族自治区人民政府与教育部共建的综合性大学，国家"中西部高校综合实力提升工程"高校之一	硕士一级学科授权
37	河南科技学院	动物医学 动物药学 动植物检疫	河南省新乡市	省属普通本科院校	硕士一级学科授权
38	浙江农林大学	动物医学	浙江省杭州市	省属全日制本科院校	无
39	西南民族大学	动物医学	四川省成都市	教育部直属高校	硕士一级学科授权
40	长江大学	动物医学 动物药学	湖北省荆州市	省部共建高校	无
41	西北民族大学	动物医学	甘肃省兰州市	教育部属高校	硕士一级学科授权
42	西藏大学农牧学院	动物医学 动植物检疫	西藏林芝	西藏自治区人民政府与教育部共建高校	硕士二级学科授权
43	佛山科学技术学院	动物医学	广东省佛山市	省属高等院校	硕士一级学科授权
44	河北北方学院	动物医学 动物药学 动植物检疫	河北省张家口市	省属高等院校	硕士一级学科授权

（续）

序号	高校名称	专业名称	所在省市	院校属性、特色	硕士博士学位授权
45	内蒙古民族大学	动物医学	内蒙古通辽市	国家民委和内蒙古自治区共建，省属重点高校	硕士一级学科授权
46	塔里木大学	动物医学 动植物检疫	新疆阿拉尔市	省部共建高校	硕士一级学科授权
47	安徽科技学院	动物医学 动物药学 动植物检疫	安徽省凤阳市	省属本科院校	无
48	安阳工学院	动物医学	河南省安阳市	省市共建本科高校	无
49	广东海洋大学	动物医学	广东省湛江市	国家海洋局、广东省人民政府共建高校	无
50	海南大学	动物医学	海南省海口市	海南省人民政府与教育部、财政部共建高校	无
51	河北工程大学	动物医学	河北省邯郸市	省部共建高校	无
52	河北科技师范学院	动物医学	河北省秦皇岛市	省部共建高校	无
53	河南牧业经济学院	动物医学 动物药学	河南省郑州市	省属高等院校	无
54	菏泽学院	动物医学	山东省菏泽市	省属高等院校	无
55	长春科技学院	动物医学	吉林省长春市	省属普通高校	无
56	吉林农业科技学院	动物医学 动物药学 动植物检疫	吉林省吉林市	省属普通高校	无
57	金陵科技学院	动物医学	江苏省南京市	普通本科高校	无
58	辽宁医学院	动物医学 动植物检疫	辽宁省锦州市	省属普通高校	无
59	聊城大学	动物医学	山东省聊城市	省属普通高校	无
60	临沂大学	动物医学	山东省临沂市	省属普通高校	无
61	龙岩学院	动物医学	福建省龙岩市	省市共建高校	无
62	青海大学	动物医学 动物药学	青海省西宁市	省部共建高校	无
63	四川民族学院	动物医学	四川省康定县	省属高等院校	无
64	西昌学院	动物医学 动物药学	四川省西昌市	省属高等院校	无
65	信阳农林学院	动物医学	河南省信阳市	省属高等院校	无
66	宜春学院	动物医学	江西省宜春市	省属高等院校	无
67	辽东学院	动物医学	辽宁省丹东市	省属高等院校	无
68	沈阳工学院	动物医学	辽宁省抚顺市	省属高等院校	无

（三）技术支撑机构

中央层面上，农业部设有中国动物疫病预防控制中心、中国兽医药品监察所、中国动物卫生与流行病学中心3家直属机构（表5-3），并在中国农业科学院哈尔滨兽医研究所、兰州兽医研究所、上海兽医研究所、北京畜牧兽医研究所4家单位加挂中国动物卫生与流行病学中心分中心的牌子。地方层面上，设有各省、地（市）、县3级动物疫病预防控制中心，各省份和部分地市设有兽药监察所，乡镇设有技术推广机构。此外，国家质量监督检验检疫总局分支机构设有动物及动物产品检测实验室，为实施动物及动物产品进出境检疫提供技术支撑。

表5-3　中央级兽医技术支撑机构

单位名称	主要职能	单位地址	官方网站
中国动物疫病预防控制中心	承担全国动物疫情分析、处理，重大动物疫病防控，畜禽产品质量安全检测和全国动物卫生监督等工作	北京市朝阳区麦子店街20号楼	http://www.cadc.net.cn/
中国兽医药品监察所	承担兽药评审，兽药、兽医器械质量监督、检验和兽药残留监控、菌（毒）种保藏，以及国家兽药标准的制修订、标准品和对照品制备标定等工作	北京市海淀区中关村南大街8号	http://www.ivdc.org.cn/
中国动物卫生与流行病学中心	承担重大动物疫病流行病学调查、诊断、监测，动物和动物产品兽医卫生评估，动物卫生法规标准和重大外来动物疫病防控技术研究等工作	山东省青岛市市北区南京路369号	http://www.cahec.cn/

（四）兽医相关非政府组织

当前，兽医相关非政府组织主要有中国兽医协会、中国畜牧兽医学会和中国兽药协会及中国动物保健品协会（表5-4）。非政府组织通过组织学术交流、科技服务、科普等活动，为我国畜牧兽医科学技术发展、普及和推广产生了积极影响。

表5-4　兽医相关非政府组织建立情况

组织名称	活动内容	组织形式
中国兽医协会	协调行业内、外部关系，支持兽医依法执业，维护兽医在执业活动中的合法权益，组织开展执业兽医的继续教育活动，指导动物诊疗机构规范化工作，普及兽医知识，传播科学思想和科学方法等	举办学术研讨会和行业展览，出版兽医刊物、软件、音像制品、建立行业网站等
中国畜牧兽医学会	开展国内外学术交流，编辑出版畜牧兽医书刊，对国家畜牧兽医科学发展战略、政策和经济建设的重大决策提供科技咨询和技术服务	
中国兽药协会	促进行业的技术进步和生产经营管理水平的提高，推广经营管理经验，扩大交流合作，分析动物保健品行业基本情况，市场发展动态	
中国动物保健品协会	从事动物保健品的生产、经营、质量监督管理、科研院校等	

（五）兽医高新技术企业

经不完全统计，当前我国大陆地区约有 3 000 多个兽医相关高新技术企业。这些企业的分布密度见表 5-5，其中江苏、山东、广东、北京、浙江和四川是兽医相关高新技术企业最密集的 6 个省、直辖市。

表 5-5　我国兽医相关高新技术企业分布

省份	高新技术企业（个）	省份	高新技术企业（个）
江苏省	338	陕西省	74
山东省	268	云南省	64
广东省	265	福建省	60
北京市	258	天津市	57
浙江省	225	海南省	50
四川省	202	内蒙古自治区	37
湖北省	159	广西壮族自治区	35
上海市	152	重庆市	34
湖南省	134	山西省	31
安徽省	114	甘肃省	28
河南省	107	新疆维吾尔自治区	21
黑龙江省	77	青海省	20
河北省	76	贵州省	16
吉林省	74	西藏自治区	16
江西省	74	宁夏回族自治区	12
辽宁省	74		

（六）兽医工程中心

截至目前，国家发展和改革委员会在兽医领域批准建设了 1 个工程研究中心，科学技术部批准建设了 7 个工程技术研究中心（表 5-6）。

表 5-6　兽医相关工程技术中心

批准单位	工程中心	主要业务范围	依托单位	地址
国家发展和改革委员会	动物用生物制品国家工程研究中心	开展动物疫苗、诊断制剂、血清等生物制品关键共性技术的研究开发和产业化；发展新型分子检测技术，构建相应的质量标准体系；提供成熟的先进工艺、技术和装备，满足动物防疫和畜牧业发展需求	中国农业科学院哈尔滨兽医研究所	哈尔滨市松北区创新三路 789 号

（续）

批准单位	工程中心	主要业务范围	依托单位	地址
科学技术部	国家家畜工程技术研究中心	主要开展猪主要经济性状的遗传规律与育种研究，猪分子生物学研究，瘦肉型猪规模化养殖技术体系研究与产业化示范及猪抗病育种等方面研究	华中农业大学	武汉市洪山区南湖瑶苑4号
科学技术部	国家家禽工程技术研究中心	主要研究、开发家禽优良品种选育、繁育技术，生产工艺与科学管理技术，饮用水水质控制技术，禽舍环境控制与装备研制技术，疫病综合防治、净化技术，饲料、添加剂及主要疫病疫苗。开展蛋鸡企业全程技术培训与管理服务	上海市新杨家禽育种中心	上海市闵行区紫月路518
科学技术部	国家奶牛胚胎工程技术研究中心	开发和建立奶牛良种繁育和推广体系。在性控精液生产，胚胎性别控制、鉴定和切割以及转基因和克隆等方面开展研究，与全国奶牛集中的地区对接建立奶牛技术推广站	北京三元集团公司	北京市延庆县北京奶牛中心延庆基地
科学技术部	国家兽用生物制品工程技术研究中心	主要对微生物大规模培养技术、抗原大规模浓缩提纯技术、新型耐热冻干保护剂技术、乳化工艺、免疫增强剂与免疫佐剂、生物活性肽与发酵工程技术开展研究	江苏省农业科学院和南京天邦生物有限公司	南京市玄武区钟灵街50号
科学技术部	国家兽用药品工程技术研究中心	设动物疫苗、诊断试剂、生物工程、工程技术、化学药品、高新制剂和中兽药研究所，以研发、生产、经营兽用生物制品及药品为主业	普莱柯生物工程股份有限公司	洛阳市高新开发区翠微路
科学技术部	国家动物用保健品工程技术研究中心	主要从事动物专用原料药、高新制剂、天然植物药、生物制品、生物添加剂等研究	青岛蔚蓝生物股份有限公司	青岛市高科园苗岭路29号
科学技术部	国家家畜工程技术研究中心	主要开展家畜良种繁育工程技术体系研究、家畜规模化养殖先进生产工艺与科学管理工程化技术体系研究、家畜规模化养殖饲料营养工程化技术体系研究、家畜疾病监测与净化工程化技术体系研究等	华中农业大学和湖北农科院畜牧兽医研究所	武汉市洪山区狮子山街一号

二、重要技术平台

截至目前，我国兽医领域共有 13 个国家兽医参考实验室（表 5-7）、4 个国家重点实验室（表 5-8）、9 个国家兽医专业实验室（表 5-9）、4 个国家兽药残留基准实验室（表 5-10）和 8 个国家级兽药安全评价实验室（表 5-11）。此外，还有世界动物卫生组织（OIE）国际参考实验室 13 个、协作中心 3 个（表 5-12），联合国粮农组织（FAO）参考中心 1 个（表 5-13）。

（一）国家级实验室

1. 国家参考实验室

表 5-7 国家兽医参考实验室

实验室名称	依托单位	主要职能
国家猪繁殖与呼吸综合征参考实验室	中国动物疫病预防控制中心	承担特定动物疫病最终诊断、标准品制备、疫苗毒株推荐、防治技术研究、防控政策咨询、防控效果评估、防控技术指导、对外交流合作等工作的实验室
国家布鲁氏菌病参考实验室	中国兽医药品监察所	
国家猪瘟参考实验室		
国家牛海绵状脑病参考实验室	中国动物卫生与流行病学中心	
国家新城疫参考实验室		
国家结核病参考实验室		
国家禽流感参考实验室	中国农业科学院哈尔滨兽医研究所	
国家马鼻疽参考实验室		
国家马传染性贫血参考实验室		
国家口蹄疫参考实验室	中国农业科学院兰州兽医研究所	
国家狂犬病参考实验室	军事科学院军事医学研究院军事兽医研究所	
国家血吸虫病参考实验室	中国农科院上海兽医研究所	
国家包虫病参考实验室	新疆畜牧科学院兽医研究所	

2. 国家重点实验室

表 5-8 国家重点实验室

实验室名称	依托单位	研究内容
兽医生物技术国家重点实验室	中国农业科学院哈尔滨兽医研究所	针对重大动物疫病、重要人兽共患病和烈性外来病，开展流行病学与病原变异、病原致病机理与防控理论、新型疫苗及诊断技术、兽医基础免疫和实验动物资源与模式动物的研究
家畜疫病病原生物学国家重点实验室	中国农业科学院兰州兽医研究所	开展病原学及病原与宿主、环境相互作用规律的研究，包括：病原功能基因组学、感染与致病机理、病原生态学、免疫机理、疫病预警和防治技术基础研究
病原微生物生物安全国家重点实验室	中国农业科学院长春兽医研究所	重点开展病原微生物的发现、预警、检测和防御相关的理论和技术研究，以及病原微生物侦察、预警研究，病原微生物的快速检验、鉴定研究，新传染病的发现与追踪研究，重要病原微生物致病机理与防治基础研究
动物基因工程疫苗国家重点实验室	青岛易邦生物工程有限公司	开展动物基因工程疫苗研究与开发、动物疫病防治技术应用基础研究和共性技术研究，制定相关国际标准、国家标准和行业标准，聚集和培养优秀人才，引领和带动行业技术进步

3. 国家兽医专业实验室

表 5-9　国家兽医专业实验室

实验室名称	依托单位	主要职能
国家禽流感专业实验室	中国动物卫生与流行病学中心	承担相关疫病的基础研究、疫苗和诊断试剂研发、疫病检测、信息交流和技术推广工作
	扬州大学	
	华南农业大学	
国家口蹄疫专业实验室	云南畜牧兽医科学院	
国家布鲁氏菌病专业实验室	中国动物卫生与流行病学中心	
国家包虫病专业实验室	中国农业科学院兰州兽医研究所	
国家猪繁殖与呼吸综合征专业实验室	中国农业大学	
国家结核病专业实验室	华中农业大学	
国家牛海绵状脑病专业实验室	中国农业大学	

4. 国家兽药残留基准实验室

表 5-10　国家兽药残留基准实验室

实验室名称	依托单位	药物检测范围
国家兽药残留基准实验室	中国兽医药品监察所	氟喹诺酮类、四环素类和 β-受体兴奋剂类药物
	中国农业大学动物医学院	阿维菌素类、磺胺类、硝基咪唑类、氯霉素类和玉米赤霉醇类药物
	华南农业大学	有机磷类、除虫菊酯类、β-内酰胺类、砷制剂和己烯雌酚类药物
	华中农业大学	喹啉类、硝基呋喃类、苯并咪唑类药物

5. 国家兽药安全评价实验室

表 5-11　国家兽药安全评价实验室

实验室名称	依托单位	主要职责
国家兽药安全评价实验室	中国兽医药品监察所	开展兽药检验新技术、新方法的研究工作，开展兽用生物制品的生物安全评价研究工作，承担国家和农业部下达的兽药及其相关领域研究任务
	中国农业大学	研究兽药对环境生态影响，兽药安全性监测和风险评估，评价国内重点兽药环境安全性，建立有关行业标准
	华中农业大学	研究兽药对环境生态影响，兽药安全性监测和风险评估，评价国内重点兽药环境安全性，建立有关行业标准
	华南农业大学	开展兽用化学品的生态毒理学及对环境安全性的研究，制定有效的兽药风险评估方法，确定兽药残留的风险评估指标

（续）

实验室名称	依托单位	主要职责
国家兽药安全评价实验室	辽宁省兽药饲料监察所	承担国家政府部门指定的全国性兽药饲料产品质量抽检和信誉产品的评选、复查及跟踪检验；对实施兽药饲料生产许可证、进口饲料添加剂登记许可证的产品进行检验及对兽药饲料新产品的投产和科技成果的鉴定进行检验；承担兽药饲料产品质量的仲裁检验和委托检验；负责对兽药饲料企业和所辖地、市兽药饲料监察站（所）的技术指导，业务咨询及人员培训；研究开发兽药饲料新产品的检验技术与方法，承担或参与部分国家标准、行业标准和企业标准的制定、修订及兽药饲料标准的复核检验工作；承担国家四、五类新兽药的临床验证实验；承担加药饲料中药物的检验；承担北方地区进口疫苗、治疗用兽药和饲料添加剂的口岸检验
	上海市兽药饲料监察所	监督检验本市兽药、饲料添加剂质量，敦促兽药、饲料添加剂生产、经营和使用单位提高兽药、添加剂产品质量观念，查处制售伪劣兽药、饲料添加剂，保证用药安全有效
	四川省兽药监察所	负责本省兽药质量监督、检验、技术仲裁；承担兽药新制剂的质量复核；调查、监督全省兽药生产、经营和使用情况；承担兽药地方标准制订、修订、参与部分国家兽药标准的起草、修订工作；指导全省兽药生产、经营企业和制剂室质检机构的建设，并提供技术咨询、服务；负责全省兽药检验技术交流和技术培训；开展有关兽药质量标准、兽药检验技术、新方法及其他有关的研究工作；参与兽药生产企业的考核验收；负责全省兽药产品的预审
	广东省兽药与饲料监察总所	负责本辖区的兽药质量监督、检验、技术仲裁工作，并定期抽检兽药产品，掌握兽药质量情况；负责本辖区进口兽药的质量检验工作；负责完成上级畜牧兽医行政部门下达的兽药残留检验任务；负责兽药新制剂的质量复核检验和质量标准制、修订工作，并将新兽药、新制剂质量标准草案和标准制、修订说明及检验报告报畜牧兽医行政部门；负责制、修订兽药地方标准以及承担的兽药国家标准、行业标准起草、复核和修订工作；负责辖区内新兽药标准品、对照品原料的提供，并根据地方标准的需要，负责地方标准品、对照品的标定和管理工作

（二）国际参考实验室及协作中心和参考中心

表 5-12　OIE 国际兽医参考实验室及协作中心

实验室名称	依托单位	主要职能
猪繁殖与呼吸障碍综合征参考实验室	中国动物疫病预防控制中心	承担相关疫病的基础研究、疫苗和诊断试剂研发、疫情确诊、信息交流、技术推广和政策研究评估工作
猪瘟参考实验室	中国兽医药品监察所	
新城疫参考实验室	中国动物卫生与流行病学中心	
小反刍兽疫参考实验室		
兽医流行病学协作中心		
高致病性禽流感参考实验室	中国农业科学院哈尔滨兽医研究所	
马传染性贫血参考实验室		
亚太区人畜共患病协作中心		

（续）

实验室名称	依托单位	主要职能
口蹄疫参考实验室	中国农业科学院兰州兽医研究所	承担相关疫病的基础研究、疫苗和诊断试剂研发、疫情确诊、信息交流、技术推广和政策研究评估工作
羊泰勒虫病参考实验室	中国农业科学院兰州兽医研究所	
狂犬病参考实验室	中国农业科学院长春兽医研究所	
传染性皮下与造血组织坏死症参考实验室	中国水产科学研究院黄海水产研究所	
对虾白斑病参考实验室	中国水产科学研究院黄海水产研究所	
鲤春病毒血症参考实验室	深圳出入境检验检疫局	
猪链球菌病诊断国际参考实验室	南京农业大学	
亚太区食源性寄生虫病协作中心	吉林大学人兽共患病研究所	

表 5-13 FAO 参考中心

中心名称	依托单位	主要职责
动物流感参考中心	中国农业科学院哈尔滨兽医研究所	在全球动物流感防控以及提升兽医公共卫生服务水平等方面提供专业服务、技术培训，与FAO合作开展动物流感监测和防控项目，开发动物流感新诊断技术，研发、生产和分享标准参考物质

（三）农业农村部学科群重点实验室

表 5-14 农业农村部兽医重点实验室

学科群	实验室名称	依托单位	研究方向和内容
兽用药物与诊断技术学科群	农业农村部（原农业部）兽用药物与兽医生物技术重点实验室	中国农业科学院哈尔滨兽医研究所	流行病学与病原变异，病原致病与免疫机制，新型疫苗，诊断技术，实验动物
	农业农村部（原农业部）兽用药物创制重点实验室	中国农业科学院兰州畜牧与兽药研究所	兽用化学药品的设计、合成及筛选，天然药物筛选与兽用中药的研发，生物药物制备与发酵合成，药物筛选评价模型
	农业农村部（原农业部）兽用疫苗创制重点实验室	华南农业大学	病原生态学与流行病学研究，病原致病机理的研究，新型兽用疫苗的研制，传统疫苗生产工艺改进的研究，兽用疫苗生物安全评价标准的研究
	农业农村部（原农业部）兽用诊断制剂创制重点实验室	华中农业大学	诊断标识的挖掘与诊断试剂的分子设计，诊断试剂的创制，诊断试剂产业化关键技术研究，诊断制剂的标准化研究，诊断制剂的产业化与应用
	农业农村部（原农业部）兽用生物制品工程技术重点实验室	江苏省农业科学院	抗原高效制造和浓缩纯化技术，耐热保护技术和乳化技术，新型免疫佐剂和免疫增强剂，重组蛋白技术、质粒纯化技术和疫苗的剂型
	农业农村部（原农业部）特种动物生物制剂创制重点实验室	中国农业科学院长春兽医研究所	特种动物重大传染病监测与流行病学调查，特种动物重大传染病病原学研究，特种动物重大传染病快速诊断制品的研究与开发，特种动物重大传染病新型疫苗和治疗制剂的研究与开发，特种动物重大传染病应急与处置

（续）

学科群	实验室名称	依托单位	研究方向和内容
兽用药物与诊断技术学科群	农业农村部（原农业部）渔用药物创制重点实验室	中国水产科学研究院珠江水产研究所	渔药创制基础研究，免疫技术研究与疫苗创制，病原检测技术研究与试剂盒创制，药物安全使用技术研究与新型药物创制，生态防控技术研究与生态防控制剂创制，渔药区域化技术集成
	农业农村部（原农业部）兽用生物制品与化学药品重点实验室	中牧实业股份有限公司	兽用疫苗与诊断试剂研发，饲料及饲料添加剂研发，兽药研发
	农业农村部（原农业部）动物疫病防控生物技术与制品创制重点实验室	肇庆大华农生物药品有限公司	畜牧养殖重大疫病和人畜共患病疫苗研制，动物疾病检测和鉴别诊断技术研究，诊断制品规模化生产关键技术平台及动物疫病防控公共服务平台搭建，兽用疫苗规模化生产关键技术研究
	农业农村部（原农业部）生物兽药创制重点实验室	天津瑞普生物技术股份有限公司	新型兽用生物制品研发，现代中兽药研发，饲料添加剂的研发
	农业农村部（原农业部）禽用生物制剂创制重点实验室	扬州大学	禽用诊断试剂和试剂盒创制，禽治疗用生物制品的研制，禽预防用生物制品研制
	农业农村部（原农业部）畜禽细菌病防治制剂创制重点实验室	湖北农科院畜牧兽医研究所	畜禽细菌病的流行病学与病原学研究，畜禽细菌病诊断试剂研究，畜禽细菌病新型疫苗研究，替代抗生素研究
	农业农村部（原农业部）兽用化学药物及制剂学重点实验室	中国农业科学院上海兽医研究所	动物专用抗寄生虫新药研究，动物专用新型制剂研究，耐药性与药物作用机理研究
动物病原生物学学科群	农业农村部（原农业部）动物病原生物学重点实验室	中国农业科学院兰州兽医研究所	以动物病毒、细菌和寄生虫为研究对象，针对口蹄疫、禽流感、蓝耳病、猪瘟等重要动物疫病，开展动物重大疫病、外来疫病、人兽共患病病原的功能基因组学与蛋白质组学、感染致病机理与免疫机理、病原生态学与流行病学、诊断与检测技术、新型疫苗与生物兽药等研究，解析病原对宿主的致病机制以及宿主对病原免疫应答的机理，发展或提出新的疫病防控理论或观点，从而为疫苗创制和免疫诊断方法的建立提供理论指导
	农业农村部（原农业部）动物病毒学重点实验室	浙江大学	疫病病原学与致病机制：病毒性疫病的病原学与流行病学研究，细菌性疫病的病原生物学与流行病学研究，疫病病原体与宿主的相互作用研究；动物疫病免疫干预：免疫活性细胞因子的生物学特性，动物 T 细胞受体基因的功能与免疫干预调控，免疫干预活性物质发掘与生物学活性；新型兽用生物制品研制，新型诊断试剂的研制，传统疫苗的技术改良与新型疫苗的创制，疫苗生物反应器开发
	农业农村部（原农业部）动物细菌学重点实验室	南京农业大学	进行猪链球菌病、副猪嗜血杆菌病、附红细胞体病、大肠杆菌病、猪圆环病毒病、猪繁殖与呼吸综合征、猪乙型脑炎病、禽流感等重大动物疫病的致病机制及诊断、免疫和防控技术研究，进行球虫、捻转血矛线虫等畜禽寄生虫病的致病机理及防控技术研究，进行嗜水气单胞菌病、对虾白斑综合征等水生动物病原菌的致病机制及防控技术研究

（续）

学科群	实验室名称	依托单位	研究方向和内容
动物病原生物学学科群	农业农村部（原农业部）动物寄生虫学重点实验室	中国农业科学院上海兽医研究所	兽医寄生虫的保存、分类和分子病原学研究，兽医寄生虫的流行病学研究，兽医寄生虫病的发生和免疫学机理研究，药代动力学、药物杀虫机理、新兽药、新剂型研究，兽医寄生虫基因结构分析与基因工程疫苗研究
	农业农村部（原农业部）动物免疫学重点实验室	河南省农业科学院	动物免疫学基础理论，重大动物疫病发病机制，免疫学快速检测技术与新型疫苗研究
	农业农村部（原农业部）动物流行病学重点实验室	中国农业大学	动物分子病毒学，动物免疫学，分子寄生虫学与寄生虫病防治，动物疫病诊断与防治技术，外来动物疫病监测与实验动物模型
	农业农村部（原农业部）动物疾病临床诊疗技术重点实验室	内蒙古农业大学	家畜普通疾病诊断与治疗技术，动物感染性疾病病原生物学，兽药残留检测技术
	农业农村部（原农业部）经济动物疫病重点实验室	中国农业科学院特产研究所	经济动物疫病病原生态学与流行病学，经济动物疫病病原感染机制和免疫机理，新型疫苗和诊断技术创制，经济动物人畜共患病与公共安全
	农业农村部（原农业部）人畜共患病重点实验室	华南农业大学	人畜共患病的病原生态学和流行病学研究；人畜共患病的病原的致病与免疫机制研究；人畜共患病的应急处理和综合防控技术研究
农产品质量安全学科群	农业农村部（原农业部）兽药残留及违禁添加物检测重点实验室	中国农业大学	高通量仪器痕量/超痕量确证检测和筛查技术，快速检测技术和检测产品研究，样品前处理技术研究，兽药残留风险评估技术研究
	农业农村部（原农业部）兽药残留检测重点实验室	华中农业大学	兽药残留检测方法研究及国家标准制订，兽药残留快速检测核心试剂及试剂盒研究，兽药残留检测靶标研究，兽药残留检测标准研究

（四）基础物资储备中心

表 5-15　动物疫病防控物资储备中心

储备中心名称	职责	依托单位	地址	联系方式
国家兽医微生物菌种保藏中心	收集兽医微生物菌种，进行鉴定和保藏，并为兽医生物药品制造单位、科研机构及农业院校提供应用，满足生产、科研和教学的需要	中国兽医药品监察所	北京市中关村南大街 8 号	010-62158844
国家动物血清库	对库存动物血清样品进行追溯性检测研究，对新发现的外来动物疫病进行追溯和示踪	中国动物卫生与流行病学中心	山东省青岛市南京路 369 号	0532-85622886
亚太水产养殖中心网络（NACA）水生动物健康资源中心	收集、保存、交流水生动物卫生相关资源，提供技术交流和培训	中国水产科学研究院黄海水产研究所	山东省青岛市南京路 106 号	0532-85823062

（五）实验动物种质中心

表 5-16　实验动物种质中心

种质中心名称	职责	依托单位	地址	联系方式
国家啮齿类实验动物种子中心	实验动物的保种、育种与生产供应，实验动物质量检测，实验动物环境设施与设备检测，动物源性材料病毒安全性检测和病毒灭活效果验证，基因工程动物研究和动物模型研发	中国食品药品检定研究院	北京市丰台区东铁匠营顺四条 10 号	010-67639117
国家禽类实验动物种子中心	引进、收集和保存禽类实验动物品种、品系，研究禽类实验动物保种新技术，培育禽类实验动物新品种、品系，为国内外用户提供标准的禽类实验动物种子	中国农业科学院哈尔滨兽医研究所	哈尔滨市香坊区哈平路 678 号	0451-51661503
国家遗传工程小鼠种子中心	为科研机构及医药产业提供完整的人类重大疾病模型保种、生产、供应、信息咨询和人才培训等服务	南京大学	南京市鼓楼区汉口路 22 号	025-58641559
国家兔类实验动物种子中心	开展兔类实验动物种质资源及其相关生物资源的收集、保存、鉴定、繁育、生产、供种和供应，疾病动物模型表型研究，动物福利与关怀研究，动物实验技术服务和人员培养，实验动物资源的信息港共享工作	中国科学院上海实验动物中心	上海市松江区九亭镇南洋路 2 号	021-67632805
国家犬类实验动物种子中心	进行规范化和标准化的比格犬（Beagle）保种、育种及种质资源开发研究，培育出具有自主知识产权和具有中国特色的比格犬，创建比格犬生产、科研、新药安评研究一条龙服务	广州医药工业研究院	广州市珠江区江南大道中 134 号	020-66284075
国家非人灵长类实验动物中心	主要从事非人灵长类实验动物的繁育和供应，药物非临床评价以及各类疾病模型研究	苏州西山中科实验动物有限公司	苏州西山镇东河新区	0512-66370160
国家实验动物数据资源中心	承担中国实验动物信息网和国家实验动物资源库的建设及运行管理工作	广东省实验动物监测所	广州市黄埔区科学城风信路 11 号	020-84106829

三、兽医科技管理

（一）兽医科技立项情况

1. 兽医科技项目资助总体概况

对 14 个科研院所、9 所高等院校、3 个技术支撑机构的科技项目进行统计分析，2015—2017 年，上述 26 家单位新增各类兽医领域项目 927 项，经费总额近 9.2 亿元（表 5-17）。

其中，中央财政支持项目 385 项，经费总额 6.1 亿元；地方财政资助 215 项，经费总额超过 0.9 亿元；横向合作项目为 310 项，资金总额约 1.9 亿元；国际资助项目为 17 项，资金总额 0.2 亿元。项目数量和资助金额显示，地方财政和横向合作财政支持额度较往年大幅提高，比 2013—2014 年增加近 1 亿元。

表 5-17　科研项目资助总体情况

资助层级	项目数（项）	金额（万元）
中央财政	385	61 275.6
地方财政	215	9 090.5
横向合作	310	19 087.0
国际资助/合作	17	2 062.0
合 计	927	91 515.1

2. 各级财政对《国家中长期动物疫病防治规划》中涉及 16 种优先防治病种科研资助情况

26 家单位在 2015—2017 年新增立项中，各级财政对《国家中长期动物疫病防治规划》（下称《规划》）中 16 种优先防治病种科研项目资助情况见表 5-18，中央财政支持力度远高于横向合作资金和地方财政资金。

表 5-18　涉及 16 种优先防治病种科研项目资助总体情况

资助层级	涉及 16 种优先防治病种项目		未涉及优先防治病种项目	
	项目数（项）	金额（万元）	项目数（项）	金额（万元）
中央财政	154	42 892.9	231	18 382.7
地方财政	86	6 363.3	129	2 727.2
横向合作	124	13 360.9	186	5 726.1
国际资助/合作	7	1 443.4	10	618.6

3. 各级财政支持结构情况

2015—2017 年 26 家单位新增立项中，各级财政对不同技术研究领域科研项目资助情况见表 5-19。从统计情况看，中央财政和地方财政更加重视基础研究，横向合作资金则偏重于应用研究。

表 5-19　兽医科技管理例表各技术方向科研项目国家资助情况

研究领域	中央财政		地方财政		横向合作		国际资助/合作	
	项目数（项）	金额（万元）	项目数（项）	金额（万元）	项目数（项）	金额（万元）	项目数（项）	金额（万元）
基础研究	289	33 701.6	28	1 181.8	30	2 481.3	2	165.0
应用研究	58	21 446.5	161	6 817.9	276	15 269.6	11	1 443.4

（续）

研究领域	中央财政		地方财政		横向合作		国际资助/合作	
	项目数（项）	金额（万元）	项目数（项）	金额（万元）	项目数（项）	金额（万元）	项目数（项）	金额（万元）
集成示范	16	3 676.5	17	727.2	2	954.4	2	412.4
软科学研究	22	2 451.0	9	363.6	2	381.7	2	41.2

（二）科技奖励

2015—2017 年，兽医科技领域获得国家级奖励 5 个，见表 5-20。

表 5-20　国家级奖项列表

获奖成果名称	主要完成单位	第一完成人	奖　项
安全高效猪支原体肺炎活疫苗的创制及应用	江苏省农业科学院	邵国青	国家技术发明奖二等奖
针对新传入我国口蹄疫流行毒株的高效疫苗的研制及应用	中国农业科学院兰州兽医研究所	才学鹏	国家科学技术进步二等奖
我国重大猪病防控技术创新与集成应用	华中农业大学	金梅林	国家科学技术进步二等奖
动物源性食品中主要兽药残留物高效检测关键技术	华中农业大学	袁宗辉	国家技术发明奖二等奖
重要食源性人兽共患病原菌的传播生态规律及其防控技术	扬州大学	焦新安	国家科学技术进步奖二等奖

（三）授权专利情况

经不完全统计，2015—2017 年，兽医相关授权专利共计 457 项，涉及 14 家单位。专利研究领域包括疫苗、诊断试剂、兽医化学药品和中兽药，兽药残留及耐药性检测，细菌、病毒的基础研究和动物实验用器械研发等。其中兽用生物制品和其他兽药研发领域授权专利 272 项，占 60%，动物实验用器械研发领域 48 项，占 11%，其他诊断检测方法相关研究授权专利 138 项，占 29%。

（四）实验室管理（生物安全/质量体系）

4 家实验室通过 ISO17025 国际实验室体系认证，9 家实验室达到动物生物安全三级标准，17 家省级动物疫病预防控制中心实验室通过计量认证，具体见表 5-21、表 5-22。

表 5-21 经国家认可委（CNAS）认证的实验室统计情况

认证项	实验室名称	依托单位	业务范围
BSL-3&ISO17025认证	国家外来动物疫病诊断中心	中国动物卫生与流行病学中心	重大外来动物疫病和新发病的诊断和疫苗等防控技术研究和储备，疯牛病、非洲猪瘟、小反刍兽疫等外来动物疫病的监测、诊断、紧急流行病学调查及其传入和传播风险评估，OIE新城疫参考实验室、OIE小反刍兽疫参考实验室、国家疯牛病参考实验室和新城疫重点实验室的职能任务
	人兽共患病生物安全实验室	中国动物卫生与流行病学中心	动物布鲁氏菌病、结核病、猪链球菌病等人兽共患病的监测、专项和紧急流行病学调查工作、诊断试剂和疫苗等防控技术研究
ISO17025认证	农业部兽药安全监督检验测试中心（北京）	中国农业大学动物医学院	兽药（含添加剂）安全性评价毒理学试验、兽药残留检测、兽药残留检测方法建立、兽药残留检测方法/产品验证（复核）
	动物疫病诊断与技术服务中心	中国农业科学院哈尔滨兽医研究所	动物新发传染病、疑难病的诊断和重大动物疫病疫情监测和防治工作，推广培训兽医诊断新技术
BSL-3/ABSL-3	中国农科院哈尔滨兽医研究所动物生物安全三级实验室（ABSL-3）	中国农业科学院哈尔滨兽医研究所	主要开展高致病性禽流感等重大动物疫病、重要人畜共患病病原的分离鉴定、血清学及分子流行病学的研究工作
	福建省农业科学院畜牧兽医研究所动物生物安全三级实验室（ABSL-3）	福建省农业科学院畜牧兽医研究所	水禽高致病性禽流感病毒的相关研究
	华南农业大学动物生物安全三级实验室（ABSL-3）	华南农业大学	动物源性高致病性病原微生物实验活动
	扬州大学农业部畜禽传染病学重点开放实验室动物生物安全三级实验室（ABSL-3）	扬州大学	高致病性禽流感病毒、新城疫病毒的相关研究
	中国农科院兰州兽医研究所动物生物安全三级实验室（ABSL-3）	中国农业科学院兰州兽医研究所	高致病性病原微生物的研究（口蹄疫、布鲁氏菌病、小反刍兽疫等）
	中国动物卫生与流行病学中心国家外来动物疫病诊断中心动物生物安全三级实验室（ABSL-3）	中国动物卫生与流行病学中心	重大外来动物疫病和新发病的诊断和疫苗等防控技术研究和储备，疯牛病、非洲猪瘟、小反刍兽疫等外来动物疫病的监测、诊断、紧急流行病学调查及其传入和传播风险评估，OIE新城疫参考实验室、OIE小反刍兽疫参考实验室、国家疯牛病参考实验室和新城疫重点实验室的职能任务
	广东大华东动物保健品股份有限公司中大生物安全三级实验室（BSL-3）	广东大华东动物保健品股份有限公司	高致病性禽流感病毒、新城疫病毒的相关研究
	华中农业大学动物生物安全三级实验室（ABSL-3）	华中农业大学	高致病性禽流感、布鲁氏菌病的相关研究
	中国动物卫生与流行病学中心人兽共患病生物安全三级实验室（ABSL-3）	中国动物卫生与流行病学中心	布鲁氏菌病、结核病的相关研究

表 5-22　经各省、自治区、直辖市质量技术监督局认证的实验室统计情况

认证项	实验室名称	依托单位	业务范围
计量认证	北京市动物疫病预防控制中心实验室	北京市动物疫病预防控制中心	动物疫病疫情监测、检测与防治工作，血清学及分子流行病学的研究工作，推广培训兽医诊断新技术
	天津市动物疫病预防控制中心实验室	天津市动物疫病预防控制中心	动物疫病疫情监测、检测与防治工作，血清学及分子流行病学的研究工作，推广培训兽医诊断新技术
	内蒙古自治区动物疫病预防控制中心实验室	内蒙古自治区动物疫病预防控制中心	动物疫病疫情监测、检测与防治工作，血清学及分子流行病学的研究工作，推广培训兽医诊断新技术
	辽宁省动物疫病预防控制中心实验室	辽宁省动物疫病预防控制中心	动物疫病疫情监测、检测与防治工作，血清学及分子流行病学的研究工作，推广培训兽医诊断新技术
	吉林省动物疫病预防控制中心实验室	吉林省动物疫病预防控制中心	动物疫病疫情监测、检测与防治工作，血清学及分子流行病学的研究工作，推广培训兽医诊断新技术
	上海市动物疫病预防控制中心实验室	上海市动物疫病预防控制中心	动物疫病疫情监测、检测与防治工作，血清学及分子流行病学的研究工作，推广培训兽医诊断新技术
	浙江省动物疫病预防控制中心实验室	浙江省动物疫病预防控制中心	动物疫病疫情监测、检测与防治工作，血清学及分子流行病学的研究工作，推广培训兽医诊断新技术
	福建省动物疫病预防控制中心实验室	福建省动物疫病预防控制中心	动物疫病疫情监测、检测与防治工作，血清学及分子流行病学的研究工作，推广培训兽医诊断新技术
	山东省动物疫病预防与控制中心实验室	山东省动物疫病预防与控制中心	动物疫病疫情监测、检测与防治工作，血清学及分子流行病学的研究工作，推广培训兽医诊断新技术
	河南省动物疫病预防控制中心实验室	河南省动物疫病预防控制中心	动物疫病疫情监测、检测与防治工作，血清学及分子流行病学的研究工作，推广培训兽医诊断新技术
	湖北省动物疫病预防控制中心实验室	湖北省动物疫病预防控制中心	动物疫病疫情监测、检测与防治工作，血清学及分子流行病学的研究工作，推广培训兽医诊断新技术
	广东省动物疫病预防控制中心实验室	广东省动物疫病预防控制中心	动物疫病疫情监测、检测与防治工作，血清学及分子流行病学的研究工作，推广培训兽医诊断新技术
	广西壮族自治区动物疫病预防控制中心实验室	广西壮族自治区动物疫病预防控制中心	动物疫病疫情监测、检测与防治工作，血清学及分子流行病学的研究工作，推广培训兽医诊断新技术
	重庆市动物疫病预防控制中心实验室	重庆市动物疫病预防控制中心	动物疫病疫情监测、检测与防治工作，血清学及分子流行病学的研究工作，推广培训兽医诊断新技术
	四川省动物疫病预防控制中心实验室	四川省动物疫病预防控制中心	动物疫病疫情监测、检测与防治工作，血清学及分子流行病学的研究工作，推广培训兽医诊断新技术
	贵州省动物疫病预防控制中心实验室	贵州省动物疫病预防控制中心	动物疫病疫情监测、检测与防治工作，血清学及分子流行病学的研究工作，推广培训兽医诊断新技术
	宁夏回族自治区动物疾病预防控制中心实验室	宁夏回族自治区动物疾病预防控制中心	动物疫病疫情监测、检测与防治工作，血清学及分子流行病学的研究工作，推广培训兽医诊断新技术

（五）兽医技术标准化

2015—2017 年，兽医领域获得批准发布的各类标准共 60 个，包括屠宰、动物卫生和宠物标准。具体标准信息参见表 5-23。

表 5-23　各类兽医标准汇总情况

序号	标准号或公告号	标准名称	标准完成单位	标准类别
		屠宰标准		
1	GB 12694—2016	食品安全国家标准畜禽屠宰加工卫生规范	中国动物疫病预防控制中心（农业部屠宰技术中心）	国标
		动物卫生标准		
1	GB/T 32948—2016	犬科动物感染细粒棘球绦虫粪抗原的抗体夹心酶联免疫吸附试验检测技术	新疆维吾尔自治区畜牧科学院兽医研究所	国标
2	GB/T 32945—2016	牛结核病诊断体外检测 γ 干扰素法	华中农业大学动物医学院	国标
3	GB/T 34756—2017	猪轮状病毒病病毒 RT-PCR 检测方法	东北农业大学	国标
4	GB/T 34746—2017	犬细小病毒基因分型方法	扬州大学	国标
5	GB/T 34737—2017	蜂巢小甲虫侵害的鉴定方法	中国农业科学院蜜蜂研究所	国标
6	GB/T 34738—2017	蜜蜂囊状幼虫病荧光 PCR 检测方法	吉林出入境检验检疫局	国标
7	GB/T 34720—2017	山羊接触传染性胸膜肺炎诊断技术	中国农业科学院兰州兽医研究所	国标
8	GB/T 34728—2017	无乳支原体 PCR 检测方法	中国农业科学院兰州兽医研究所	国标
9	GB/T 18636—2017	蓝舌病诊断技术	云南省畜牧兽医科学院	国标
10	GB/T 34729—2017	猪瘟病毒阻断 ELISA 抗体检测方法	中国兽医药品监察所	国标
11	GB/T 34757—2017	猪流行性腹泻病毒 RT-PCR 检测方法	东北农业大学	国标
12	GB/T 34750—2017	副猪嗜血杆菌检测方法	河南动物疫病预防控制中心	国标
13	GB/T 34745—2017	猪圆环病毒 2 型病毒 SYBR Green I 实时荧光定量 PCR 检测方法	河南农业大学	国标
14	GB/T 34740—2017	动物狂犬病直接免疫荧光诊断方法	中国人民解放军军事医学科学院军事兽医研究所	国标
15	GB/T 34739—2017	动物狂犬病毒中和抗体检测技术	中国人民解放军军事医学科学院军事兽医研究所	国标
16	GB/T 34736—2017	绵羊肺腺瘤病毒核酸斑点杂交检测技术	内蒙古农业大学	国标
17	GB/T 18640—2017	家畜日本血吸虫病诊断技术	中国农业科学院上海兽医研究院	国标
18	NY/T2692—2015	奶牛隐性乳房炎快速诊断技术	中国农业科学院兰州畜牧与兽药研究所	行标

（续）

序号	标准号或公告号	标准名称	标准完成单位	标准类别
19	NY/T544—2015	猪流行性腹泻诊断技术	中国农业科学院哈尔滨兽医研究所	行标
20	NY/T546—2015	猪传染性萎缩性鼻炎诊断技术	中国农业科学院哈尔滨兽医研究所	行标
21	NY/T548—2015	猪传染性胃肠炎诊断技术	中国农业科学院哈尔滨兽医研究所	行标
22	NY/T553—2015	禽支原体 PCR 检测方法	中国动物卫生与流行病学中心	行标
23	NY/T562—2015	动物衣原体病诊断技术	中国农业科学院兰州兽医研究所	行标
24	NY/T576—2015	绵羊痘和山羊痘诊断技术	中国兽医药品监察所	行标
25	NY/T2838—2015	禽沙门氏菌病诊断技术	扬州大学	行标
26	NY/T2840—2015	猪细小病毒间接 ELISA 抗体检测方法	中国动物卫生与流行病学中心	行标
27	NY/T2841—2015	猪传染性胃肠炎病毒 RT-nPCR 检测方法	中国动物卫生与流行病学中心	行标
28	NY/T2842—2015	动物隔离场所动物卫生规范	上海市动物卫生监督所	行标
29	NY/T2843—2015	动物及动物产品运输兽医卫生规范	北京市动物卫生监督所	行标
30	NY/T538—2015	鸡传染性鼻炎诊断技术	北京农林科学院畜牧兽医研究所	行标
31	NY/T561—2015	动物炭疽诊断技术	中国人民解放军军事医学科学院军事兽医研究所	行标
32	NY/T2837—2015	蜜蜂瓦螨鉴定方法	中国农业科学院蜜蜂研究所	行标
33	NY/T2839—2015	致仔猪黄痢大肠杆菌分离鉴定技术	中国动物卫生与流行病学中心	行标
34	NY/T2959—2016	兔波氏杆菌病诊断技术	中国动物卫生与流行病学中心	行标
35	NY/T2962—2016	奶牛乳房炎乳汁中金黄色葡萄球菌、凝固酶阴性葡萄球菌、无乳链球菌分离鉴定方法	中国农业科学院兰州畜牧与兽药研究所	行标
36	NY/T2958—2016	生猪及产品追溯关键指标规范	中国动物疫病预防控制中心	行标
37	NY/T2961—2016	兽医实验室质量和技术要求	中国动物卫生与流行病学中心	行标
38	NY/T2957—2016	畜禽批发市场兽医卫生规范	中国动物疫病预防控制中心	行标
39	NY/T564—2016	猪巴氏杆菌病诊断技术	中国兽医药品监察所	行标
40	NY/T563—2016	禽霍乱（禽巴氏杆菌病）诊断技术	中国农业科学院哈尔滨兽医研究所	行标
41	NY/T1620—2016	种鸡场动物卫生规范原名	中国动物疫病预防控制中心	行标
42	NY/T541—2016	兽医诊断样品采集、保存与运输技术规范	中国动物卫生与流行病学中心	行标
43	NY/T2960—2016	兔病毒性出血病病毒 RT-PCR 检测方法	中国动物卫生与流行病学中心	行标

（续）

序号	标准号或公告号	标准名称	标准完成单位	标准类别
44	NY/T572—2016	兔病毒性出血病血凝和血凝抑制试验方法	江苏省农业科学院兽医研究所	行标
45	NY/T3072—2017	禽结核病诊断技术	中国兽医药品监察所	行标
46	NY/T551—2017	产蛋下降综合征诊断技术	中国农业科学院哈尔滨兽医研究所	行标
47	NY/T536—2017	鸡伤寒和鸡白痢诊断技术	中国兽医药品监察所	行标
48	NY/T3073—2017	家畜魏氏梭菌病诊断技术	山东农业大学	行标
49	NY/T1186—2017	猪支原体肺炎诊断技术	江苏省农业科学院	行标
50	NY/T539—2017	副结核病诊断技术	中国动物卫生与流行病学中心	行标
51	NY/T567—2017	兔出血性败血症诊断技术	中国农业科学院哈尔滨兽医研究所	行标
52	NY/T3074—2017	牛流行热诊断技术	中国农业科学院兰州兽医研究所	行标
53	NY/T1471—2017	牛毛滴虫病诊断技术	南京农业大学	行标
54	NY/T3075—2017	畜禽养殖场消毒技术	中国动物卫生与流行病学中心	行标
宠物标准				
1	20140394—T-326	犬猫绝育操作技术规范	中国农业大学等	国标
2	20140395—T-326	犬保定操作技术规范	北京小动物诊疗行业协会等	国标
3	20140396—T-326	犬猫静脉输液操作技术规范	吉林大学等	国标
4	20161356—T-326	犬狂犬疫苗免疫技术规范	江苏农牧科技职业技术学院	国标
5	20161355—T-326	导盲犬	中国盲人协会等	国标

图书在版编目（CIP）数据

中国兽医科技发展报告.2015—2017年/农业农村部
畜牧兽医局编.—北京：中国农业出版社，2018.12
ISBN 978-7-109-24854-0

Ⅰ.①中… Ⅱ.①农… Ⅲ.①兽医学－科技发展－研
究报告－中国－2015—2017 Ⅳ.①S85

中国版本图书馆CIP数据核字（2018）第258692号

中国农业出版社出版
（北京市朝阳区麦子店街18号楼）
（邮政编码100125）
责任编辑 刘 玮 黄向阳

北京中兴印刷有限公司印刷 新华书店北京发行所发行
2018年12月第1版 2018年12月北京第1次印刷

开本：787mm×1092mm 1/16 印张：15.5
字数：380千字
定价：150.00元